PROJETO DE ILUMINAÇÃO

Peter Tregenza foi professor de Ciência da Arquitetura na Universidade de Sheffield, onde lecionou para estudantes de arquitetura e pesquisou sobre iluminação natural.

David Loe foi o fundador do curso de pós-graduação em Luz e Iluminação na University College de Londres e foi o diretor do curso por muitos anos. Sua pesquisa era sobre a relação entre ambiente iluminado e desempenho humano.

T787p   Tregenza, Peter.
            Projeto de iluminação / Peter Tregenza, David Loe ; tradução: Alexandre Salvaterra. – 2. ed. – Porto Alegre : Bookman, 2015.
            vii, 208 p. : il. color. ; 27,7 cm.

            ISBN 978-85-8260-334-5

            1. Arquitetura – Iluminação. I. Loe, David. II. Título.

                                                    CDU 721

Catalogação na publicação: Poliana Sanchez de Araujo – CRB 10/2094

PETER TREGENZA
DAVID LOE

SEGUNDA EDIÇÃO
PROJETO DE ILUMINAÇÃO

Tradução:
Alexandre Salvaterra
Arquiteto e Urbanista pela Universidade Federal do Rio Grande do Sul

2015

Obra originalmente publicada sob o título *The Design of Lighting*, 2nd Edition
ISBN 9780415522465

All Rights Reserved. Authorised translation from the English language edition published by Routledge, a member of the Taylor & Francis Group.
Copyright ©2014, Routledge

Gerente editorial: *Arysinha Jacques Affonso*

Colaboraram nesta edição:

Editora: *Denise Weber Nowaczyk*

Capa: *Kaéle Finalizando Ideias* (arte sobre capa original)

Leitura Final: *Gabriela Dal Bosco Sitta*

Editoração: *Techbooks*

Reservados todos os direitos de publicação, em língua portuguesa, à
BOOKMAN EDITORA LTDA., uma empresa do GRUPO A EDUCAÇÃO S.A.
Av. Jerônimo de Ornelas, 670 – Santana
90040-340 – Porto Alegre – RS
Fone: (51) 3027-7000   Fax: (51) 3027-7070

É proibida a duplicação ou reprodução deste volume, no todo ou em parte, sob quaisquer formas ou por quaisquer meios (eletrônico, mecânico, gravação, fotocópia, distribuição na Web e outros), sem permissão expressa da Editora.

Unidade São Paulo
Av. Embaixador Macedo Soares, 10.735 – Pavilhão 5 – Cond. Espace Center
Vila Anastácio – 05095-035 – São Paulo – SP
Fone: (11) 3665-1100   Fax: (11) 3667-1333

SAC 0800 703-3444 – www.grupoa.com.br

IMPRESSO NO BRASIL
PRINTED IN BRAZIL
Impresso sob demanda na Meta Brasil a pedido do Grupo A Educação.

Agradecimentos

Nossos agradecimentos a todos que nos ajudaram e nos aconselharam enquanto escrevíamos esta segunda edição: aos colegas que compartilharam seu conhecimento; aos estudantes que fizeram comentários construtivos sobre a primeira edição; aos editores pelo apoio e aconselhamento constantes. Em especial, agradecemos às nossas famílias que têm sido muito mais tolerantes do que merecemos com relação ao tempo que dedicamos ao livro.

Reconhecemos com gratidão as contribuições que outros fizeram para este livro. Grande parte das informações dadas neste texto é baseada em fontes publicadas. Em particular, as tabelas de diretrizes e de recomendações para o projeto derivam principalmente dos dados nas publicações da Commission Internationale de l'Eclairage e da Society of Light and Lighting. Embora todos os diagramas contidos neste livro sejam originais, vários deles se baseiam muito nas ilustrações reproduzidas de forma extensiva nos textos clássicos sobre visão e luminotécnica.

Agradecemos aos escritórios de arquitetura e luminotécnica e aos profissionais listados a seguir por permitirem que publicássemos projetos concluídos e por reservarem um tempo para conversarmos sobre os projetos e para trocarmos correspondência.

- Robert Barringer, do Cornerstone Architectural Group, South Plainfield, Nova Jersey, Estados Unidos
- Florence Lam, do Arup Lighting, Londres
- Penoyre & Prasad, Architects, Londres
- dpa Lighting design, Londres
- Spiers and Major, Londres

Todas as ilustrações do livro foram feitas pelos autores, com exceção das que constam na lista a seguir.

Agradecemos aos seguintes fabricantes, escritórios de arquitetura e indivíduos por permitirem que reproduzíssemos as figuras/imagens listadas abaixo:

- Philips Lighting   5.2, 5.3
- Michael Wilson   8.1
- Steensen Varming, Sydney e Cavanagh Photography   9.18
- Cornerstone Architectural Group e JDN Photography   12.6, 12.7
- Concord Sylvania   13.2, 13.9, 16.1
- Arup Lighting   13.10, 13.11, 13.12
- Penoyre & Prasad, Architects   14.2
- Judith Torrington   14.3, 14.4
- dpa e Mandarin Oriental Hotels   15.1, 15.2
- Spiers and Major e James Newton   16.8, 16.9, 16.10

Prefácio

Este livro é dedicado aos que desejam se familiarizar com a disciplina de luminotécnica e aos que querem elevar o seu conhecimento a um nível profissional. Ele é destinado a projetistas e profissionais das áreas de arquitetura, engenharia ambiental, arquitetura de interiores e das diversas áreas relacionadas.

O tema do qual iremos tratar é bastante amplo. Discutiremos tópicos que abrangem desde a criatividade visual até a física aplicada. Isso significa que, independentemente da sua formação, você provavelmente encontrará aqui tanto conceitos familiares quanto conteúdos totalmente novos. Isso explica a estrutura do livro: os tópicos estão organizados em capítulos curtos que foram planejados para serem usados de muitos modos diferentes – eles podem ser lidos atentamente, como uma introdução, podem ser pulados pelos mais experientes, ou podem ser usados como fontes de referência.

Como livro-texto, ele aborda todo o conteúdo programático da disciplina de iluminação do curso de graduação em arquitetura e é próprio para ser utilizado como material introdutório em disciplinas sobre luminotécnica nos cursos de engenharia ambiental e de mestrado. Ele possui três partes principais:

Fundamentos: conceitos e saberes que norteiam o trabalho de um técnico em iluminação. Oito capítulos curtos que explicam a maneira pela qual a luz e as cores são descritas e quantificadas, o modo pelo qual as características da visão humana determinam os requisitos para uma boa iluminação, o funcionamento das lâmpadas e dos LEDs e o comportamento da luz natural.

Projeto: estratégias para um projeto de iluminação. Reunindo diferentes áreas de conhecimento, esta parte descreve, primeiramente, como a iluminação pode afetar a personalidade e a ambiência de um local. Em seguida, leva em conta as demandas das tarefas visuais e da exposição e, então, discute outros critérios para uma boa iluminação (em particular os custos, a manutenção, o consumo de energia e a sustentabilidade). Finalmente, ela faz um apanhado do processo do projeto de luminotécnica e de como ele se relaciona com a prática profissional.

Aplicações: exemplos explicados e projetos reais. Esta parte apresenta uma discussão sobre a elaboração do programa de necessidades, exigências dos usuários, alguns cálculos e algumas decisões de projeto, além de trabalhos de desenhistas renomados mundialmente.

Nesta edição, apresentamos dois novos recursos. Primeiramente, iniciamos o livro com um capítulo chamado *A observação da luz*. Ele descreve e fornece ilustrações do comportamento da luz. Nós acreditamos que, assim como um compositor deve ter um conhecimento aprofundado sobre as características dos instrumentos e das vozes, também o técnico em iluminação deve estar familiarizado com o comportamento da luz. Em segundo lugar, ampliamos a seção dos exemplos e lhe demos uma nova estrutura. Ela revisa alguns dos principais tipos de edificações. Para cada um deles, há uma discussão a respeito do programa de necessidades do projeto, exemplos explicados de cálculos, ilustrações e análises de edifícios construídos.

Pressupomos que um *software* para projetos de iluminação seja utilizado pela maioria dos profissionais praticantes, mas consideramos importante que se possa fazer cálculos manualmente. Fornecemos orientações para a interpretação dos resultados calculados, assim como uma introdução à teoria de luminotécnica. Cálculos reais são apresentados na Parte Três; ali, sua relevância é vista em contexto.

Esperamos que o livro reflita o entusiasmo que sentimos ao projetar tirando partido da luz e da cor, bem como a nossa fascinação com esse tema tão abrangente.

Peter Tregenza e David Loe

Sumário

**PARTE UM
FUNDAMENTOS**

1	A observação da luz	4
2	A descrição da luz	18
3	A descrição das cores	26
4	Luz e visão	34
5	Lâmpadas e luminárias	42
6	O sol e o céu	54
7	Modelos e cálculos	66
8	Medição da luz	74

**PARTE DOIS
PROJETO**

9	Ambiência e lugar	86
10	Iluminação para melhorar a visibilidade: tarefas visuais e exposições	104
11	O projeto na prática	122

**PARTE TRÊS
APLICAÇÕES**

12	Locais de trabalho com mesas	139
13	Prédios para exposição	155
14	Abrigos institucionais	169
15	Hotéis	177
16	Iluminação externa	181
17	Dados para o projeto de luminotécnica	195
18	References and further reading	Online
	Índice	205

Parte Um
Fundamentos

1	A observação da luz	4
2	A descrição da luz	18
3	A descrição das cores	26
4	Luz e visão	34
5	Lâmpadas e luminárias	42
6	O sol e o céu	54
7	Modelos e cálculos	66
8	Medição da luz	74

A PARTE UM apresenta um resumo da física que norteia o projeto de iluminação. A seção começa com o capítulo *A observação da luz*, que dá exemplos do modo como a luz se comporta. O seu propósito inicial é apresentar de forma sistemática fatos que você precisa saber sobre o comportamento da luz em edificações e cidades. Seu outro objetivo é fazer você prestar mais atenção à luz ao seu redor, e instigá-lo a analisá-la, identificando suas fontes principais, observando como as pessoas reagem aos locais e identificando sua própria resposta a eles.

Em seguida, um tópico novo é introduzido em cada um dos sete capítulos restantes. Eles iniciam com um vocabulário de termos especializados e logo depois descrevem os seguintes temas: as unidades com as quais a luz e as cores podem ser medidas e especificadas, a importância da luz para os seres humanos, o comportamento do olho humano, a produção de luz por meio da eletricidade, o comportamento da luz natural, a natureza dos cálculos em luminotécnica e o modo como a luz pode ser medida.

1
A observação da luz

1.1

Os compositores sabem muito bem quais são os sons produzidos pela voz e pelos instrumentos. Eles conhecem suas características físicas – seu alcance, o quão fácil ou difícil é cantar ou tocar uma nota em particular. Além disso, eles têm uma boa noção do efeito que a música pode exercer nas pessoas. Poderíamos dizer o mesmo sobre atores, pintores, poetas ou qualquer outro artista. Parte do processo para se aprender a ser criativo consiste em adquirir um vocabulário de sons, palavras, imagens, qualquer que seja o meio. Ele será a linguagem por meio da qual o artista poderá se comunicar. Para o luminotécnico, a língua é feita de luminosidade e de cores em um espaço tridimensional; o nosso meio é a edificação construída. Entretanto, para compartilhar, ensinar e adquirir novas informações, utilizamos uma segunda língua: a palavra falada e escrita. Essa é a linguagem que usamos para chegar aos parâmetros que determinam o nosso trabalho. E, assim como os outros artistas, atribuímos significados especiais a algumas palavras; exemplos disso são: "luminosidade", "claridade", "cor" e "espaço". Elas são equivalentes a "melodia", "harmonia" e "ritmo" para os músicos.

Contudo, tais palavras não possuem significado para alguém que não está familiarizado com o que elas descrevem: o projetista deve ter um profundo conhecimento das lâmpadas, das janelas e dos materiais reais. Depois disso, precisamos de palavras que descrevam o que podemos observar e, em seguida, das que descrevem conceitos abstratos.

O primeiro capítulo é, portanto, um guia para se observar o mundo visível. O objetivo não é compilar uma biblioteca mental de imagens, embora isso pudesse ser útil. A nossa meta é encontrar a resposta para a pergunta: "Quais são as regras que determinam o comportamento da luz?"

Observe o padrão intricado da luminosidade no céu noturno na fotografia 1.1, que mostra o rio Arno em Florença. Os modelos das nuvens, a gama das cores, a mudança contínua e a própria escala da imagem revelam uma complexidade impressionante. Entretanto, a distribuição da luminosidade em um cômodo também pode ser complexa. Até mesmo uma única luminária em um recinto sem janelas produz uma variação sutil da luminosidade nas superfícies do cômodo, ou seja, as paredes, o teto e o piso. Com muitas luminárias, o padrão de luminosidade se torna primoroso; se o local possui iluminação natural, ele não só varia espacialmente, como também continuamente.

Os acontecimentos no céu noturno ou em um recinto iluminado naturalmente são o resultado de alguns poucos princípios físicos. Por motivos práticos, esses princípios podem ser expressos como regras simples acerca da interação entre a luz e os materiais. Tais regras são os fundamentos do conhecimento de um luminotécnico. Ao conhecê-las, o projetista pode prever como o esquema de iluminação funcionará, que aparência terá e quanta energia utilizará. Os aspectos mais importantes dessas regras estão explicitados sistematicamente nas páginas a seguir. Considere-os como diretrizes para suas observações.

1 O FLUXO DA LUZ

1.1 Um feixe de luz é invisível

Antes que fumar fosse proibido nos cinemas, era possível ver um feixe luminoso que saía da sala de projeção e ia até a tela. No entanto, não era o feixe em si que podia ser visto, mas os particulados da fumaça do cigarro que eram iluminados pelo feixe, o qual refletia parte da luz em direção aos espectadores. Nos cinemas modernos, com sistemas de ar-condicionado, é impossível observar-se tal fenômeno. Quando dirigimos um carro à noite, o feixe de luz emitido pelo farol dianteiro só é visível se houver neblina. Com o céu limpo, tudo o que se vê são as superfícies sobre as quais a luz incide.

1.2 A dispersão reduz a intensidade de um feixe de luz e cria um campo de iluminação difusa

Em uma sala de cinema grande e enfumaçada, a tela é mais escura do que seria em uma sala sem fumaça, porque parte da energia do feixe de luz é absorvida e dispersa pelos particulados.

Na atmosfera da Terra, a luz é dispersa pelos raios de sol, porém essa dispersão não é uniforme. As moléculas de gás espalham a parte azul do espectro muito mais do que a vermelha. Gotículas de água refletem e refratam a luz em ângulos que variam de acordo com os seus tamanhos. Às vezes, é possível observar esse processo nos arcos-íris. As partículas de carbono e de outros poluentes refletem e absorvem. Os raios solares são menos intensos na superfície terrestre do que no espaço: a luz dispersa a partir dela resultando em um céu difuso.

1.2
Raios de sol que se tornaram visíveis por meio da chuva que cai. A luz direta do sol passa por frestas entre as nuvens. Parte dela é dispersa em direção ao observador por meio das gotas de chuva, indicando a localização e a direção dos raios. Cânion Kings, Austrália Central.

1.3 A iluminância depende da distância e do tamanho da fonte luminosa[1]

Se a fonte de luz for muito pequena, a iluminância que ela projetará na superfície à sua frente diminuirá muito com a distância. Se a fonte luminosa for grande, a diminuição da iluminância por causa da distância será bem menor.

Extrapolando essa fórmula, temos que:
Se a fonte luminosa for um mero ponto em um espaço tridimensional, a iluminância a partir dela será inversamente proporcional a d^2, onde d é a distância da fonte luminosa até a superfície. Essa é a lei do quadrado inverso. Uma lâmpada com filamento e bulbo transparente é uma boa aproximação à fonte pontual.

Se a fonte for infinitamente grande, a iluminância produzida será a mesma, independentemente da distância. Um céu encoberto é uma boa aproximação a um plano infinito de luz.

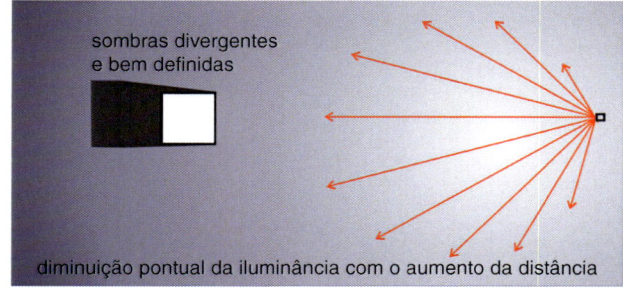
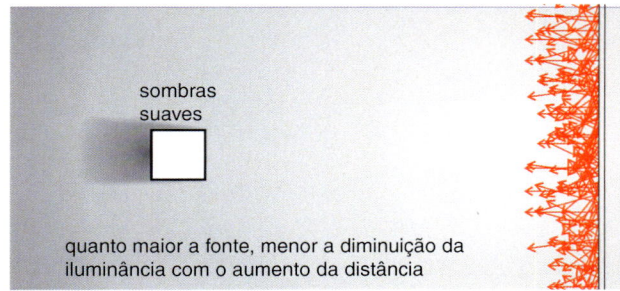
1.3

1.4 A definição das sombras depende do tamanho da fonte luminosa

Fontes muito pequenas gerarão sombras bem definidas e divergentes. A divergência diminuirá de acordo com a distância da fonte. Fontes luminosas de tamanhos maiores produzirão sombras suaves.

1.4

1.5 A luminância[2] de uma fonte depende do seu tamanho

Uma fonte pequena é mais luminosa do que uma fonte grande com o mesmo fluxo luminoso. A **Figura 1.5** mostra uma lâmpada primeiramente envolta em uma lanterna de papel pequena e depois a mostra dentro de uma lanterna com o dobro de diâmetro. A lanterna maior é menos luminosa porque a mesma quantidade de luz é dispersa sobre uma superfície quatro vezes maior.

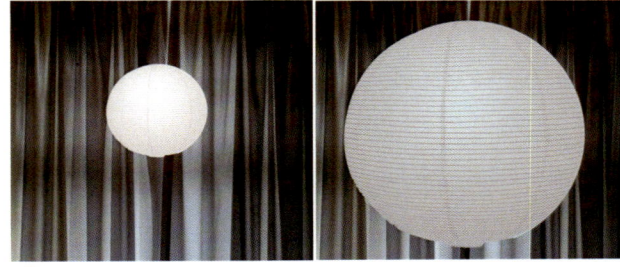
1.5

---

[1] Iluminância é a quantidade de luz que incide sobre uma área unitária de superfície. Fonte é qualquer coisa que emite luz.
[2] Luminância é o brilho de uma fonte medida com um fotômetro. O que nós de fato percebemos depende do estado de adaptação do olho, assim como de outros fatores, e é comumente chamado de "luminosidade aparente".

1.6
Fileiras de luz definindo estradas. Florença, Itália.

1.6 Marcos ou projetores?

Qualquer fonte de luz pode ser, ela mesma, o foco da visão: um vitral, uma vela na mesa de jantar, uma boia marítima iluminada advertindo sobre a presença de rochas perigosas no mar. Também o oposto pode ser verdade: a fonte pode estar escondida ou quase imperceptível, totalmente secundária em relação à luz que lança na superfície ao seu redor. Esse costuma ser o caso quando iluminamos com holofotes a fachada de um edifício ou uma pintura em exposição.

Quando as fontes luminosas são muito diminutas em relação à distância entre elas e o observador, uma série delas é percebida como uma linha contínua em vez de um conjunto de pontos independentes. Essa técnica é utilizada nas pistas de pouso e decolagem em aeroportos. Na **Figura 1.6**, a iluminação da rua traça a rota ao longo da barragem do rio e sobre a ponte. Os reflexos fazem com que o impacto seja maior.

Compare essa figura com a **1.7**, a fachada da Biblioteca Pública de Nova York. Aqui é a luz projetada que é importante. Embora a fachada da biblioteca esteja inundada de luz, esse banho não é uniforme: mudanças sutis na iluminância preservam a moldura tridimensional das superfícies. Observe também que o leão fica em posição de destaque com a luminosidade adicional.

Faixas menores de luz projetada também podem criar elementos recorrentes e podem ser usadas para marcar um limite. A iluminação noturna do edifício Chrysler (**1.8**) segue os motivos característicos dos projetos *art deco*, mas produz uma imagem que difere bastante de sua aparência durante o dia.

1.7
Biblioteca Pública de Nova York.

1.8
Edifício Chrysler, Nova York.

2 A NATUREZA DAS SUPERFÍCIES

2.1 Fosco ou brilhante

A luminância de uma superfície fosca depende apenas da quantidade de luz incidente e de sua *refletância difusa*. A luminância de um acabamento brilhante depende da luminância do que é refletido por ele e da *refletância especular*. A grama na **Figura 1.10** atua principalmente como uma superfície difusora e a água age como um espelho.

1.10

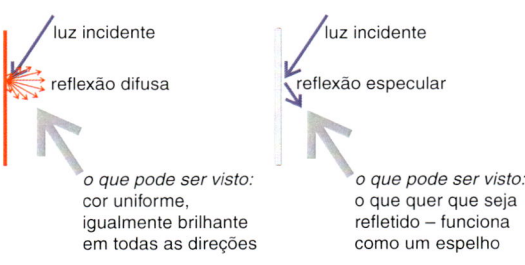

1.9

2.2 Reflexão composta

Muitos materiais possuem um acabamento brilhante sobre uma camada colorida ou estampada. Parte da luz incidente é refletida na superfície superior, o resto passa através camada da superfície e é absorvido ou refletido de forma difusa pela camada inferior. A proporção de luz refletida na superfície superior depende do ângulo de incidência.

O caso mais simples é o das pinturas em molduras com vidro. Na **Figura 1.12**, o reflexo de uma janela é sobreposto na pintura, dificultando a percepção.

As pinturas a óleo tendem a ter superfícies brilhantes que refletem como o vidro em uma pintura emoldurada. A madeira lustrada, os azulejos de cerâmica vitrificados e a pintura envernizada se comportam como refletores complexos.

As cores parecem mais saturadas quando a luz refletida pela superfície não atinge o observador. Isso é importante para a iluminação de um quadro. Ver a seção sobre expositores em galerias de arte no Capítulo 13.

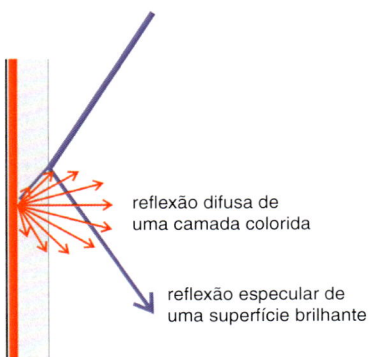

1.11

1.12

2.3 A textura das superfícies

A rugosidade de uma superfície pode ser destacada ou visualmente reduzida ao máximo por meio da escolha do ângulo em que a luz incidirá sobre o material. Um feixe luminoso que incida na mesma direção que a linha de visão reduz ao máximo a textura aparente da superfície (é por isso que as fotografias tiradas com *flashes* embutidos em uma câmera compacta parecem carecer de modelagem tridimensional). Para revelar ou mesmo exagerar qualquer rugosidade, são necessárias duas coisas: o feixe deve estar aproximadamente a 90° em planta baixa em relação ao campo de visão e ele deve possuir um ângulo pequeno de incidência sobre a superfície.

O diagrama mostra a direção do campo de visão e a direção da luz que incide sobre o tijolo. No caso à esquerda (**1.14a**), o feixe está próximo da direção do campo de visão; as sombras da superfície no tijolo são escondidas pelas irregularidades que as projetam. No exemplo do centro (**1.14b**), o feixe se encontra em um ângulo perpendicular à linha de visão, tornando as sombras visíveis. À direita (**1.14c**), o feixe incide obliquamente sobre o tijolo com um grande ângulo de incidência, e a textura é revelada de modo mais acentuado.

O mapa demonstra como a incidência oblíqua produz sombras e reflexos brilhantes que dificultam a observação dos detalhes impressos.

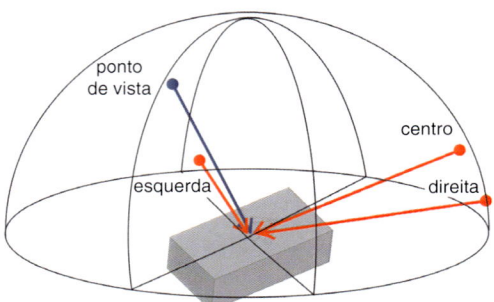

1.13

1.14a-c

1.15

3 OBJETOS EM TRÊS DIMENSÕES

3.1 O objeto, o fundo e a visibilidade

A visibilidade dos detalhes da superfície de um objeto é reduzida quando este é visto contra um fundo brilhante. A imagem à esquerda da **Figura 1.16** apresenta uma amostra de rochas fotografadas contra um pano de fundo neutro. Nesta página impressa, a média de luminosidade da amostra é de aproximadamente 1/3 da do restante da folha ao seu redor. Tanto o padrão da superfície quanto o contorno do objeto podem ser vistos claramente.

Se a luminância do fundo aumentar e a iluminação sobre o objeto permanecer a mesma, o contraste aparente entre a superfície do objeto será reduzido e os detalhes ficarão bem menos visíveis. Nesse caso, o olho se comportará como uma câmera automática na qual a exposição é determinada pela quantidade total de luz que incide sobre as lentes, resultando em uma imagem subexposta do objeto em si. O efeito físico não pode ser reproduzido na página impressa, mas é simulado na imagem à direita.

Se, ao contrário, o fundo for escuro e o objeto tiver um tamanho muito maior, a visibilidade dos detalhes será novamente baixa. Os detalhes das superfícies podem ser vistos de forma mais clara quando o fundo tem menos luminância que o objeto (aproximadamente 1/3).

3.2 Camuflagem

Se o fundo possuir um padrão similar ao da superfície do objeto, o contorno do último será praticamente invisível. Dispositivos aleatórios podem regular de forma mais eficiente modelos como o xadrez, que apresenta limites onde o padrão é interrompido.

Tabela 1.1
Resumo dos efeitos entre o objeto e o fundo

Máxima visibilidade do objeto	Alto contraste de luminosidade Padrões diferentes
Mínima visibilidade do objeto	Luminosidade semelhante Padrões similares
Máxima visibilidade dos detalhes dentro do objeto	Luminosidade semelhante Padrões diferentes

1.16

1.17

3.3 A visão da forma tridimensional

Nos desenhos de arquitetura clássicos, as sombras são desenhadas como se a luz viesse de um ângulo de 45° em relação à parte da frente das edificações em planta baixa e em corte. Essa prática possibilita o fornecimento de informações sobre uma terceira dimensão em projeções bidimensionais, tais como as elevações. Um feixe luminoso incidente com um ângulo de 45° em relação à direção do campo de visão também constitui um bom ponto de partida para a iluminação de formas tridimensionais. Esse ângulo de 45° talvez precise ser ampliado para 60°, caso a profundidade tenha de ser destacada nos objetos em baixo relevo, como no medalhão abaixo. Para os objetos que têm uma moldura pesada, a direção de um feixe mais próximo da direção do campo de visão reduz a área geral das sombras visíveis.

Uma fonte menor (um *spot*) ou uma fonte de raio paralela (o sol) resulta em sombras bem definidas, apropriadas para objetos arquitetônicos; fontes maiores produzem sombras mais suaves. Fontes secundárias e mais fracas conferem visibilidade às sombras, técnica muito utilizada em retratos fotográficos e na chamada "luz de enchimento". Na arquitetura, o efeito é gerado pelo solo.

1.19
As sombras destacam a forma tridimensional. Alvenaria restaurada em um templo do século V a.C. Rodes, Grécia.

1.18
Entalhe em alto-relevo destacado por uma luz com um ângulo de incidência grande. Santiago de Compostela, Espanha.

1.20
Quando a luz do sol atinge a superfície com um ângulo de incidência grande, o padrão se modifica rapidamente, de acordo com o movimento do sol. Santiago de Compostela, Espanha.

3.4 Sombras projetadas

O termo *sombra própria* é tradicionalmente utilizado para descrever as áreas sombreadas que um objeto produz sobre si mesmo; as que são projetadas em outra superfície são denominadas *sombras projetadas* (ou simplesmente *sombras*). As sombras projetadas podem revelar aspectos da forma tridimensional que, de outro modo, não seriam visíveis.

1.21

3.5 As silhuetas e a contraluz

O perfil de um objeto é realçado quando existe um forte contraste de luminosidade entre o objeto e o fundo. O termo *silhueta* implica que o objeto é muito mais escuro que o fundo. No entanto, um perfil pode ser revelado de modo eficiente com um fundo escuro e um objeto iluminado, como podemos observar nesta fotografia.

Um fundo claro e uniforme pode ser substituído por uma imagem tal como a do céu noturno na **Figura 1.1**. Melhorias adicionais ao perfil podem ser realizadas por meio de uma área de luminosidade ao longo dele, como na **Figura 1.22**. Em geral, isso é feito com contraluz – uma fonte projeta luz em direção ao observador, mas essa luz é barrada pelo objeto ou se encontra fora do campo de visão. Essa técnica é muito utilizada na fotografia de estúdio.

1.22
A luz do sol atrás do objeto destaca, ainda mais, o seu perfil, além de conferir maior complexidade à superfície da estátua. Capela Pazzi, Florença, Itália.

4 CÔMODOS

4.1 Luz natural: a luz difusa do céu

É importante lembrar que as janelas não são fontes de luz por si sós, e sim aberturas que modificam a luz que passa por elas. O padrão da luz proveniente de um painel luminoso difuso é bastante distinto.

A distribuição da luz natural em um cômodo é uma projeção da vista do lado de fora. Se a janela for muito pequena, o cômodo se transforma em uma *câmera escura*, uma câmera de fotografia do tamanho de um cômodo inteiro. Ali, a luz incidente sobre as superfícies interiores produzirá uma imagem invertida e bem definida da vista externa. Com janelas de tamanho normal, ainda há uma imagem, porém muito imprecisa. No cômodo do diagrama superior da **Figura 1.23**, a luz do céu incide principalmente no piso perto da janela, enquanto que a luz refletida pelo piso ilumina o teto próximo à janela. A parede posterior recebe luz direta dessas superfícies externas que são visíveis na parte de trás do cômodo. O efeito geral é uma luminosidade cada vez maior partindo dos fundos até a frente do cômodo.

Se só existirem janelas em uma parede, esta será escura, pois não receberá luz direta.

Quando as aberturas estão localizadas no teto (há uma claraboia ou um lanternim), tal como demonstra o diagrama inferior da **Figura 1.23**, as superfícies horizontais são fortemente iluminadas; entretanto, em um cômodo maior e com o teto relativamente baixo, as claraboias podem não oferecer iluminação suficiente para as paredes, e o teto receberá iluminação somente por reflexo. Consequentemente, o recinto como um todo tenderá a parecer mais escuro que seu equivalente com iluminação lateral de mesma área de vidraça.

O ofuscamento pode ser um problema em cômodos com iluminação lateral. Ele pode causar desconforto e prejudicar o desempenho de tarefas visuais. Pode haver um contraste muito alto entre o interior e o exterior, e os reflexos nas superfícies brilhantes podem ser ofuscantes. Esses dois problemas podem ser vistos na imagem superior **1.24**.

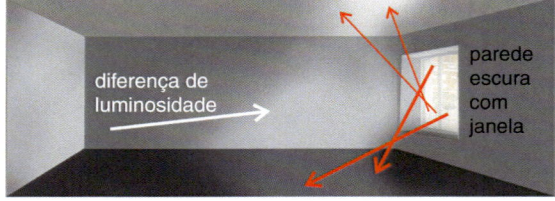
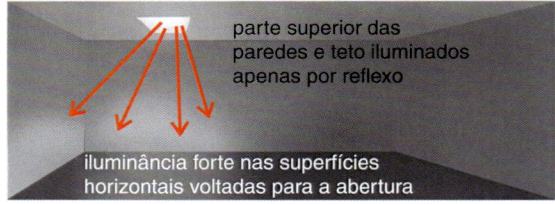

1.23

1.24
(FIGURA SUPERIOR) Em algumas mesas nesta sala de aula, o ofuscamento será incômodo, e o reflexo excessivo dificultará a visão do quadro-negro e dos materiais que estão sobre as mesas.
(FIGURA INFERIOR) A utilização de venezianas reduz a iluminância, mas também diminui o ofuscamento de modo significativo. Escola da década de 1950, Nova Gales do Sul, Austrália.

4.2 Luz natural: luz do sol refletida

Se a luz direta do sol iluminar um cômodo ou se ela incidir sobre o solo do lado de fora da janela, o equilíbrio da iluminação será alterado. Uma faixa de luz solar pode ser muito mais brilhante do que qualquer outra superfície, e a luz que for refletida dominará o padrão de claros e escuros do recinto. Perceba, na **Figura 1.25**, a homogeneidade da iluminação nas paredes e no teto. Já que grande parte da área de superfície está pintada de branco, há uma quantidade significativa de reflexo cruzado – luz sendo refletida várias vezes entre as superfícies.

1.25
Teto e paredes iluminados pelo reflexo da luz do sol.
Quitinete, Yazd, Irã.

4.3 Orientação e luminosidade das superfícies

Uma fonte que emita luz de forma homogênea em todas as direções e que esteja suspensa no centro de um cômodo produz uma iluminância uniforme por todas as superfícies do local. Embora a distribuição da luz não seja exatamente uniforme devido ao ângulo de incidência e à distância entre a superfície e a fonte, que varia conforme o ponto de referência, temos a sensação de estarmos em um cômodo desinteressante. O objeto mais brilhante é a fonte de luz. O seu tamanho terá um efeito ínfimo sobre a luminância das superfícies, a não ser que ele seja maior em relação às dimensões do cômodo. Entretanto, como foi explicado anteriormente no capítulo, quanto menor for a fonte, mais brilhante ela deverá ser para poder ter o mesmo fluxo luminoso. Uma fonte muito diminuta, como, por exemplo, o filamento de uma lâmpada de tungstênio e halogênio de baixa-voltagem, será muito brilhante, mas poderá gerar um ofuscamento intolerável. Com uma fonte grande, tal como a luminária esférica na **Figura 1.26a**, o recinto se torna desinteressante.

Compare-a com a **Figura 1.26b**. Aqui, as luminárias estão embutidas no teto e projetam luz descendente em um carpete muito colorido. A luz refletida leva as cores até as paredes e o teto.

Os padrões de luminosidade dos cômodos possuem associações subjetivas, em particular quando suas superfícies principais (paredes, teto e piso) são muito brilhantes, têm cores fortes ou são muito escuras.

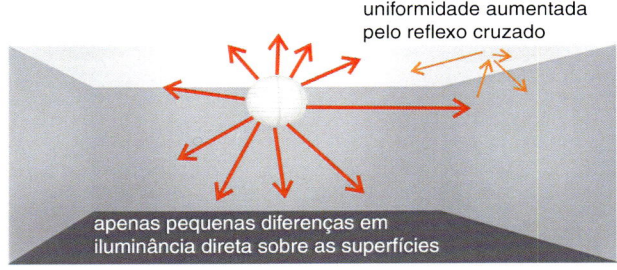

1.26a
As fontes difusas que estão localizadas no centro de um recinto produzem luminosidade praticamente uniforme sobre as superfícies.

1.26b
Contrastes altos ocorrem quando apenas uma superfície é iluminada.

4.4 Complexidade e destaque

Uma cena com muitos elementos será entendida de forma mais clara se houver hierarquia de luminosidade e contraste. Isso é demonstrado na **Figura 1.27**.

1.27
Um interior convexo é simplificado visualmente por meio do aumento gradual da luminosidade partindo da periferia até o centro.

1.28
Um cacho de flores bem delimitado contra um fundo de folhas.
Hawthorn, Derbyshire, Reino Unido.

As cores também podem reforçar a clareza. Na **Figura 1.28**, as flores chamam atenção porque são brancas e o fundo é colorido e mais escuro. A luz solar salpicada incide tanto sobre as flores quanto sobre o fundo de folhagem, o que poderia resultar em um padrão camuflado, mas a brancura das flores evita isso.

Com esses exemplos, nos afastamos das características puramente físicas da luz e nos aproximamos das propriedades da percepção visual. A capacidade de enxergar ordem em um campo de visão complexo ou a de reconhecer um objeto que está parcialmente camuflado são habilidades que desenvolvemos desde a infância – daremos continuidade a esse assunto nos Capítulos 4 e 9.

2
A descrição da luz

2.1

As cores do pôr-do-sol são criações dos nossos olhos e do nosso cérebro. Os raios de sol são dispersos pelas gotículas de água; alguns deles são redirecionados e se tornam parte do vasto e complexo padrão de energia que nos cerca. O milagre da visão consiste no fato de podermos utilizar essa energia para construir imagens do mundo ao nosso redor.

A luz é um fluxo de energia. Assim como o calor radiante, as ondas de rádio e os raios-x, ela faz parte do espectro eletromagnético. No entanto, ela se diferencia por ser definida pela visão humana. Por exemplo, nós enxergamos as cores do arco-íris por dois motivos: primeiramente, porque o ângulo com o qual as gotículas de água dispersam os raios de sol varia conforme o comprimento de onda da radiação; e, em segundo lugar, porque a radiação de diferentes comprimentos de onda nos proporciona sensações distintas. Ou seja, o que é visível aos nossos olhos sempre depende de processos físicos externos e do funcionamento da conexão entre os olhos e o cérebro.

É por isso que a luz não pode ser expressa com unidades de energia ou eletricidade; ela não pode ser quantificada em joules ou em watts. Afinal, se esses fatores subjetivos forem incluídos, medidas puramente físicas serão inadequadas.

Desse modo, a luz possui um conjunto exclusivo de unidades no Sistema Internacional de Unidades. Ela também conta com um vocabulário especializado que inclui palavras pouco usadas e expressões comuns, mas que contém significados técnicos precisos. Essas unidades com nomes incomuns podem dificultar a discussão sobre a iluminação em edificações.

Por isso, iniciaremos este capítulo fazendo uma relação dos termos técnicos mais importantes e, em seguida, apresentaremos as unidades utilizadas para quantificar a luz. Finalmente, explicaremos como a luz se relaciona com a energia e a eletricidade em outros aspectos do mundo físico.

1 VOCABULÁRIO DE LUMINOTÉCNICA

- Uma *fonte de luz* é qualquer coisa que emita luz de forma direta, como uma lâmpada sem quebra-luz ou o sol. Também inclui alguma coisa que, em determinado contexto, se comporta como se emitisse luz, tal como a atmosfera da Terra ou o céu luminoso.
- Uma *fonte pontual* é infinitamente pequena e emite luz de modo homogêneo em todas as direções. Ela é o limite hipotético de uma série de fontes, uma menor que a outra. *Fontes lineares* e *fontes dispersas* são superfícies emissoras de luz que são significativamente grandes em uma ou duas dimensões.
- Em luminárias elétricas, a *lâmpada* é a verdadeira fonte de luz, e a *luminária* funciona como uma proteção que a abriga e controla a distribuição da luz emitida.
- *Luz do dia* ou *luz diurna* é um termo genérico; em vez dele, muitas vezes se usa *iluminação natural*. *Luz do sol* é o raio que vem diretamente do sol. *Luz celeste* ou *iluminação difusa* é a luz proveniente do restante do céu.*
- *Fluxo luminoso*, *intensidade luminosa*, *iluminância* e *luminância* são termos usados para descrever o fluxo de luz entre as superfícies em espaços tridimensionais. Eles são as bases para as unidades de iluminação. *Eficácia luminosa* é a razão entre o fluxo luminoso e a eletricidade consumida pela lâmpada.
- *Refletância* é a fração da luz que é refletida quando incide sobre uma superfície. *Transmitância* é a fração de luz incidente em uma superfície que é transmitida através do material. A esses dois conceitos são atribuídos valores de zero a um. *Refração* é o desvio de um feixe luminoso na junção de dois materiais transparentes. *Reflexão cruzada* é a luz em uma série infinita de reflexos entre superfícies.
- *Fluxo inicial* ou *fluxo direto* é a luz direta de uma fonte que incide sobre uma superfície sem reflexos intermediários. A *linha normal* a uma superfície é a linha perpendicular a ela, ou seja, uma linha que a intersecta com um ângulo de 90°. O *ângulo de incidência* é aquele entre um feixe luminoso e a linha normal à superfície. Quando o feixe recai perpendicularmente sobre a superfície, o ângulo de incidência é zero; quando ele mal toca a superfície, o ângulo é próximo a 90°.
- *Matiz*, *valor tonal* e *croma* são termos utilizados na classificação das cores no sistema de Munsell, o método mais comum de descrição objetiva de cores. *Cromaticidade* define a cor sem levar em consideração a sua luminosidade.

2 UNIDADES

No projeto de luminotécnica, trabalhamos com uma escala física que possibilita que a luz seja tratada como um simples fluxo de energia. As unidades que utilizamos são chamadas de *unidades fotométricas*. Elas são apropriadas para as escalas que utilizam milímetros, metros e quilômetros para a medição de áreas, e não para as que utilizam escalas muito pequenas, como a da mecânica quântica, ou muito grandes, como a da cosmologia.

Existem quatro unidades fotométricas e todas se relacionam entre si. Elas descrevem a luz em diferentes situações geométricas.

Fluxo

A primeira unidade da luz é o *lúmen*. Ele representa o fluxo luminoso, o fluxo de luz de uma fonte. Assim como a potência de um radiador (a taxa de emissão térmica) é descrita em watts, o fluxo luminoso de uma lâmpada é dado em lúmens. Por exemplo:

30 W Lâmpada de tungstênio e halogênio	600 lm
58 W Lâmpada fluorescente tubular	5.200 lm
400 W Lâmpada de sódio à alta pressão	48.000 lm

Esses são apenas os valores típicos; o fluxo luminoso depende dos detalhes da construção da lâmpada e quase sempre diminui com o passar do tempo.

O desempenho de uma luminária depende não só da quantidade de luz emitida mas também da maneira como ela é distribuída. A luz poderia estar concentrada em um feixe estreito. A largura desse feixe, um ângulo

---

* *N. de T.:* Nesta obra, luz diurna, luz natural e luz do sol são empregados como sinônimos, como é o usual entre os arquitetos.

em um espaço tridimensional, é chamado de ângulo sólido, medido em estereorradianos. Se você tiver uma folha quadrada de papel com um metro de lado e olhá-la a uma distância de um metro, o ângulo que ela compõe em relação aos seus olhos é de um estereorradiano. Se você dobrar a distância, o ângulo passa a ser de um quarto de estereorradiano. A fórmula genérica é

$$\text{ângulo sólido em estereorradiano} = \frac{\text{área vista}}{(\text{distância})^2}$$

A intensidade luminosa (ou simplesmente intensidade) é medida em *candelas*. O termo é usado para descrever o fluxo da luz em uma determinada direção. A intensidade é calculada com o número de lumens dividido pelo tamanho angular do feixe: uma candela é um lúmen por estereorradiano.

Luminária de iluminação descendente com LEDs de 7 W, ângulo do feixe de 25°	1.100 cd
Spot de tungstênio e halogênio de 20 W, ângulo do feixe de 10°	7.000 cd

Reiteramos que esses são os valores típicos para a intensidade no centro dos feixes; os valores reais podem variar muito.

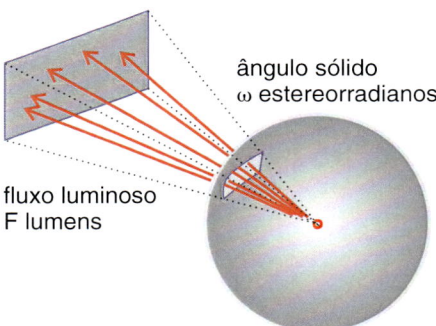

2.2
A definição da candela.

Iluminância

Iluminância é a quantidade de luz incidente em uma superfície e é medida com o número de lumens em uma unidade de área de superfície. A unidade do Sistema Internacional de Unidades é o lúmen por metro quadrado, que, por questões práticas, recebeu um nome mais curto: *lux*. Eis alguns valores de iluminância típicos:

Sobre as mesas de um escritório comum	500 lx
Sobre o solo, em um dia de céu encoberto	10 mil lx (geralmente representado 10 klx)
Do sol e do céu luminoso, em um dia de verão	100 mil lx (100 klx)

Nos Estados Unidos, costuma-se utilizar uma unidade diferente: o lúmen por pé quadrado. Como um pé quadrado é cerca de um décimo de um metro quadrado, a iluminância de um lúmen por pé quadrado é de aproximadamente 10 vezes a iluminância de um lux. Portanto, *grosso modo*:

Sobre as mesas de um escritório comum	50 lm/ft^2
Sobre o solo, em um dia de céu encoberto	1 mil lm/ft^2
Do sol e do céu luminoso, em um dia de verão	10 mil lm/ft^2

O coeficiente de conversão para passar de lúmen por pé quadrado para lux é de 10,76. Por exemplo, a iluminância de 50lm/ft^2 tem a mesma quantidade de luz que a iluminância de $50 \times 10,76 = 538$ lx.

A rigor, o que foi descrito até agora diz respeito à *iluminância planar*, ou seja, à luz incidente em uma superfície plana; porém, a iluminância também pode ser descrita em termos de luz incidente em superfícies de outros formatos. A *iluminância esférica* descreve a luz que incide sobre uma esfera pequena. A *iluminância cilíndrica* corresponde à luz incidente nas laterais (porém não nas pontas) de um cilindro na vertical. Essas medidas costumam estar mais relacionadas com a impressão geral que temos da luminosidade de um cômodo do que com a iluminância planar. Mais precisamente, a média de iluminância cilíndrica em um recinto foi usada como um critério na edição de 2012 do Código SLL do Chartered Institute of Building Service Engineers (Instituto Nacional de Engenheiros de Instalações) para iluminação interna.

Luminância, exitância e luminosidade aparente/visível

A luminância descreve a quantidade de energia de uma superfície que flui em uma direção específica. Ela é medida em candelas por metro quadrado em unidades do Sistema Internacional de Unidades, ou em candelas por pé quadrado em alguns escritórios norte-americanos. Alguns valores típicos:

Papel branco fosco sobre uma mesa de escritório (iluminância de 500 lx)	130 cd/m²
Olhar para o alto de um céu encoberto (iluminância de 10 mil lx)	3.000 cd/m²
Papel branco sob a forte luz do sol (iluminância de 100 mil lx)	25 mil cd/m²

Assim como os outros valores vistos anteriormente, a candela por metro quadrado pode ser convertida para candela por pé quadrado se a dividirmos por 10,76, ou por 10, se quisermos simplificar.

A exitância é a quantidade total de fluxo de luz de uma área unitária de superfície, ou seja, é o oposto de iluminância, que se refere à luz incidente sobre uma superfície. A exitância é medida em lumens por metro quadrado ou lumens por pé quadrado. Se uma superfície for perfeitamente plana e difusa, a sua luminância será igual à sua exitância dividido por π.

A luminância também é chamada de luminosidade objetiva; ela é o que seria indicado por um fotômetro. A luminância não é a única responsável pela luminosidade aparente, ou seja, por quão brilhante uma superfície parece. Outros fatores, como o estado da adaptação dos olhos à variação da luminância e o real padrão de luminosidade no campo de visão, também influenciam essa percepção.

Todas as unidades estão relacionadas e são unidas pelas medidas de ângulos sólidos e áreas, como demonstra a Tabela 2.1.

Tabela 2.1
As unidades de iluminação

Fluxo luminoso, medido em lumens (lm), símbolo F ou Φ	2.3
Intensidade luminosa, medida em candelas (cd), símbolo I	2.4
Iluminância, medida em lux (lx) ou em lumens por pé quadrado (lm/ft²), símbolo E	2.5
Luminância, medida em candelas por metro quadrado (cd/m²) ou em candelas por pé quadrado (cd/ft²), símbolo L	2.6

O padrão original e que determinou a magnitude das unidades fotométricas foi a vela. Como consequência disso, podemos descrever algumas regras gerais:

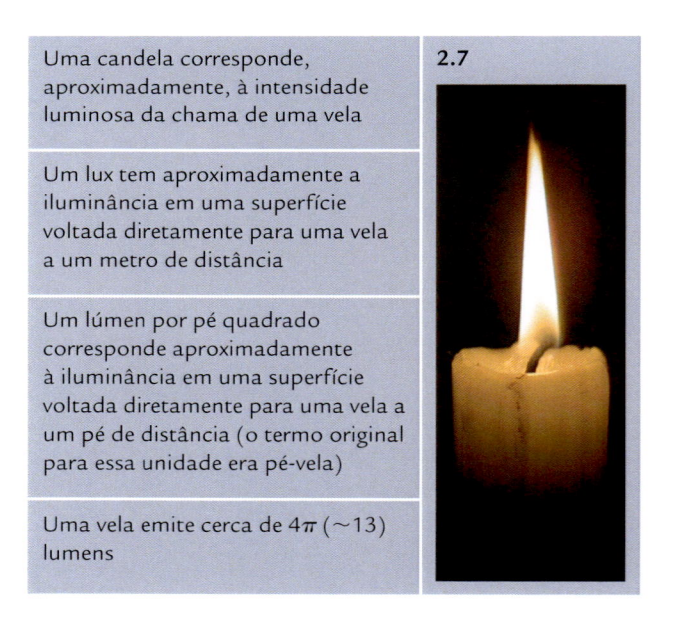

Uma candela corresponde, aproximadamente, à intensidade luminosa da chama de uma vela	2.7
Um lux tem aproximadamente a iluminância em uma superfície voltada diretamente para uma vela a um metro de distância	
Um lúmen por pé quadrado corresponde aproximadamente à iluminância em uma superfície voltada diretamente para uma vela a um pé de distância (o termo original para essa unidade era pé-vela)	
Uma vela emite cerca de 4π (~13) lumens	

3 LUZ E MATERIAIS

O que acontece quando a luz atinge uma superfície depende das propriedades do material – se ele é transparente ou não, se sua superfície é lisa ou rugosa.

A refletância, representada pela letra grega rho (ρ), possui um valor sempre entre zero e um; $\rho = 0$ seria equivalente a uma superfície perfeitamente negra que absorveria toda a luz incidente e um $\rho = 1$ corresponderia a um material completamente reflexivo.

Refletância de uma folha de papel branca	0,8
Concreto limpo	0,4
Madeira escura	0,1

Às vezes, a quantidade de luz refletida é expressa como uma percentagem. Quando isso acontece, seu nome muda para *coeficiente de reflexão*. Em uma folha de papel branca, por exemplo, ele seria igual a 80%.

A direção que a luz assumirá quando for refletida dependerá do tipo de superfície. Se esta for fosca, refletirá os feixes de luz em todas as direções. Esse processo é denominado *reflexão difusa*. Se a superfície for brilhante, atuará como um espelho; nesses casos, a luz será refletida com um ângulo igual e contrário ao ângulo de incidência. Esse processo é chamado de *reflexão especular*.

A transmitância, ou seja, a fração de luz que passa por um material, também é um número entre zero e um e é representada pela letra grega tau (τ).

Transmitância de vidro incolor com 6 mm de espessura com feixe luminoso perpendicular à superfície	0,87
Transmitância de vidro incolor de 6 mm de espessura com luz ambiente	0,80
Transmitância de vidro incolor de 6 mm de espessura com sujeira comum das janelas em áreas urbanas	0,74

A transmitância pode ser difusa, quando um feixe luminoso incidente é disperso, ou regular, quando ele emerge sem ser alterado. Materiais como o vidro possuem refletâncias e transmitâncias que variam conforme o ângulo de incidência. Os feixes luminosos que tocarem a superfície de leve serão quase todos refletidos; por outro lado, se incidirem com um ângulo de 90° em relação à superfície, a maior parte da luz atravessará o material. A média da transmitância do vidro, isto é, o seu valor efetivo sob iluminação difusa, é aproximadamente 10% menor que o máximo.

A maioria dos materiais naturais são tanto especulares quanto difusos na refletância e, no caso de serem transparentes, são em parte regulares e em parte dispersores. Superfícies polidas, como os tampos de mesa ou as pinturas de carros, assemelham-se ao corpo de água da **Figura 2.8**. Uma camada transparente está acima de um refletor difuso. A cor que enxergamos é resultado da combinação entre as cores do céu, da água e do fundo. Ela varia porque a superfície da água não é plana.

2.8
Reflexão composta. As cores visíveis do corpo de água dependem do céu, da própria água e das superfícies submersas.

A transmitância do vidro varia conforme o comprimento de onda. Ela muda de acordo com a luz e a radiação total do sol. O valor da radiação térmica de baixa temperatura também sofrerá modificação. A energia que passa por uma janela sob a forma de luz ou luz direta do sol pode ficar presa no recinto e esquentar qualquer material capaz de absorvê-la; isso aumenta a energia radiante de ondas longas emitidas pela superfície, mas o vidro a barra. É o chamado efeito estufa.

4 LUZ COMO RADIAÇÃO

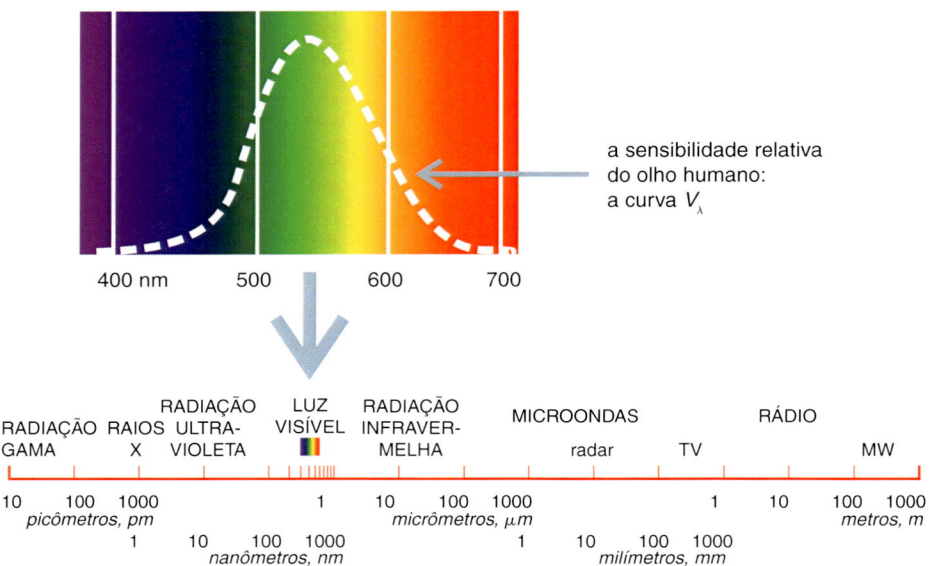

2.9
O espectro eletromagnético: como a natureza da radiação varia de acordo com o comprimento de onda.

A luz, assim como o calor radiante, as ondas de rádio e os raios x, corresponde a um fluxo de energia eletromagnética e é o resultado de campos de eletricidade e magnetismo que mudam constantemente no espaço. A luz faz parte do espectro eletromagnético e seu comprimento de onda é o único fator que a distingue dos outros tipos de radiação.

Para que você possa compreender o que isso significa, imagine que, em uma mesa ao seu lado, exista um aparelho que produza radiações eletromagnéticas de todos os comprimentos de onda. Se você o configurar com uma frequência baixa, ele funcionará como um radiotransmissor, e o seu monitor poderá indicar um comprimento de onda de 100 m. Esse valor se encontra à direita no gráfico **2.9**. Você não verá nem sentirá nada diferente, mas se aumentar a frequência do receptor de rádio, ouvirá interferências. Se você diminuir o comprimento de onda, da direita para a esquerda no gráfico, descobrirá que isso causa interferência em diferentes bandas de radiofrequência. A próxima região do espectro é formada por ondas de rádio muito curtas e é usada para sinalização e redes sem fio. Elas são conhecidas como microondas. Dependendo do comprimento de onda, moléculas específicas dos materiais podem absorver energia. O forno de microondas funciona com base nesse princípio, utilizando, em geral, radiação com um comprimento de onda de 122 mm. É isso que faz com que as moléculas de água se aqueçam.

A região infravermelha do espectro inicia com um comprimento de onda de cerca de um décimo de milímetro. Em seguida, conforme o comprimento de onda é reduzido, você percebe que a antena fica mais quente. E ela esquentará cada vez mais à medida que o comprimento de onda for reduzido, até que, finalmente, não poderá ser tocada. Logo após, ela começará a brilhar e ficará, literalmente, incandescente. Nesse ponto, uma antena de metal deixaria de funcionar, mas a fonte poderia ser uma lâmpada de descarga. Se você continuar a reduzir o comprimento de onda, a luz primeiro se tornará mais forte, passando de amarelo a verde, e depois diminuirá, ficando verde azulada e, a seguir, azul escura. Depois disso, haverá radiação ultravioleta, seguida de raios x e, por último, radiação gama.

A luz é definida como um tipo de radiação eletromagnética à qual os olhos humanos são sensíveis. A **Figura 2.9** demonstra que ela constitui uma parte minúscula do espectro, o intervalo entre 400 e 700 nm.

A curva branca sobreposta às cores na **Figura 2.9** é chamada informalmente de curva V_λ (vê lambda) e formalmente de resposta espectral do *CIE Standard Photopic*

Observer. Ela determina a relação entre lumens e watts, ou seja, entre a luz e a radiação total. Ela revela como a sensibilidade do olho humano varia de acordo com o comprimento de onda da luz diurna, isto é, da luminância de adaptação acima de 3 cd/m². Em ambientes com pouca luminosidade, quando o olho está adaptado para o escuro, sua reação é um pouco diferente; ele se torna mais sensível ao azul e menos sensível ao vermelho (de fato, a curva se move cerca de 50 nm para a esquerda). O termo *visão escotópica* é usado para descrever as características do olho quando a luminância de adaptação é inferior a 0,001 cd/m². Já a *visão mesópica* se refere à região entre as zonas fotópicas e escotópicas.

De watts a lumens

A produção de lumens de uma lâmpada dependerá, então, não só da potência da fonte, mas também do comprimento de onda da luz emitida. A relação entre o fluxo luminoso de uma lâmpada e sua entrada elétrica é denominada *eficácia luminosa*, medida em lumens por watt. Para obtê-la, precisamos medir a radiação emitida pela fonte nos intervalos ao longo da faixa espectral; a seguir, multiplicá-la pelos valores correspondentes da curva V_λ; e, finalmente, somar tudo. Eis alguns exemplos (aproximados, porque as lâmpadas variam muito):

Lâmpada de tungstênio e halogênio de 30 W	20 lm/W
Lâmpada fluorescente tubular de 58 W	90 lm/W
Lâmpada a vapor de sódio de alta pressão de 400 W	120 lm/W

As lâmpadas de tungstênio e halogênio são fontes incandescentes: elas aquecem o filamento até que ele fique incandescente. Inevitavelmente, grande parte da energia elétrica que elas consomem é irradiada sob a forma de calor, fora do espectro visível. Desse modo, sua eficácia é baixa. Por outro lado, as lâmpadas de sódio à alta pressão são muito eficazes, já que grande parte da energia que geram está na região do espectro à qual os olhos são mais sensíveis.

3
A descrição das cores

3.1

Este capítulo apresenta maneiras pelas quais as cores da luz e as cores das superfícies podem ser descritas sistematicamente. "Cor" e "luz" não são duas coisas separadas: a primeira é a sensação gerada no processo de percepção visual. O Capítulo 2 explica por que percebemos as cores de modo diferente de acordo com o comprimento de onda da luz a que estamos expostos. Porém, isso não é tudo: em geral, não existe uma correspondência absoluta entre as combinações de comprimentos de onda e as cores que enxergamos.

Se avaliarmos de forma analítica a **Figura 3.1**, descobriremos que as cores se diferenciam umas das outras levando em conta três fatores: o matiz (vermelho, verde), a saturação (a intensidade do pigmento) e o valor tonal (claros e escuros). Quando queremos especificar uma cor, seja de luz ou de superfície, três informações são necessárias – em termos matemáticos, diríamos que a cor é "tridimensional". O que vem a seguir é a base dos sistemas que utilizamos para descrever as cores.

1 AS DIMENSÕES DAS CORES

Para um projetista, descrever uma cor como sendo "vermelha" ou mesmo "vermelha quase amarela" não é o bastante; os nomes das cores possuem diferentes significados para cada um. Para acertarmos a cor exatamente ou para alcançarmos misturas sutis, é necessário um método muito mais preciso de especificação.

O modo mais simples consiste em ter um conjunto de referências com amostras de cores reais. Os cartões de cores de tinta e as amostras de tecido dos fabricantes permitem que o consumidor faça uma escolha inequívoca: tudo o que ele precisa fazer é dizer o número ou o nome do item. Um conjunto abrangente de amostras é chamado de "atlas de cores".

No entanto, existem limites para a utilidade das amostras. A primeira dificuldade é que qualquer atlas de cores conterá um conjunto finito de exemplos e não definirá cores intermediárias. A segunda dificuldade é que, em qualquer processo de impressão ou fabricação de cor, pode haver variação entre uma leva e outra, de modo que as cópias de um determinado conjunto nunca serão idênticas. O mais importante, entretanto, é que a aparência dos pigmentos dependerá da natureza da luz incidente. Duas superfícies podem parecer semelhantes ou diferentes, tudo dependerá do tipo de iluminação ao qual estão expostas. Esse fenômeno é conhecido como metamerismo. O atlas de cores deve ser visto sempre sob a mesma luz, em geral de espectro contínuo, como a luz natural.

Precisamos de uma maneira sistemática de classificar as cores – algo que seja útil para a especificação das cores e que possa servir como parâmetro teórico para o projetista. Felizmente, existem muitos métodos com essas especificações. O que eles têm em comum é o fato de poderem incorporar duas características da percepção humana das cores.

A primeira consiste em uma interessante diferença entre a visão humana e o modo como nós distinguimos o som. Se tocarmos duas notas ao mesmo tempo no piano – por exemplo, o dó central e o mi –, nós ouviremos dois sons distintos. Eles não se mesclam nem viram um som intermediário.

Na percepção das cores, acontece o oposto. Se dois feixes luminosos provenientes de dois *spots* com filtros coloridos fossem sobrepostos em uma tela branca, as cores não só se misturariam (por exemplo, vermelho e verde criariam uma área marrom), como também poderiam ser produzidas por um número infinito de combinações. Entretanto, como já explicamos, com a audição isso é bem diferente. O som do dó e do mi tocados juntos não é o mesmo que o do si e do fá, ou de qualquer outro par, mesmo que ele seja simétrico em relação à nota central.

Portanto, embora nossa primeira reação seja associar as cores do espectro com comprimentos de onda específicos, no caso das cores não há uma correspondência exata entre estímulo e resposta. A tecnologia dos serviços de impressão, da fotografia e dos monitores depende disso. Quando uma imagem inicial é formada nas câmeras ou em programas de computador de geração de imagens, cada cor é distribuída em três ou quatro matizes. Para a reprodução, a impressora ou os monitores exibem os matizes nas proporções gravadas e o olho entende que elas são as cores originais.

A segunda característica essencial é que, para descrever completamente uma luz ou superfície colorida, são necessárias três dimensões: não é possível registrar em uma única folha de papel a gradação contínua de todas as cores possíveis. Esse princípio foi explorado sistematicamente pela primeira vez por A. H. Munsell, um professor de artes de Boston que publicou seu sistema em 1905.

2 SISTEMAS DE CORES

O Sistema de Munsell

Munsell nomeou as dimensões das cores de *matiz*, *valor tonal* e *croma*. O matiz é um ponto no círculo da cor; o valor tonal varia de acordo com a refletância da superfície colorida; e o croma varia conforme a saturação da cor.

O círculo cromático de Munsell é dividido em 10 seções principais, que vão do vermelho ao roxo, passando pelo vermelho amarelado e pelo roxo avermelhado, como demonstrado na **Figura 3.2**. Cada segmento é subdividido e recebe um valor de zero a 10, sendo que o matiz em questão terá o valor de cinco. Por exemplo, 5Y é o amarelo puro. Na prática, apenas os passos 2.5, 5, 7.5 e 10 costumam ser usados.

Imagine que exista um ponto cinza no centro do círculo cromático. Depois, imagine algumas cores intermediárias sendo formadas a partir da adição gradual de pimentos a esse cinza, aumentando a saturação radialmente desde esse neutro até os matizes puros. A distância até o centro é o indicador de croma de Munsell: zero indica neutro; os números altos indicam cores muito saturadas.

O valor tonal é a terceira dimensão. O preto possui um valor tonal igual a zero, e o branco um valor tonal igual a 10. O todo pode ser visualizado como uma cor sólida, talvez como uma fruta: o cerne branco no topo e negro na base e a pele graduada para produzir uma superfície de cores espectrais. Diferentemente da maçã, a parte interna também é colorida e graduada: uma lagarta escavando-a transversalmente em linha reta começaria a comer por uma parte amarela, passaria por tons de cinza médios e, finalmente, sairia por uma região azul escura. A imagem superior da **Figura 3.2** é um corte através do sólido.

A refletância de uma superfície colorida é dada de forma aproximada por uma simples função do valor tonal de Munsell:

$$\rho \approx \frac{\text{valor}\,(\text{valor} - 1)}{100}$$

Cada ponto dentro do sólido de Munsell é uma cor única e tem uma referência completa. Ela se dá com a utilização da seguinte fórmula

matiz valor tonal/croma

com a exceção dos neutros, os pontos na escala cinza no centro, que são chamados de *valor N*. Na Tabela 3.1 podemos ver alguns exemplos.

Em cada uma das dimensões, unidades idênticas indicam medidas iguais no contraste percebido, ainda que o espaçamento entre as dimensões possa variar. O sólido é assimétrico porque os valores dos matizes que aparentam estar completamente saturados variam muito – uma tinta amarelo vibrante parece mais clara e possui maior refletância do que uma tinta azul saturado.

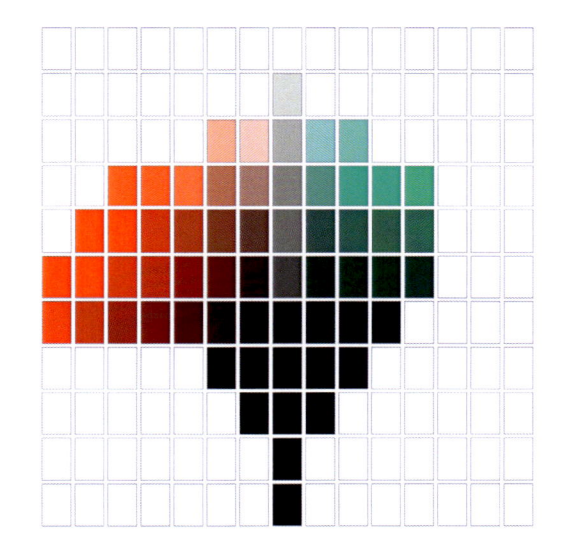

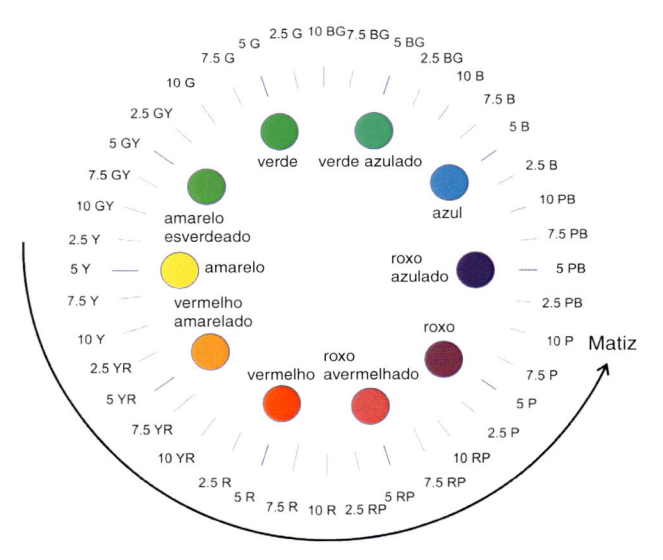

3.2
As dimensões das cores de Munsell:
(FIGURA SUPERIOR) Croma e valor tonal em uma seção da tabela de cores do verde ao azul avermelhado.
(FIGURA INFERIOR) Um círculo de cores exibindo os matizes de Munsell.

O Sistema de Cores Naturais

O Sistema de Cores Naturais é um método alternativo para definição de cores de superfícies. Nele, a cor é definida pela sua posição em um conjunto de seis cores primárias: branco, preto e os "elementos cromáticos" amarelo, vermelho, azul e verde. Os elementos cromáticos são estabelecidos a cada 1/4 do círculo de cor e um matiz intermediário é estabelecido em forma de percentagem da distância ao longo do arco entre cada par adjacente. A cor laranja, em um ponto intermediário entre a amarela e a vermelha, é chamada de Y50R, enquanto que a vermelha com só um pouquinho de amarelo é denominada Y90R. O círculo das cores cromáticas é representado na **Figura 3.3**.

As cores que não são completamente saturadas são indicadas pelas suas posições em um triângulo formado entre o branco, o preto e uma cor cromática. As arestas do triângulo formam um eixo de *brancura*, *negrura* e *intensidade cromática*. O sólido das cores é, portanto, um cone duplo. A parte superior é branca, a base é preta, e o círculo de cor forma a borda. A soma da brancura, negrura e intensidade cromática, em qualquer ponto, equivale a 100%. Em notações, a negrura e a intensidade cromática são representadas com dois dígitos cada, mas a brancura é omitida por ser uma dimensão redundante.

O Sistema de Cores Naturais adota o formato *intensidade cromática de negrura – matiz* como mostra a Tabela 3.1.

Tabela 3.1
Exemplos de notações de cores

	Munsell	NCS	BS 5252
Amarelo claro	5Y 8/0,5	2002 – Y03R	10 A 03
Violeta avermelhado intenso	7,5 RP 2	7315 – R24B	02 C 40
Cinza escuro	N3	7501 – R97B	00 A 13

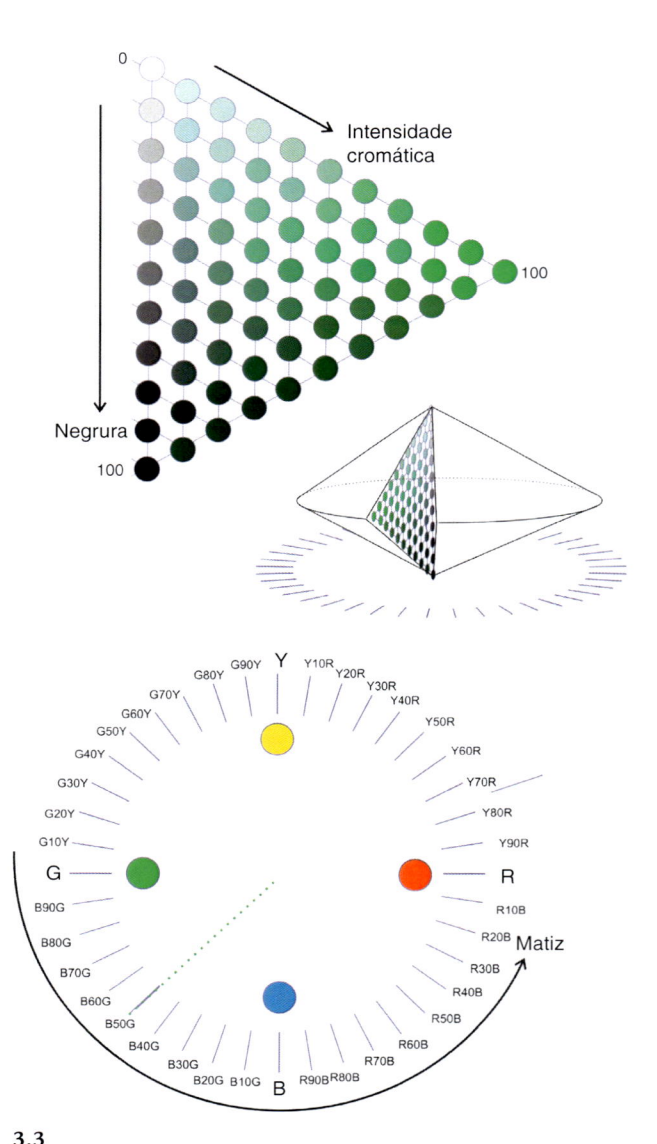

3.3
Dimensões do Sistema de Cores Naturais.

O padrão britânico

Dentro do Reino Unido, os sistemas para especificações de cores de superfícies são detalhados no *Framework for Colour Co-ordination for Building Purposes* do British Standard BS 5252:1976. Ele nada mais é do que um atlas com 237 cores em um sistema de referências que utiliza três dimensões: *matiz, quantidade de cinza* e *peso*. O primeiro desses conceitos é comparável ao de matiz de Munsell, ao passo que a quantidade de cinza equivale ao croma, ainda que difiram quanto à especificação do branco e do preto. Por outro lado, o peso é baseado na claridade subjetiva e não na refletância. Ele não se assemelha ao valor tonal porque as cores de matizes saturadas distintas com refletâncias equivalentes não são igualmente claras.

Os matizes, no sistema britânico de notação, são representados por um número par de dois dígitos: 00 significa neutro, 02, violeta avermelhado, 04, vermelho, e assim segue até o 24, o violeta. A quantidade de cinza é representada por uma letra de A, cinza, a E, claro ou matiz puro. O peso é dado por um número ímpar de dois dígitos, onde 01 indica um peso muito baixo. O formato de notação do padrão britânico/BS 5252 é

matiz quantidade de cinza peso

como mostra a Tabela 3.1.

O sistema de classificação presente no padrão britânico foi criado para ajudar os projetistas na seleção das combinações de cores, mas ele nunca conseguiu se popularizar.

3 LUZES COLORIDAS E CROMATICIDADE

Na **Figura 3.4**, três lâmpadas de cores diferentes estão ajustadas para projetar luz em uma superfície branca ao mesmo tempo e no mesmo lugar. A cor da mistura resultante pode ser modificada se alterarmos as produções relativas das três fontes. É possível que ajustemos a combinação para que o feixe de luz de uma quarta lâmpada, diferente, pareça ter a mesma cor.

Para que possamos atingir uma variedade maior de cores, as lâmpadas da fonte (*primárias*) devem ser muito saturadas e ter matizes amplamente espaçados no círculo de cor (vermelho, verde e azul, por exemplo). Com as primárias padronizadas, podemos combiná-las para que resultem na mesma aparência da outra cor. Sua notação poderia ser

$$r \text{ de } red \text{ (vermelho)} + g \text{ de } green \text{ (verde)} + b \text{ de } blue \text{ (azul)}.$$

onde r, g e b correspondem às iluminâncias relativas das três fontes.

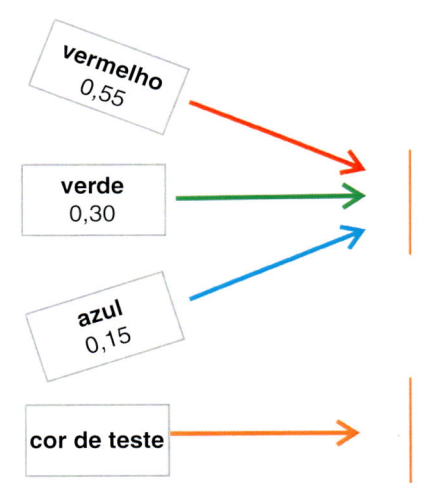

3.4
Misturando luzes coloridas para atingir uma cor de teste.

A sobreposição das luzes fornece uma mistura de cores *aditiva*: uma luz aparentemente branca pode ser obtida com a combinação das cores primárias. (Uma mistura de cores *subtrativa* ocorre quando se misturam tintas: uma combinação de pigmentos vermelhos, azuis e verdes se aproxima do preto porque cada cor absorve parte da luz incidente total. As misturas de cores subtrativas também ocorrem quando combinamos materiais que transmitem luz, tais como os filtros.)

No entanto, algumas fontes saturadas espectrais não podem ser obtidas a partir do conjunto das três cores primárias. Combinando-se a luz de lâmpadas vermelhas e verdes, podemos obter o amarelo, mas uma cor mais intensa pode ser produzida a partir de uma fonte com amarelo puro. Uma combinação equivalente pode ocorrer somente se o amarelo puro for dessaturado com um pouco de luz da cor primária azul – desse modo, de acordo com as especificações *rgb*, o componente azul assumiria um valor negativo.

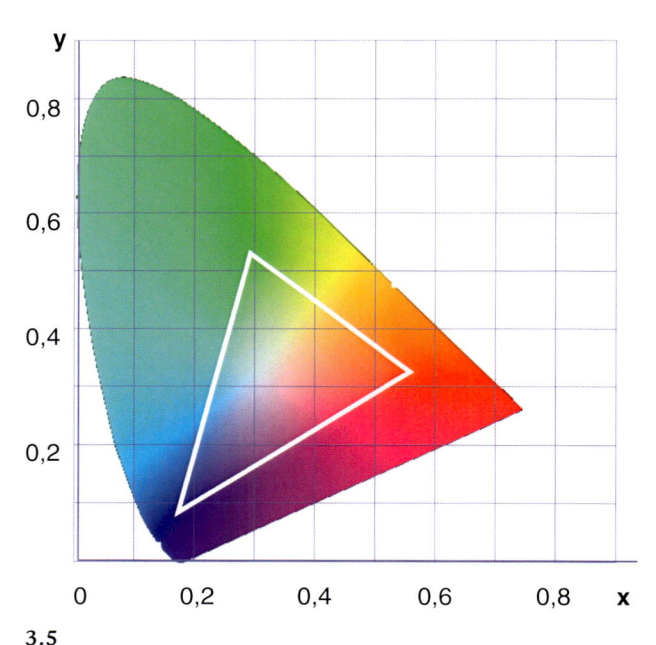

O diagrama de cromaticidade do Comitê Internacional de Iluminação (**Figura 3.5**) é baseado em três fontes hipotéticas com distribuições espectrais padronizadas, de modo que qualquer cor real pode ser obtida combinando-se essas três cores primárias. O espectro está agora completamente inserido nos limites curvos do diagrama, e um triângulo de cores produzidas por três lâmpadas reais se encontra dentro dele. Uma conversão matemática é empregada para registrar os resultados do teste no gráfico.

O eixo y representa a quantidade de verde, em uma escala de 0 a 1; o eixo x indica a quantidade de vermelho; e, como a soma das três primárias é a unidade, o valor de $1 - x - y$ representa a quantidade de azul. As cores neutras se encontram próximas ao centro do triângulo.

Qualquer cor de luz ou superfície, sob determinados iluminantes ou mesmo sob o fósforo do monitor de televisão, pode ser representada graficamente por um ponto no diagrama, ou numericamente pelas coordenadas x e y. As misturas podem ser previstas: as cores de todas as combinações de duas luzes coloridas estão em uma linha reta entre os pontos gráficos das luzes.

Tem havido inúmeras derivações do diagrama original do Comitê Internacional de Iluminação de 1931. Entre elas, estão as formas u,v e u',v', que visam à melhoria da uniformidade perceptiva para que a distância no diagrama reproduza uma diferença de percepção semelhante em todas as cores.

3.5
O diagrama de cromaticidade do Comitê Internacional de Iluminação. Os pontos que estão nos vértices do triângulo branco podem representar três fontes de luzes coloridas. Assim, o triângulo contém todas as cores que poderiam ser obtidas com essas fontes.

4 AS CORES DAS FONTES DE LUZ

A distribuição espectral de uma lâmpada pode influenciar a temperatura de cor da luz e a acuidade de sua reprodução em superfícies coloridas. A última é especialmente importante em locais como hospitais, onde um diagnóstico pode depender do reconhecimento preciso da cor da pele do paciente.

Temperatura de cor

Existem muitas lâmpadas "brancas", mas a temperatura de cor da luz que elas produzem varia muito. O sistema do Comitê Internacional de Iluminação (CIE) emprega o conceito de *corpo negro* para definir a temperatura de cor. Ele nada mais é do que uma fonte hipotética capaz de emitir um espectro contínuo de radiação; o filamento de uma lâmpada incandescente é um exemplo de algo parecido. A cor da luz produzida, que pode ser registrada no diagrama de cromaticidade do Comitê Internacional de Iluminação, varia de acordo com a temperatura; quanto mais quente for a fonte, mais azulada será a cor. E, se vários pontos forem registrados de uma fonte do tipo corpo negro com diferentes temperaturas, a linha no diagrama que passa através desses pontos é chamada de *local de Planckian*. A temperatura que fornece a cor a um ponto em particular na linha é chamada de *temperatura de cor*, escrita em graus Kelvin.

Para calculá-la, devem-se medir, com um espectrofotômetro, os valores de cromaticidade de x e y. Eles são registrados como um ponto no diagrama de cromaticidade e o ponto mais próximo a eles no local de Planck é considerado a *temperatura de cor correlata*. O termo "correlato" indica que, a rigor, a ideia de uma temperatura de cor se aplica somente a fontes que se comportam como corpos negros, e muitas lâmpadas não são assim.

Tabela 3.2
Descrição de cor e de temperatura de cor correlata

	Temperatura de cor correlata
Cor quente	Até 3.300 K
Cor média	Entre 3.300 e 5.300 K
Cor fria	Acima de 5.300 K

Reprodução de cores

O índice de reprodução de cores do Comitê Internacional de Iluminação também é baseado em medidas feitas com o espectrofotômetro. Nesse procedimento, as coordenadas de cromaticidade de um conjunto de superfícies coloridas padronizadas são medidas sob iluminação da fonte de luz sendo testada. Logo após, elas são comparadas com os valores medidos sob uma fonte de luz de referência com a mesma temperatura de cor.

O índice de reprodução de cores (IRP) costuma ser calculado a partir da média das medições de oito cores pastéis padronizadas que estão distribuídas no círculo cromático. O resultado é representado com o símbolo R_a. Como alternativa, a medição pode ser feita para uma cor padronizada individual: isso fornece o índice de reprodução de cores especial do Comitê Internacional de Iluminação.

Tabela 3.3
Índice de reprodução de cores

	Índice de reprodução de cores (IRP)
Próximo à reprodução de cor exata	$R_a = 100$
Reprodução de cores de alta qualidade	$R_a \geq 90$
Reprodução de cores de boa qualidade	$R_a \geq 80$
Reprodução de cores de baixa qualidade	$R_a \leq 79$

O IRP pode ser um indicador confuso quando o assunto é a reprodução de cores das fontes com LEDs, porque elas podem produzir cores muito saturadas. Medidas alternativas têm sido propostas e o Comitê Internacional de Iluminação está discutindo melhorias ao sistema atual.

4
Luz e visão

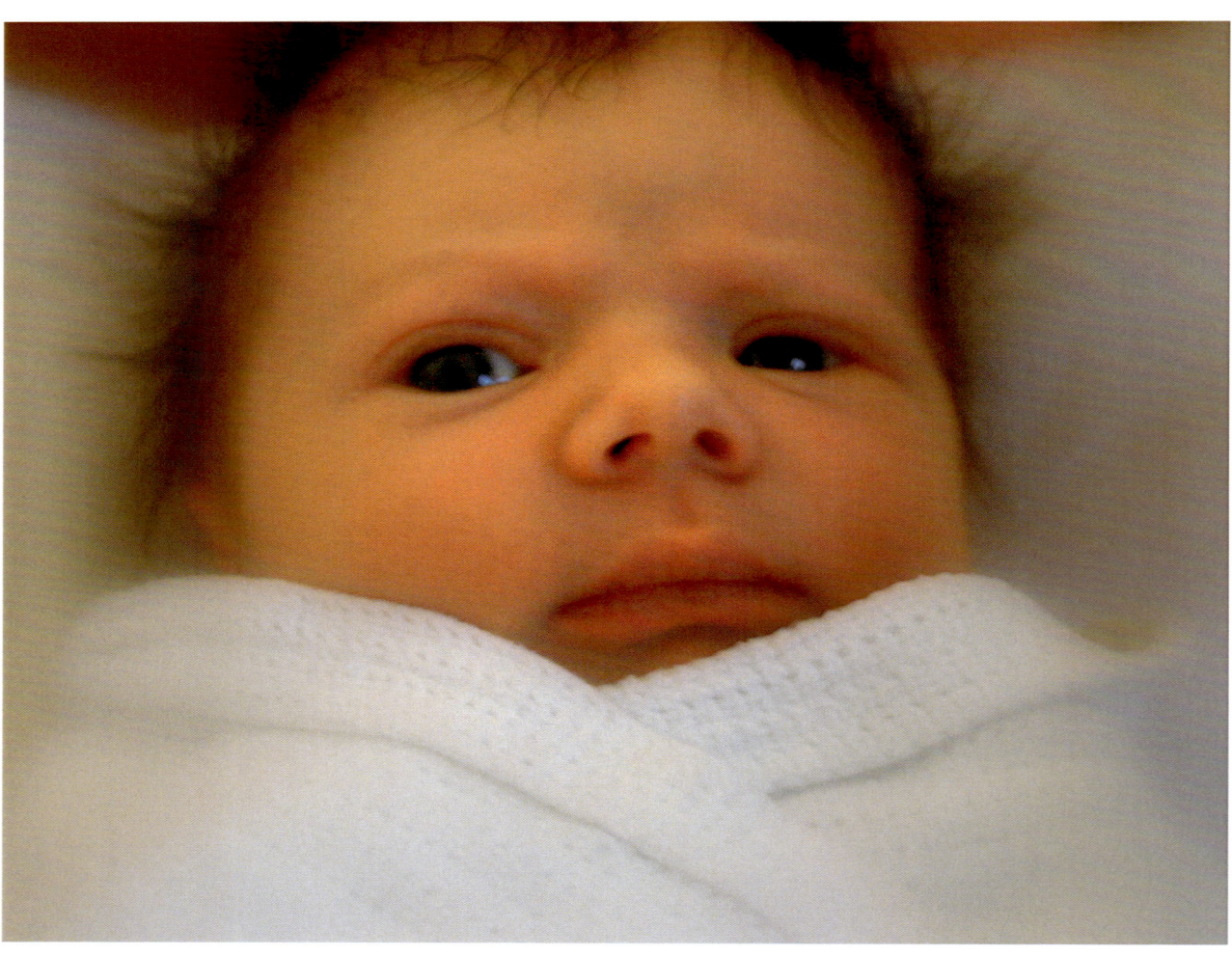

4.1

O olho não é uma câmera. Embora as imagens óticas sejam formadas na retina (a região sensível à luz que fica na parte posterior do olho), essas imagens não são o que nós percebemos. Em uma série de transformações executadas primeiramente pela própria retina e depois por etapas através do córtex visual do cérebro, as informações são modificadas: o equilíbrio da luminosidade e da cor é alterado; a atenção é concentrada em áreas pequenas enquanto que áreas maiores passam relativamente despercebidas; as imagens de um cenário presente são substituídas por imagens da nossa memória.

O que nós "vemos" depende de nossas experiências e do que nós aprendemos com elas, bem como da estrutura física do olho e do cérebro e de seus ajustes automáticos. Os olhos de um recém-nascido são completos no que diz respeito à ótica. No entanto, o bebê só enxerga alguns clarões confusos. A habilidade de reconhecer objetos específicos, tais como os rostos dos pais, é desenvolvida à medida que o cérebro constrói conexões entre as experiências recorrentes.

A luz faz mais do que tornar a visão possível. O corpo humano evoluiu com as mudanças na iluminação natural do dia e da noite, verão e inverno, e a exposição à luz é necessária para a saúde. Precisamos receber luz do sol, e, nos dias sombrios de inverno, ansiamos por dias de verão ensolarados. Entretanto, em geral não é a quantidade de energia absoluta que importa, e sim como ela se transforma. Os ciclos regulares diários e sazonais de luz natural são usados pelo corpo para regular suas mudanças fisiológicas.

Neste livro, pretendemos fornecer uma introdução geral a um tema muito amplo, logo, não faremos exposições muito elaboradas sobre nenhum tópico específico. O condicionante do espaço é mais aparente neste capítulo. A resposta humana à luz é, por si só, um vasto e fascinante tópico que não se restringe à saúde e abrange também o comportamento e as expectativas das pessoas. Este capítulo resume alguns dos principais pontos que um projetista precisa saber. No Capítulo 17 há uma lista de publicações para referência e leitura adicional.

1 POR QUE PRECISAMOS DE LUZ

Ritmos circadianos

Os ciclos diários de acordar e dormir, de temperatura corporal e de muitas outras mudanças regulares em nossos corpos são conhecidos como ritmos circadianos. Eles estão presentes tanto em plantas quanto em animais; nos mamíferos, são controlados, de modo primordial, por um grupo de células cerebrais especializadas. Elas funcionam mesmo quando não há estímulo externo, mas são alteradas, principalmente, pela claridade e a escuridão. O ciclo de 24 horas de dia e noite regula os ritmos circadianos, sincronizando, assim, os nossos corpos com o exterior. Quando ele é interrompido, sentimos os sintomas do *jetlag*, ou os resultados de um turno anormal no trabalho.

Dias de inverno

Em um dia de inverno nas regiões com altas latitudes (regiões distantes da linha do Equador), o sol permanece baixo e há pouca iluminação natural. Sob um céu nublado, a iluminância de uma superfície vertical pode permanecer abaixo de 10 mil lx durante todo o dia.

Nessas áreas, é comum que a população sofra de doenças psiquiátricas, tais como o Transtorno Afetivo Sazonal (SAD), uma forma de depressão que afeta dois milhões de pessoas no Reino Unido e 14 milhões em todo o norte europeu. Aqueles que têm dificuldade em sair de casa durante o dia, tais como os moradores de casas geriátricas, os trabalhadores de turnos e os presidiários, são mais vulneráveis a esse transtorno. A doença pode ser prevenida e tratada por meio de exposição diária ao sol; algo em torno de 10 mil lx, por 30 minutos, todas as manhãs.

Luz do sol e vitamina D

A luz natural é usada por nosso corpo na produção de vitamina D, que é um componente-chave na produção de cálcio e, consequentemente, na manutenção de ossos saudáveis. Entretanto, a luz do sol pode causar câncer de pele. No Reino Unido, o tempo de exposição à luz do sol para que o organismo absorva vitamina D é muito curto, menos do que o tempo que leva para a pele ficar vermelha. Não existe consenso acerca da dose ideal, mas costuma-se recomendar um período de 10 a 15 minutos, três vezes por semana, no final da manhã, em um clima como o do Reino Unido.

Um vínculo com o mundo externo

Uma vista externa através de uma janela era, até 10 anos atrás, em geral considerada pelos códigos de boa prática para projetos de luminotécnica e pelas normas de luminotécnica em geral como uma mera vantagem, algo desejável, porém não essencial. Contudo, várias pesquisas demonstraram não ser esse o caso: a presença de uma vista pode ter efeitos significativos sobre a saúde. De fato, a menos que haja uma razão clara para um cômodo não possuir janelas (em um cinema, por exemplo), todos os que necessitam permanecer em áreas fechadas devem ter acesso a uma vista externa.

Os critérios luminotécnicos mais importantes para a saúde foram compilados na Tabela 4.1. Mais tarde, esses requisitos serão discutidos no contexto dos projetos de tipos específicos de edificações.

Tabela 4.1
Resumo das necessidades de luz para a saúde humana

1	Exposição regular a um ciclo de 24 horas de dia e noite
2	Alto nível de iluminância durante parte do dia
3	Exposição moderada aos raios do sol
4	Vistas externas (para quem está em um interior)

2 A ESTRUTURA DO OLHO HUMANO

Na **Figura 4.2**, o olho está voltado para a esquerda. A luz dos objetos que estão no seu campo de visão atravessa a superfície superior transparente do olho (a córnea), a fresta da íris, a lente, o gel transparente (humor vítreo) no corpo do olho e, finalmente, forma-se na retina.

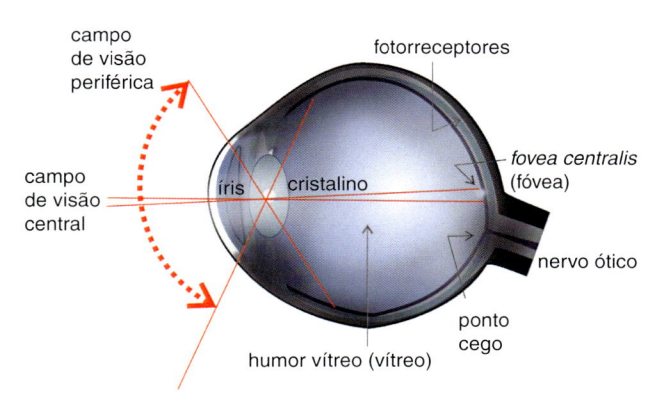

4.2
O olho humano.

A retina consiste em camadas de fotorreceptores (células que reagem à luz) e em camadas de células que processam o resultado dos fotorreceptores. Elas se unem e formam o nervo ótico, o qual, ao ser ligado ao nervo ótico do outro olho, leva informações ao córtex visual, uma região na parte posterior do cérebro.

Existem dois tipos de fotorreceptores na retina cuja principal responsabilidade é a visão: os *bastonetes* e os *cones* (os nomes provêm dos formatos que possuem quando vistos em microscópio). Os cones operam sob altos níveis de luz, com a variação de iluminância associada à luz do dia. Alguns são mais sensíveis à luz azul, outros à verde e outros ainda à luz vermelha. Sua resposta conjunta é descrita pela curva V_λ, discutida no Capítulo 2. As três reações diferentes que os cones possuem em relação aos comprimentos de onda são o que permite que enxerguemos as cores.

Os bastonetes são sensíveis a níveis muito mais baixos de luz, mas não fornecem informações sobre cores. Existe também uma terceira categoria de células, que é sensível à luz azul, e só foi descoberta na década de 1990. Ela não faz parte do sistema de visão principal, mas está associada ao ritmo circadiano e às respostas não visuais do corpo.

Adaptação

O olho se adapta ao nível de luz que recebe por meio da alteração da sua sensibilidade. Isso faz com que possamos enxergar diferentes níveis de luminosidade – desde o brilho de uma estrela longínqua até um raio de sol ofuscante. No entanto, em qualquer nível de adaptação, apenas um intervalo limitado da luminância pode ser captado. A **Figura 4.3** ilustra esse fenômeno.

A zona onde as diferenças mais sutis de luminosidade no campo de visão podem ser detectadas é chamada de "discriminação". Ela mostra uma variação de luminância de aproximadamente mil para um entre as linhas superiores e inferiores. Abaixo da zona de discriminação, existem zonas escuras onde as diferenças sutis são difíceis ou impossíveis de ver. Acima dela, há ofuscamento e deslumbramento, que também prejudicam a visão.

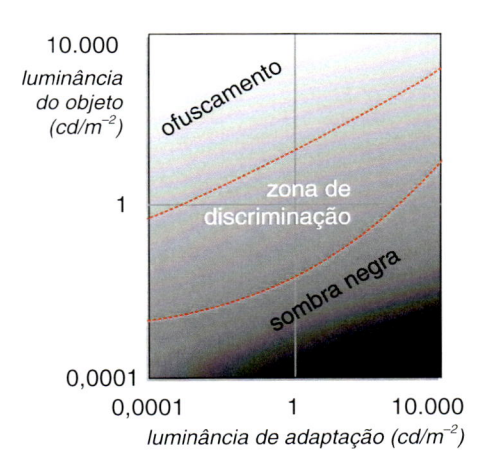

4.3
Como a adaptação limita a sensibilidade do olho.

A pupila, a abertura da íris, muda de tamanho conforme a quantidade de luz incidente no olho. Ela diminui quando a luminosidade aumenta. A contração da íris não é o principal mecanismo de adaptação, mas um ajuste fino para um campo de visão mais profundo. A pupila varia de tamanho até 16 vezes, mas o olho é sensível a milhões de níveis de luminosidade. São os próprios fotorreceptores, as células da retina sensíveis à luz, que fazem a adaptação. Eles possuem pigmentos que são decompostos pelos fótons, liberando energia elétrica e se tornando menos sensíveis durante o processo. Uma vez que a luz tenha sido removida, os pigmentos se regeneram gradualmente para que a sensibilidade seja recuperada. É um processo de autorregulação; a retina se adapta à sensibilidade ideal da iluminação geral.

O processo de ofuscamento é rápido – alguns segundos –, enquanto que a recuperação completa pode levar até uma hora. Ligar a luz quando acordamos à noite resulta em apenas alguns segundos de brilho ofuscante. Por outro lado, se entrarmos em um ambiente escuro, tal como o cinema, logo após algum tempo no sol, levaremos vários minutos até conseguirmos ver os detalhes do local.

A **Figura 4.4** contém uma escala do tempo de adaptação da luminosidade; a sensibilidade é cada vez maior à medida que os olhos permanecem no escuro. A protuberância na curva indica o ponto no qual a visão deixa de ser baseada nos cones e passa a ser baseada nos bastonetes.

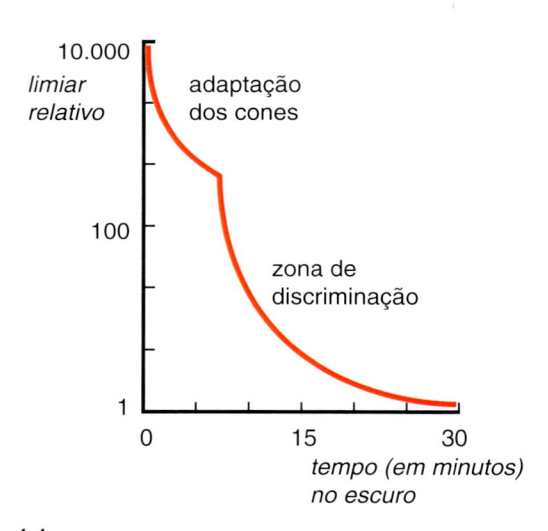

4.4
A escala do tempo de adaptação da luminosidade.

Nós também nos adaptamos às cores, em especial àquelas que compõem a iluminação geral: uma superfície parece manter o mesmo matiz quando vista sob uma luz que muda sua cor gradualmente. Por exemplo, por mais que a luz diurna varie intensamente durante o curso de uma manhã, sua mudança é muito lenta, o que faz com que não percebamos a variação das cores no ambiente. Entretanto, quando transitamos entre um local iluminado por uma fonte de luz com determinada temperatura de cor e outro com temperatura de cor diferente, sentimos essa diferença de modo mais intenso. Mesmo assim, isso às vezes é automaticamente corrigido pelo processo de adaptação. Formas mais complexas de adaptação visual, tais como à inclinação e ao movimento, também ocorrem com frequência nas atividades do dia a dia. Por exemplo, logo após nos deslocarmos em um carro em alta velocidade, qualquer movimento com velocidade moderada parecerá muito lento.

Visão central e periférica

O olho atento está sempre em movimento e se ajusta para que qualquer objeto de interesse fique em um centro do campo de visão com cerca de 2° de largura. Esse objeto é focalizado em uma pequena região da retina chamada *fovea centralis* (também conhecida como *fóvea*). A habilidade de discernir detalhes pequenos, ou seja, a precisão visual, é maior nessa região, mas se deteriora rapidamente à medida que o objeto se distância da fóvea, e a precisão é reduzida pela metade a apenas 5° do centro. O ângulo de 2° corresponde a aproximadamente a altura de uma linha impressa em um livro mantido a uma distância normal de leitura. A **Figura 4.2** ilustra os ângulos da fóvea e da visão periférica.

A visão periférica é especialmente sensível ao movimento. É provável que ela seja remanescente do instinto de sobrevivência que ditava um reconhecimento automático dos objetos adentrando nosso campo de visão, além de um monitoramento constante do chão quando caminhávamos. Mudanças bruscas na luminosidade, tais como luzes de sinalização, são mais notadas quando ocorrem no limite do campo de visão.

A visão periférica e a da fóvea são diferentes, mas complementares. Se possuíssemos apenas a visão central, seria como se estivéssemos em um local escuro e desconhecido com uma lanterna com feixe de luz estreito:

poderíamos fazer uma varredura do local e identificar detalhes bem de perto, porém não saberíamos dizer muita coisa a respeito do ambiente ao nosso redor. Por outro lado, se tivéssemos somente a visão periférica, seria como se estivéssemos em um cômodo pouco iluminado: o espaço seria reconhecível, mas não enxergaríamos os detalhes.

A sensibilidade às cores e à luminosidade varia ao longo da retina. A fóvea consiste exclusivamente em células do tipo cone e, por isso, é insensível a baixos níveis de luz. Os bastonetes dominam o campo periférico, logo, a cor é muito mal percebida nessa região. O movimento dos olhos costuma dissimular essa insensibilidade parcial às cores, mas, se alguém estiver olhando fixamente para a frente, e um cartão colorido for trazido aos poucos para o campo de visão, o observador notará o movimento do objeto antes que a cor possa ser reconhecida.

Existe uma faixa na retina, o ponto cego, que não é sensível à luz. Ali, as fibras do nervo ótico se reúnem e seguem em direção ao cérebro. É importante frisar que nós quase nunca percebemos esses fenômenos devido ao constante movimento dos olhos.

Constância

Observe o teto e a superfície inferior da escada na **Figura 4.5**. Podemos perceber uma gradação de luz nas superfícies. No entanto, se as dividíssemos em partes e as observássemos fora do contexto da imagem, elas pareceriam ser de cores distintas.

O padrão de luz natural em qualquer uma das superfícies da **Figura 4.5** pode ser replicado por uma iluminação uniforme em uma camada de tinta controlada. Esse fenômeno é uma ilusão comum na cenografia e é o que acontece quando olhamos para fotografias impressas. Fotometricamente, uma iluminação variada em uma superfície branca pode produzir padrões de luminância idênticos ao padrão de luz uniforme em uma superfície com diferentes tons de cinza. Esse truque não funciona em edificações usuais. Desde que a fonte de luz não esteja escondida, o olho pode separar os efeitos da superfície e os do iluminante. Os termos *claridade* (associado à refletância de uma superfície) e *luminosidade* (que tem a ver com luminância) são, muitas vezes, usados para distinguir essa diferença.

4.5
Pavilhão de De La Warr, Bexhill, Reino Unido.

A palavra *constância* é utilizada para descrever o reconhecimento de uma característica constante quando há ambiguidade objetiva. A constância de tamanho ocorre quando um item é percebido como se estivesse se afastando, em vez de diminuindo, ainda que, nos dois casos, as imagens do objeto produzidas na retina sejam iguais. A constância da superfície de cor ocorre quando os olhos diferenciam entre um pedaço de material colorido e um de material branco iluminado por uma lâmpada colorida. Para que isso aconteça, o cérebro deve ser capaz de deduzir a quantidade de cor que será produzida.

O fenômeno da constância sugere refinamento dos olhos e do cérebro na sua análise de imagens. Indicadores de todo o campo visual e de experiências passadas são usados inconscientemente para selecionar a interpretação mais plausível do padrão visual. Entretanto, a constância da percepção pode ser prejudicada por cenas deliberadamente ilusórias e, quando isso acontece, o campo de visão fica bastante confuso.

3 ALGUNS FATORES QUE MODIFICAM AS CORES

A percepção das cores é algo complexo: ela depende da adaptação física do olho e do contraste simultâneo dentro do campo visual, bem como de fatores subjetivos. Eis alguns dos fatores principais que alteram a aparência da cor:

- *A percepção da cor depende da luminosidade da superfície em relação* ao *seu entorno*. Por exemplo, uma área pequena que parece vermelho amarelada em um quarto escuro parecerá marrom quando estiver ao lado de superfícies muito mais brilhantes (uma laranja e um pedaço de chocolate têm aproximadamente o mesmo matiz e croma).
- *A percepção da saturação da cor está ligada ao tamanho da superfície.* Quando decoram suas casas, quase todas as pessoas percebem uma diferença entre o peso aparente de uma cor no mostruário e sua aparência na parede. Quanto maior for a área, mais visivelmente saturada será a cor.
- *As preferências estão relacionadas com quantidade de tempo que a superfície ficará à vista.* Cores vivas e contrastes fortes são preferíveis em espaços de permanência rápida, e devem ser evitadas naqueles que são ocupados por períodos longos e regulares. Por exemplo, em uma escola, áreas extensas com cores vibrantes serão apreciadas na recepção e nos corredores, porém causarão distração e serão cansativas nas salas de aula, devendo ser evitadas.
- *A vida útil prevista para a superfície colorida afeta as expectativas que temos em relação às cores.* As cores muito saturadas podem ser aceitas facilmente em objetos efêmeros – os itens móveis e de curta vida útil, como tecidos, quadros e livros. As superfícies planejadas para durar toda a vida útil da edificação tendem a ser pintadas com as cores dos materiais naturais.

4 AS DIFERENÇAS ENTRE PESSOAS

As normas e os códigos de boa prática estabelecem critérios numéricos para os projetos de luminotécnica. Em geral, tais critérios dizem respeito à iluminância necessária em áreas de trabalho, tais como mesas de escritório. Eles são válidos para jovens ou adultos de meia-idade, a não ser que haja indicação diferente. No entanto, um grupo comum de usuários provavelmente incluirá pessoas cuja visão é deficiente devido a alguma doença ou à idade avançada. Alguns tipos de edificações – lares para idosos ou deficientes mentais, clínicas, casas de passagem – possuem uma estrutura específica para esses usuários.

Com o avanço da idade, as partes dos olhos que eram incolores e transparentes, como as lentes e a córnea, se enrijecem e ficam amareladas. Isso reduz a capacidade de se focarem em objetos próximos e também reduz a habilidade de trocarem de foco entre algo perto e algo distante. Além disso, fica mais difícil distinguir pequenas diferenças em contraste e há maior suscetibilidade ao ofuscamento. Quando dirigem à noite, as luzes dos faróis dianteiros dos veículos que se aproximam podem ser ofuscantes para essas pessoas.

As doenças oculares são cada vez mais frequentes com o avanço da idade. A catarata, por exemplo, é muito comum entre indivíduos acima de 65 anos, mas, por sorte, é facilmente tratável. A degeneração macular, por outro lado, é uma deterioração grave da retina e pode levar à cegueira; o glaucoma e a retinopatia diabética também. A atual expectativa de vida da população é muito maior do que a das gerações anteriores; por isso, a proporção de pessoas com doenças relacionadas à velhice é maior.

Isso tem sérias implicações para os projetos de iluminação. Precisamos supor que qualquer edificação com acesso ao público será utilizada por deficientes visuais – isso inclui pessoas de todas as idades com limitações visuais hereditárias, assim como pessoas de idade mais avançada cuja visão deteriorou.

Em todos os tipos de edificações, a segurança pode ser aumentada com a utilização de contrastes de cor ou luminosidade para que locais que oferecem perigo, como as escadas, sejam mais visíveis. Além disso, o espaço nesses edifícios deve ser prontamente identificável e se deve assegurar que as placas de orientação sejam claras e compreensíveis.

Para a maioria dos usuários com visão limitada, aumentar a iluminância sobre o plano de trabalho facilita a percepção dos detalhes. Entretanto, em todos os casos, o brilho direto de uma janela ou luminária, ou mesmo o indireto de reflexos vistos em superfícies brilhantes, pode prejudicar muito a visibilidade.

Em lares para idosos ou deficientes mentais e em outros edifícios que servem primordialmente a usuários com habilidades reduzidas, deve-se fazer algumas considerações especiais:

- Muitos usuários apresentam mais de uma deficiência física: a visão comprometida pode vir acompanhada de problemas locomotivos, demência e depressão. Em geral, à medida que o tempo passa, tanto nossa visão quanto nossa audição são reduzidas.
- Os indivíduos que apresentam algum tipo de deficiência encontram maneiras de compensá-las por meio dos outros sentidos. Alguém com a visão prejudicada pode depender mais do tato ou da audição, por exemplo. Quanto mais deficiências físicas a pessoa tiver, mais importantes serão as habilidades que não estão prejudicadas. As edificações devem não só se preocupar com as deficiências físicas mas também facilitar o emprego dos outros sentidos.
- Para as pessoas confinadas em ambientes fechados, a noção do mundo exterior é crucial. A vista proporcionada por uma janela é algo valioso e que pode ser um fator significativo na manutenção da saúde. Ela é importante, inclusive, para os que sofrem de deficiências visuais graves, e também é útil para quem teve perda total da visão. Afinal, os sons, os cheiros, a brisa e as mudanças na temperatura associadas a uma janela também fazem parte da experiência.

5
Lâmpadas e luminárias

5.1

A primeira luz elétrica viável, um arco de carbono, foi demonstrada por Humphrey Davy em 1810. Ele e outros realizaram experimentos com lâmpadas incandescentes ao longo do século XIX, mas o uso generalizado da iluminação elétrica só se tornou possível na década de 1880, quando Joseph Swan, na Grã-Bretanha, e Thomas Edison, nos Estados Unidos, desenvolveram lâmpadas com durabilidade e custo aceitáveis.

As lâmpadas de descarga, nas quais uma corrente elétrica excita um gás a emitir radiação, também foram investigadas por físicos do século XIX, mas só a partir da metade do século XX é que as lâmpadas fluorescentes tubulares e as lâmpadas de descarga à alta pressão se tornaram populares em quase todas as edificações residenciais. As restrições relativas à energia e ao custo modificaram esse cenário. No século XXI, as lâmpadas fluorescentes compactas vêm sendo cada vez mais usadas em residências, substituindo algumas fontes incandescentes.

A **Figura 5.1** contém quatro lâmpadas pequenas: *acima, à esquerda*, temos uma lâmpada incandescente de voltagem convencional com filamento comprido; *abaixo, à esquerda*, vemos uma lâmpada de tungstênio e halogênio com filamento envolto em um fechamento de quartzo e um refletor especial que protege a lâmpada e focaliza a luz emitida com um feixe de luz direcionado; *abaixo, à direita*, uma compacta fluorescente com o circuito de controle elétrico na base; *acima, à direita*, uma compacta fluorescente com os tubos envoltos em um fechamento externo que se assemelha a uma fonte incandescente. A inovação mais importante dos últimos anos foi o desenvolvimento dos diodos emissores de luz (LEDs). A eletroluminescência foi descoberta por H. J. Round em 1907 nos laboratórios Marconi, no Reino Unido, e os LEDs foram elaborados na União Soviética e em alguns outros países durante os anos 1920. Até a metade do século XX, o custo dos LEDs era tão elevado que ele tinha poucas aplicações práticas. Na década de 1960, eles começaram a ser usados como luzes indicadoras em equipamentos eletrônicos. Entretanto, foi só após a primeira década do século XXI, depois de pesados investimentos em pesquisa, que os LEDs com potência e reprodução de cores aceitáveis foram disponibilizados para a iluminação em edificações.

Milhares de tipos diferentes de lâmpadas podem ser encontrados no mercado. Grande parte delas é para uso específico, como as lâmpadas de projetor, faróis dianteiros de carros, sinalização e iluminação de rodovias; mesmo assim, o número de modelos próprios para uso na iluminação geral de edificações ainda é muito grande. Este capítulo resume as principais características de cada tipo de lâmpada e discute a escolha das luminárias.

1 ESCOLHA DA LÂMPADA

Uma lâmpada própria para uso em edificações converte energia elétrica em energia radiante por meio de um dos seguintes processos físicos: o aquecimento de um filamento de metal; a passagem de corrente elétrica através de um gás; ou a passagem de corrente através de um dispositivo semicondutor. Além disso, o princípio da fluorescência é utilizado: a energia radiante é absorvida pelo material e é irradiada novamente em diferentes frequências. Os diferentes processos conferem as características próprias a cada tipo de lâmpada.

Lâmpadas incandescentes

Principais características

Custo inicial baixo
Vida curta (em geral, 1.000 h nas comuns, 2.000 h nas de tungstênio e halogênio)
Baixa eficácia luminosa (12 lm/W nas comuns, 20 LM/w nas de tungstênio e halogênio)
Boa reprodução de cores (CRI 100)[1]
Temperatura de cor 2.700 – 3.000 K
Não exigem circuito de controle elétrico, a não ser um transformador para as de baixa-voltagem

Na lâmpada incandescente, a corrente elétrica aquece o filamento para que ele se torne incandescente. É preciso que este tenha um ponto de fusão alto para que emita luz por uma quantidade de tempo razoável, sem interrupções. As primeiras lâmpadas continham tiras de carbono; hoje em dia, utiliza-se um fio de tungstênio. O filamento é sustentado por dois arames LEAD-IN que o conectam à entrada de eletricidade.

Nas lâmpadas incandescentes comuns, o filamento fica dentro de um bulbo de vidro que contém um gás inerte. Isso reduz a evaporação do tungstênio. As lâmpadas disponíveis incluem as de formato decorativo, lâmpadas para propósitos específicos (como as de fornos e refrigeradores) e lâmpadas com refletores integrados que formam *spots* com feixes de ângulos variados. O filamento de lâmpada mais comum possui um bulbo semiesférico de vidro transparente ou leitoso. No Reino Unido, esse bulbo é denominado GLS (lâmpada de uso geral); nos Estados Unidos, o nome é bulbo A.

Quando uma lâmpada incandescente comum funciona com a voltagem especificada, a temperatura do filamento é de aproximadamente 2.800 K, produzindo uma temperatura de cor relativamente baixa. Se a voltagem for reduzida, a temperatura de cor ficará mais próxima da parte vermelha do espectro. A distribuição espectral é homogênea: a qualidade da reprodução de cores é excelente, com um IRP de 100.

As lâmpadas incandescentes atingem o fluxo luminoso máximo em uma fração de segundo após o acendimento. As lâmpadas GLS podem ser dimerizadas com a utilização de circuitos de variação de voltagem simples e relativamente econômicos. Elas duram aproximadamente 1.000 h, e sua eficácia luminosa é baixa, em torno de 12 lm/W, porque mais de 90% da eletricidade consumida é convertida em calor. Devido a esse fator, políticas de economia de energia em diversos países exigem que praticamente todas as lâmpadas de baixa potência e aquelas para propósitos específicos pouco a pouco saiam do mercado.

Nas lâmpadas de tungstênio e halogênio, uma pequena quantidade de algum gás halógeno é adicionada ao gás inerte que circunda o filamento. O flúor e o bromo são exemplos de elementos halógenos. Com um uso criativo das propriedades dessas substâncias, o tungstênio que evapora do filamento reage com o gás e é reinserido no filamento. Para que isso seja possível, o bulbo deve estar quente e, por isso, costuma ser feito de quartzo. Em geral, as lâmpadas de tungstênio e halogênio duram 2.000 h e têm eficácia luminosa próxima a 20 lm/W, com uma temperatura de cor correlata (TCC) de 3.000 K – elas são mais brancas que lâmpadas incandescentes normais.

---
[1] A reprodução de cores e a temperatura de cor são discutidas no Capítulo 3.

Em todas as lâmpadas incandescentes, quanto mais alta for a voltagem, mais resistente terá de ser o filamento. Se a voltagem for baixa, o filamento pode ser curto e mais ou menos espesso, fornecendo uma fonte menor e com maior durabilidade. O princípio é empregado na produção de uma ampla variedade de *spots*, lâmpadas de projetor e outras fontes especiais.

As lâmpadas de tungstênio e halogênio podem ser dimerizadas se forem utilizados circuitos simples de dimerização, mas o funcionamento será interrompido quando a lâmpada estiver operando de modo contínuo com baixa voltagem. Como resultado, o bulbo da lâmpada é escurecido pelo tungstênio acumulado, ainda que clareie rapidamente quando a voltagem volta ao nível operacional normal.

Lâmpadas de descarga

Principais características

Fluorescentes (a vapor de mercúrio sob baixa pressão)
Durabilidade moderada (10.000 h, conforme o tipo)
Boa eficácia luminosa (20–96 lm/W, conforme o tipo)
Boa reprodução de cores (CRI 50–95)
Variedade de temperaturas de cor disponíveis (CCT 2.700–6.500 K)
Equipamento de controle elétrico necessário (em alguns tipos de lâmpadas fluorescentes compactas, vem embutido)

Lâmpadas de descarga sob alta pressão
Custo médio a alto
Eficácia luminosa média a alta (33–57 lm/W, sob alta pressão de mercúrio; 60–90 lm/W, halogeneto metálico; 40–140 lm/W, sob alta pressão de sódio)
Reprodução de cores razoável a boa (CRI 19–90, conforme o tipo; temperatura de cor varia com o tipo)
Equipamento de controle elétrico necessário

As lâmpadas de descarga são lâmpadas tubulares que contêm algum tipo de gás, tal como o mercúrio. Nas extremidades do tubo existem eletrodos; em lâmpadas fluorescentes tubulares e alguns outros tipos, eles são aquecidos. Com a aplicação de uma alta voltagem entre esses eletrodos, ocorre a descarga, que ioniza o gás e reduz sua resistência. A corrente aumenta e há ainda mais ionização e maior corrente elétrica.

Ao contrário das lâmpadas incandescentes, cuja resistência varia de acordo com a temperatura do filamento, a lâmpada de descarga é instável. Se não houvesse nenhum tipo de controle, a temperatura e a corrente elétrica aumentariam até que a lâmpada fosse inutilizada. Todas as lâmpadas de descarga necessitam de algum circuito de controle elétrico que produza a alta voltagem exigida para dar partida à descarga e para estabilizar o funcionamento. Ele também fornece uma corrente de aquecimento aos eletrodos e compensa a baixa potência da lâmpada.

O comprimento de onda da luz emitida dependerá da pressão e dos gases na lâmpada tubular. O espectro não é contínuo e abrange faixas de radiação em comprimentos de onda específicos. O mercúrio sob baixa pressão possui uma cor violeta-azulada bem fraca; a maior parte da energia radiante é ultravioleta. Nas lâmpadas fluorescentes, uma camada de fósforo reveste o interior do tubo. Isso faz com que os raios ultravioleta sejam absorvidos e seja possível emitir energia com comprimentos de onda visíveis. A eficácia luminosa da lâmpada e sua reprodução de cores são determinadas pela constituição dos fósforos.

As lâmpadas fluorescentes modernas apresentam acendimento quase instantâneo, com a lâmpada atingindo seu fluxo luminoso máximo em poucos minutos; elas são dimerizáveis e reacendem imediatamente quando ainda estão quentes. A durabilidade da lâmpada é reduzida com o acendimento frequente.

O fluxo luminoso das lâmpadas fluorescentes depende da temperatura do ponto mais frio na parede do bulbo, logo, está relacionado com a temperatura ambiente. Caso uma lâmpada fluorescente seja utilizada em baixas temperaturas (em uma loja fria, por exemplo) ou em altas temperaturas (em uma padaria), seu fluxo luminoso será afetado.

As lâmpadas fluorescentes tubulares costumam estar disponíveis em comprimentos normais, entre 600 e 1.500 mm. Além delas, algumas lâmpadas circulares também podem ser encontradas.

As lâmpadas de descarga tubulares não precisam ser retas. Nas lâmpadas fluorescentes compactas, o tubo é dobrado e assume formatos curtos ou mesmo o formato das GLSs ou dos bulbos A, os quais devem substituir. A **Figura 5.1** ilustra isso. Alguns tipos de lâmpadas fluorescentes compactas possuem equipamentos de controle eletrônico integrados que podem ser conectados à fonte de energia por meio de soquetes convencionais. Outros tipos exigem um sistema de controle separado.

Lâmpadas com cátodos frios são lâmpadas de descarga à baixa pressão com filamentos não aquecidos; elas necessitam de um equipamento de controle que produza uma voltagem muito alta para dar partida ao arco de descarga. O tubo de vidro pode ser revestido com fósforo. Gases diferentes podem ser usados, o que possibilita a produção de lâmpadas com cores variadas.

Lâmpadas com cátodos frios costumam ser fabricadas para situações específicas. Elas podem ser de praticamente qualquer tamanho, formato ou cor. Elas têm longa durabilidade, em geral de 30 mil h; sua eficácia luminosa depende das escolhas do gás e do fósforo. Essas lâmpadas são facilmente dimerizáveis.

As lâmpadas de indução são um tipo de lâmpada fluorescente que funciona do seguinte modo: uma descarga de mercúrio é energizada por meio de um campo magnético gerado por uma bobina de indução. Já que isso elimina a necessidade de eletrodos, que se deteriorariam com o tempo, a durabilidade da lâmpada pode ser extremamente longa, com os fabricantes estimando-a em até 100 mil h, mas a eficácia luminosa é menor que a das lâmpadas fluorescentes de alto desempenho. As lâmpadas que encontramos no mercado estão disponíveis em diversos formatos, mas a longa durabilidade ainda é sua principal vantagem.

As lâmpadas de descarga à alta pressão possuem um pequeno tubo de descarga inserido em um bulbo externo tubular ou elíptico; não há a necessidade de um revestimento fluorescente. Elas são muito menores que as lâmpadas fluorescentes tubulares, mas funcionam de maneira similar; elas também exigem um equipamento de controle para gerar a descarga e para controlar a corrente e o coeficiente de potência. Uma lâmpada de descarga à alta pressão leva alguns minutos, após ser acesa, para atingir o máximo de fluxo luminoso e, a menos que seja utilizado um controle para religar a lâmpada ainda quente, ela tardará um pouco para religar, porque, para que seu arco se forme novamente, ela precisa estar fria.

A lâmpada de mercúrio à alta pressão foi introduzida no mercado na década de 1930. Ela era utilizada, quase exclusivamente, para a iluminação de ruas e de indústrias de grande porte, porque, apesar de apresentar uma eficácia luminosa maior que a das lâmpadas incandescentes (que ela deveria substituir), seu índice de reprodução (CRI) era muito ruim. Entretanto, as lâmpadas modernas dessa categoria já contam com um tubo de arco de quartzo que fica dentro de um bulbo elíptico ou em forma de refletor, o qual, por sua vez, quase sempre possui uma camada de fósforo no lado interno, melhorando a cor consideravelmente. Mesmo assim, o CRI tende a ser baixo, algo entre 40–50. Embora o modelo ainda seja produzido por alguns fabricantes, quase sempre há alternativas mais interessantes.

As lâmpadas de halogeneto metálico foram criadas na década de 1960 como uma forma evoluída das de mercúrio à alta pressão. Seu rendimento de cores era muito melhor, o que possibilitou seu uso em situações onde isso era crucial.

Essa categoria de lâmpada é diferente da de mercúrio à alta pressão porque o gás agora contém halogenetos metálicos cujas composições determinam o índice de reprodução de cores e a eficácia luminosa. As primeiras lâmpadas desse tipo tinham cores mais instáveis, mas desde o aparecimento da cerâmica translúcida e da alumina sintetizada para os tubos de arco, isso tem melhorado muito.

Outro tipo importante de lâmpadas se baseia em uma descarga através do vapor de sódio. A lâmpada de sódio à baixa pressão emite uma forte luz laranja monocromática. Ela está se tornando cada vez mais rara, pois só é utilizada quando se necessita de alta eficácia luminosa e quando a reprodução de cores não é um fator determinante. Ela costuma durar entre 15 mil e 20 mil horas e possui uma eficácia luminosa de 70–180 lm//W.

LÂMPADAS E LUMINÁRIAS

5.2
Uma lâmpada de halogeneto metálico compacta. O pequeno tubo de descarga está envolto pelo bulbo de quartzo.

Sabe-se há algum tempo que, se uma descarga de sódio à alta pressão pudesse ser inventada, o rendimento de cores seria infinitamente melhor, já que, à medida que a descarga de sódio aumenta, o espectro da radiação monocromática em baixa pressão se expande para produzir uma distribuição de banda larga. O problema era encontrar um material emissor de luz que contivesse sódio altamente corrosivo à alta pressão. Na década de 1960, a alumina sintetizada foi desenvolvida. As pesquisas na área continuaram, e criaram-se formas de melhorar a pressão do arco para obter uma reprodução de cores ainda melhor. Atualmente, a lâmpada de sódio à alta pressão está disponível em diversos tamanhos e com diferentes formatos de bulbo. As versões com as melhores cores apresentam um CRI superior a 80, mas isso costuma vir à custa da eficácia luminosa, que chega a ser de 40 lm/W, com uma durabilidade de até 10 mil horas.

Diodos emissores de luz (LEDs)

Os LEDs são objeto de pesquisa intensa em uma indústria mundial muito competitiva. Seu custo, sua eficácia luminosa e sua durabilidade estão sempre mudando, e suas características de funcionamento, sempre melhorando, de modo que os catálogos dos fabricantes devem ser consultados com frequência.

Principais características

Mais caros que lâmpadas comparáveis de outros tipos, porém o custo vem diminuindo
A eficácia luminosa é parecida ou um pouco inferior à das lâmpadas comparáveis, mas vem aumentando
Durabilidade muito longa (em geral, de 70 mil h); não deixam de funcionar totalmente; em vez disso, têm uma redução gradual do fluxo luminoso
Podem ser muito pequenos
A reprodução de cores pode ser boa, mas o CRI não é um bom indicador de desempenho
São sensíveis à temperatura, têm luz fria, mas emitem calor considerável
Acendimento muito rápido
Circuito elétrico necessário

A eletroluminescência ocorre quando os elétrons são reposicionados em uma junção entre dois materiais semicondutores. Depois de aplicada uma corrente elétrica, a radiação é emitida a partir dessa junção. Ao contrário dos espectros de corpos-negros, que são amplos e contínuos, a radiação se dá em bandas espectrais estreitas, com comprimentos de onda determinados pelos materiais utilizados.

Essas emissões de banda estreita podem emitir luz branca de duas maneiras: a primeira consiste na acomodação de LEDs em um único invólucro onde terão seus raios mesclados; a segunda se dá por meio da aplicação de um revestimento de fósforo no LED com produção de raios ultravioleta.

A **Figura 5.3** mostra a construção geral de uma lâmpada. O *chip* semicondutor é instalado em uma base pesada que ameniza o calor produzido por ele. Uma lente o protege e redireciona a luz que ele emite. Esse elemento pode ser separado, mas os LEDs pequenos são encapsulados em epóxi.

Ainda que possa assumir um tamanho muito reduzido, a distribuição da luz emitida por um LED não é igual à de uma fonte pontual difusora. No fundo, ela é uma emissão de luz de um plano, e, portanto, tende a ser lambertiana (isto é, como se fosse emitida por uma superfície difusora), mas isso é modificado pela lente e por outro sistema ótico incluído na lâmpada.

Os LEDs serão usados, cada vez mais, como substitutos para outras fontes de luz. Não obstante, possuem uma variedade de aplicações muito maior do que essa. Primeiramente, seus tamanhos diminutos e suas longas durabilidades possibilitam que sejam inseridos em locais inviáveis para outras fontes, já que elas exigiriam manutenção e substituição eventuais. Eles também podem ser usados como elementos para exposição: vários LEDs minúsculos podem ser anexados a um móvel pequeno para dar brilho e cor a objetos, tais como os cristais; o mesmo pode ser feito com cômodos inteiros ou, no lado externo, com prédios inteiros.

Em segundo lugar, a fronteira entre a iluminação e os mostradores está começando a desaparecer. Conjuntos de pequenos LEDs estão sendo empregados na criação de telas de televisão e projetores. Paredes inteiras podem funcionar como telas, ou podem ter um padrão de luminosidade predeterminado quase independente da luz no espaço. As imagens do mundo externo podem formar as superfícies de fechamento de todo um interior. Essa tecnologia em desenvolvimento pode oferecer muitas possibilidades para o projetista.

A Tabela 5.1 é um resumo das características das diferentes lâmpadas. É importante notar que as lâmpadas de todos os tipos variam em seu processo de construção e desempenho. Essa tabela fornece valores típicos para que as alternativas possam ser comparadas. Para projetos executivos e especificações, os dados dos fabricantes devem ser usados.

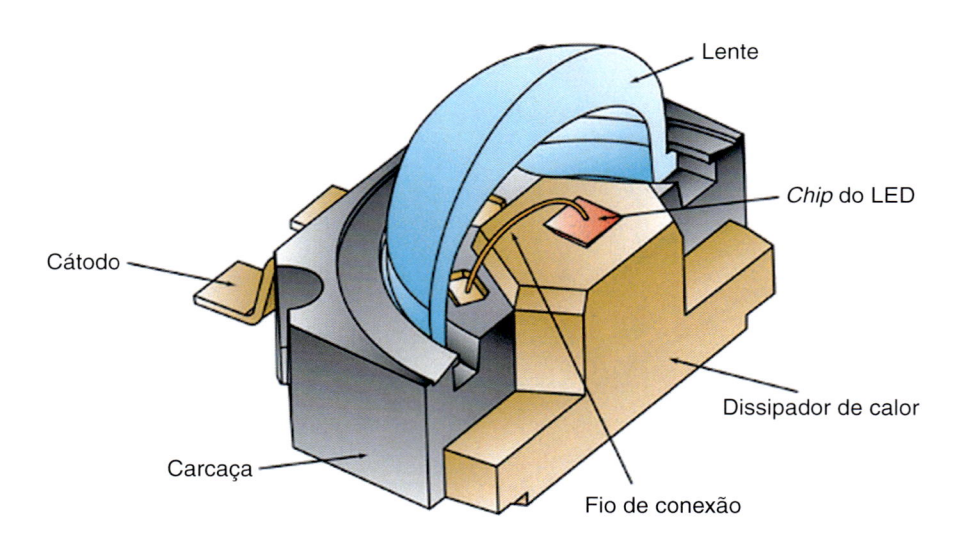

5.3
A composição de uma lâmpada de LED.

Tabela 5.1
Características das fontes de luz

Tipo de lâmpada	Características típicas de desempenho	Características de operação	Aplicações típicas
Tungstênio	Eficácia luminosa: 12 lm/W Durabilidade: 1.000 h Cor – CRI: 100 Cor – CCT: 2.700 K	Acendimento instantâneo. São fáceis de dimerizar. Próximas à distribuição da fonte pontual.	Residenciais e decorativas. Observe que alguns tipos estão sendo retirados do mercado.
Tungstênio e halogênio	Eficácia luminosa: 20 lm/W Durabilidade: 2.000 h Cor – CRI: 100 Cor – CCT: 3.000 K	Acendimento instantâneo, são fáceis de dimerizar, mas não devem permanecer ligadas por muito tempo em voltagens reduzidas.	Iluminação de destaque e exposição.
Fluorescente tubular	Eficácia luminosa: 20–96 lm/W Durabilidade: 10.000 h Cor – CRI: 50–95 Cor – CCT: 2.700–6.500 K	Acendimento e reacionamento instantâneos, aquecimento rápido, dimerizável com acessório de controle especial.	Iluminação geral no comércio, lojas e indústrias, assim como iluminação para paredes.
Fluorescente compacta	Eficácia luminosa: 20–70 lm/W Durabilidade: 5.000–15.000 h Cor – CRI: 80–90 Cor – CCT: 2.700–6.500 k	Acendimento e reacionamento instantâneos, aquecimento rápido e alguns modelos podem ser dimerizáveis.	Iluminação geral, luminárias portáteis e iluminação sobre a área de trabalho.
Cátodos frios (fluorescentes ou de cores específicas)	Quase sempre feitas sob encomenda. A eficácia luminosa e a cor dependem do gás e do revestimento de fósforo. Durabilidade: 15.000–20.000 h.	Acendimento e reacionamento instantâneos, aquecimento rápido e facilmente dimerizáveis.	Usadas para projetos de arquitetura especiais. Aplicações decorativa e publicitária.
De mercúrio à alta pressão	Eficácia luminosa: 33–57 lm/W Durabilidade: 8.000–10.000 h Cor – CRI: 40–50 Cor – CCT: 3.200 K	Levam alguns minutos para atingir o fluxo luminoso máximo, e o reacionamento é impossível enquanto estiverem quentes. Não dimerizáveis.	Para iluminação de interior, são boas para grandes locais industriais. Para o exterior, para a iluminação de ruas.
Halogeneto metálico	Eficácia luminosa: 60–90 lm/W Durabilidade: 2.000–10.000 h Cor – CRI: 60–90 Cor – CCT: min. 3.000 K	Levam alguns minutos para atingir o fluxo luminoso máximo e o reacionamento é impossível enquanto estiverem quentes. Dimerizáveis em alguns casos.	Aplicações em lojas, assim como em outros usos para exposição.
Sódio à alta pressão	Eficácia luminosa 40–140 lm/W Durabilidade: 2.000–10.000 h Cor – CRI: 19–25 Cor – CCT: 1.900–2.500 k	Levam alguns minutos para atingir o fluxo luminoso máximo, e o reacionamento é impossível enquanto estiverem quentes. Não dimerizável.	Usadas em indústrias e no comércio, em especial nas instalações externas.
Sódio à baixa pressão	Eficácia: 70–180 lm/W Durabilidade: 15.000–20.000 Cor: laranja monocromática, logo, não possui reprodução de cores.	Levam alguns minutos para atingir o fluxo luminoso máximo e o reacionamento é impossível enquanto estiverem quentes. Não dimerizáveis.	Iluminação de ruas, embora tendam a ser substituídas por outras fontes à alta pressão mais modernas.
LED branco	Eficácia: 30–100 lm/W Durabilidade: 25.000–70.000 h Cor – CRI: 80–95 Cor – CCT: 2.500–10.000 K	Acendimento muito rápido Sensíveis à temperatura.	Substituição das lâmpadas de tungstênio e das lâmpadas fluorescentes compactas (CFL). Lugares de difícil acesso e onde se requer pouca ou nenhuma manutenção. Como fontes muito pequenas e brilhantes para expositores.

5.4
Expositor utilizando LEDs: um peso de papel feito de vidro em cima de uma folha de alumínio amassada.

2 LUMINÁRIAS

Existe um ditado que diz que os arquitetos escolhem as luminárias unicamente pela sua aparência, enquanto os especialistas em luminotécnica só pensam na distribuição da luz que elas emitem. O dito pode ser calunioso para as duas profissões, mas esclarece o fato de que tanto a aparência quanto a fonte de luz e sua distribuição transmitem informações ao observador.

Pré-requisitos

Não é fácil projetar uma boa luminária. Primeiro, precisamos observar uma série de exigências práticas. Uma luminária deve fazer o seguinte:

- fornecer suporte e proteção às lâmpadas;
- disponibilizar uma ligação elétrica e o circuito de controle necessário;
- dissipar o calor indesejável;
- modificar a distribuição de luz da lâmpada para atingir a distribuição de intensidade necessária com o mínimo de perda de luz;
- fornecer acesso para limpeza e substituição.

O equipamento de iluminação deve ser adequado para o ambiente ao seu redor. Alguns casos constituem exceções, como os locais muito frios, quentes, úmidos, empoeirados ou com atmosfera corrosiva, tal como aquela provocada por uma indústria química ou um ambiente litorâneo. Os critérios para todas essas situações, assim como para os métodos de testagem exigidos, são estabelecidos pelas normas de cada país. Alguns deles se tornaram normas internacionais.

Além disso, a luminária deve atingir um fluxo luminoso específico – uma determinada distribuição de intensidade. Isso inclui desde um fluxo que é uniforme em todos os ângulos, como uma fonte pontual ou uma esfera luminosa, até uma distribuição extremamente direcionada, como um *spot* de feixe estreito. Na iluminação de rodovias, estádios de futebol e escritórios muito amplos, é necessária uma distribuição muito exata, com precisão no direcionamento e na intensidade do feixe de luz e com limites para a luminância da superfície da luminária. A produção necessária deve ser obtida com o mínimo de perda de fluxo luminoso das lâmpadas.

Todas as características da luz e das superfícies descritas no Capítulo 1 podem ser usadas para o projeto ótico de uma luminária. Elas estão resumidas na Tabela 5.2 (na página seguinte).

A maioria das luminárias utiliza uma combinação de diferentes formas de controle ótico para produzir a distribuição de luz determinada. As que possuem uma função específica, principalmente as luminárias com lâmpadas de alta potência, tendem a ter o maior nível de controle ótico. As luminárias usadas para iluminação de rodovias são um ótimo exemplo, porque utilizam de maneira primorosa os espelhos e as lentes.

Os princípios gerais do projeto industrial se aplicam. As especificações devem estar de acordo com o processo de fabricação, e os custos (dos materiais, da mão de obra, da testagem e da certificação, da publicidade e da distribuição) devem estar dentro dos limites estipulados.

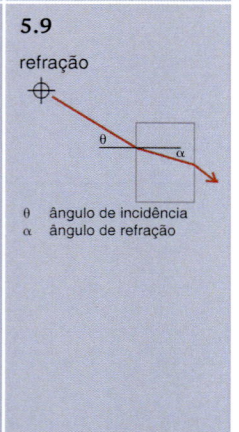

Especificação da luminária

O desempenho fotométrico de uma luminária costuma ser dado em duas medidas: o fluxo luminoso (LOR), e a distribuição de intensidade luminosa.

O fluxo luminoso é a proporção da luz da lâmpada que emerge da luminária; ele é expresso em fração ou percentagem e é uma maneira simples de medir a eficácia de uma luminária, ainda que, por si só, não indique a eficácia da instalação total. Para obter uma boa eficiência energética, o fluxo luminoso deve ser o mais alto possível. Às vezes, ele é dividido em duas partes: o fluxo luminoso ascendente (ULOR) e o fluxo luminoso descendente (DLOR). A distribuição da intensidade descreve o padrão da luz emergente da luminária. Ela costuma ser apresentada em forma de gráfico, normalmente chamado de "curva polar". Com lâmpadas fluorescentes comuns, podemos ver duas curvas, cada uma mostrando a distribuição da intensidade nos eixos longitudinal e transversal. A intensidade pode ser apresentada como um valor absoluto, em candelas, ou aumentada proporcionalmente para o fluxo luminoso da lâmpada de 1.000 lm. A última opção é usada quando a luminária é compatível com diferentes tamanhos de lâmpadas; o usuário multiplica o valor dado pela produção de lúmen da lâmpada a ser usada e divide por 1.000.

As informações fotométricas fornecidas pelo fabricante da luminária dizem respeito a uma luminária nova e limpa. O fluxo luminoso reduz com o tempo e com a mudança de produção da lâmpada, bem como com a acumulação de sujeira do ambiente.

Tabela 5.2
Controle ótico

Obstrução. Consiste no uso de máscaras para controlar a luz. Um exemplo disso é o uso de quebra-luzes para reduzir o ofuscamento causado pela visão direta das lâmpadas. Outro exemplo é a luminária simples com corpo cônico ou tubular, que obstrui a luz lateralmente, mas permite que ela se desloque para cima e para baixo. Muitas vezes, o lado inverso de uma obstrução é usado como refletor.	5.5 obstrução — ω ângulo de corte
Transmissão difusa. A luz que atravessa um material translúcido é dispersa; isso reduz a luminância por meio do aumento do tamanho aparente da fonte.	5.6 transmissão difusa
Reflexão especular. Uma superfície especular desvia um raio de luz para que os ângulos de incidência e de reflexo sejam iguais e estejam em um plano perpendicular a ela. Se o refletor for curvo, os raios da fonte poderão ser focalizados. O formato de uma superfície refletora em uma luminária, a sua especularidade e a sua refletância podem ser usados para determinar a distribuição de intensidade da luminária.	5.7 reflexão especular — θ ângulo de incidência, φ ângulo de reflexão (θ = φ)
Reflexão difusa. Uma superfície completamente difusa reflete a luz de forma homogênea em todas as direções, de modo que a luminância da superfície é constante de todos os pontos de vista.	5.8 reflexão difusa
Refração. A direção do raio de luz se altera na junção de dois meios transparentes, tais como o ar e o vidro. Um raio é desviado pela superfície do meio mais denso; ele muda de direção novamente quando emerge da outra superfície do vidro, a não ser que ele atinja a superfície em ângulo reto. As lentes são refratoras que projetam a luz em direções específicas. Os materiais transmissores variam de transparentes a difusores; o nível da dispersão, o formato das superfícies e a transmitância do material influenciam a forma final do feixe e sua intensidade.	5.9 refração — θ ângulo de incidência, α ângulo de refração

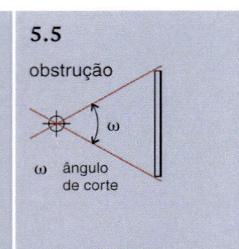

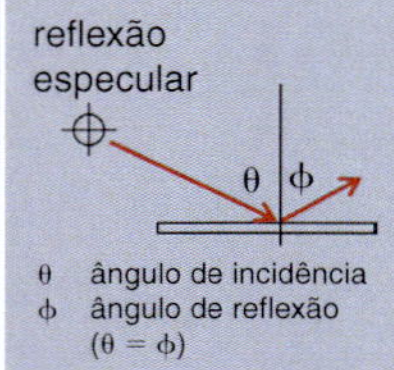

Controle elétrico e dimerização

A maioria das lâmpadas precisa de controle elétrico. As lâmpadas de descarga, por exemplo, costumam diminuir sua resistência à medida que aquecem. Caso estivessem conectadas diretamente à fonte de alimentação, a corrente que passa pela lâmpada aumentaria até que o sistema deixasse de funcionar. O circuito eletrônico, em geral acomodado dentro da luminária (ainda que, às vezes, fique dentro do próprio bulbo nos casos de iluminação residencial, ou em um local protegido nas instalações muito grandes), oferece as condições necessárias para que a lâmpada seja acionada, limita a corrente durante o funcionamento e corrige o coeficiente de potência (a relação entre a corrente e a voltagem em sistemas com corrente alternada).

O sistema pode ser dimerizável. Antigamente, apenas as lâmpadas incandescentes eram dimerizáveis, e esse processo era realizado com a redução da voltagem da lâmpada. Depois, os circuitos em miniatura foram introduzidos e eles modificaram a forma de onda da voltagem. As lâmpadas de descarga eram mais complexas porque necessitavam de um abastecimento contínuo aos cátodos da lâmpada para manter o fornecimento de elétrons que sustentavam o arco e, ao mesmo tempo, tinham que variar esse abastecimento por toda a lâmpada para ajustar seu fluxo luminoso. Felizmente, essas limitações, em sua maior parte, foram superadas pelos circuitos de estado sólido modernos, fazendo com que a dimerização seja possível para a maioria das lâmpadas incandescentes, lâmpadas de descarga à baixa pressão e diodos emissores de luz (LEDs). Entretanto, com lâmpadas fluorescentes compactas, o caso é outro, já que elas contêm um circuito integrado. As lâmpadas de descarga à alta pressão são ainda mais difíceis de dimerizar; mesmo assim, algumas são dimerizáveis até certo ponto.

A resposta muito rápida dos LEDs faz com que eles demonstrem uma oscilação acentuada quando há flutuação na fonte de alimentação. Isso deve ser conferido no local, caso os LEDs sejam usados em uma oficina com máquinas rotatórias ou se os usuários tiverem manifestado algum desconforto.

Tabela 5.3
Lista de conferência para escolha de luminárias

Desempenho da iluminação	Eficiência da luminária ou rendimento da luminária (representada por fluxo luminoso). Distribuição da intensidade luminosa.
Controle elétrico	Ligações elétricas. Acendimento, dimerização, conexões com controles automáticos.
Condicionantes ambientais	Temperatura ambiente, atmosfera úmida ou muito empoeirada, ambiente hostil ou perigoso.
Segurança	Segurança mecânica, elétrica e térmica durante a instalação e a manutenção, assim como durante o uso normal.
Condicionantes para a instalação	Fixação e suporte mecânicos, fonte de alimentação que inclua controles e acesso instalados na superfície ou em uma cavidade recuada.
Manutenção	Frequência de limpeza e substituição da lâmpada, eventual substituição de toda a instalação, incluindo reciclagem e descarte do equipamento. Acesso.
Aparência	Consistência com o projeto de arquitetura.

6
O sol e o céu

6.1

A característica mais notável da luz natural é sua instabilidade. As mudanças são, em parte, previsíveis: a viagem da Terra ao redor do sol (a translação) causa variações que ocorrem lentamente ao longo do ano e dão origem às estações. Além disso, o movimento de rotação da Terra em torno do seu próprio eixo dá origem ao dia e à noite. O movimento aparente do sol pode ser calculado com grande precisão.

À medida que atravessam a atmosfera, os raios de sol interagem com moléculas de gás, cristais de gelo, gotículas de água e particulados de poluentes. A luz oriunda do sol se dispersa e resulta no céu luminoso que enxergamos da superfície terrestre. Alguns desses processos dispersores são bem previsíveis. É o caso, por exemplo, da distribuição da luminosidade em um céu limpo.

Quando o céu está nublado, por outro lado, o processo é diferente. O formato e o padrão de dispersão das nuvens podem ser caóticos, o que faz com que a iluminância na superfície terrestre pareça variar aleatoriamente. Em um dia nublado, a luz do sol e a luz celeste só podem ser previstas em termos estatísticos.

Entretanto, a variação da luz diurna não é uma desvantagem. O Capítulo 4 mostrou que o ciclo de dia e noite é usado pelo corpo humano como um ponto de partida fisiológico, e é provável que essa variação seja a razão principal pela qual um cômodo com iluminação natural seja preferível a um com iluminação artificial. A luz natural também é importante porque a continuidade de seu espectro no intervalo visível produz uma ótima reprodução de cores.

1 NÍVEL DE INSOLAÇÃO

A atmosfera divide a luz oriunda do sol em duas partes: a *luz do sol*, isto é, os resquícios dos raios solares, e a *luz celeste*, ou seja, a luz que se dispersa na abóbada celeste. No projeto de edificações, esses componentes podem ser tratados como duas fontes separadas que apresentam características muito distintas.

A luz do sol corresponde a um feixe com raios quase paralelos; ela é muito brilhante e produz sombras bem definidas. A luz celeste é exatamente o oposto: ela não é um feixe, mas é difusa e vem de todas as direções da abóbada celeste. A sombra que ela projeta é bem suave, chegando, muitas vezes, a ser invisível.

O nível de insolação de um lugar é definido primordialmente pela disponibilidade de luz solar. Nos lugares que receberão luz direta do sol por muito tempo, a forma da arquitetura, a orientação do prédio e a implantação podem ser pensadas de modo a aproveitar ao máximo a luz refletida no interior, com conforto térmico e visual. Em regiões onde o clima é mais nublado, como nas temperadas ou úmidas, as janelas devem ser relativamente grandes e não ter obstruções. A estratégia será diferente em climas ensolarados.

Durante o inverno, a luz direta do sol costuma ser apreciada devido a sua claridade e calor. Em climas temperados e quentes, a luz direta costuma ser evitada nos cômodos para que estes não superaqueçam e para que não haja desconforto visual. Em locais onde o clima varia conforme a estação, com dias nublados e outros muito ensolarados, as edificações devem ser adaptáveis.

2 O SOL

A geometria do percurso aparente do sol

O percurso aparente do sol é o resultado de dois movimentos diferentes realizados pela Terra: sua viagem anual ao redor do sol (translação) e aquela em torno do seu próprio eixo (rotação), que dura 24 horas e passa pelos polos Norte e Sul. Se, em vez de imaginarmos a linha do horizonte em algum lugar no espaço (**Figura 6.2**), tomássemos um ponto na superfície terrestre e registrássemos o percurso aparente do sol, o resultado seria uma imagem como a ilustrada na **Figura 6.3**: o percurso do sol se torna elíptico. Ele atravessa o céu, de leste a oeste e, ao mesmo tempo, avança cíclica e lentamente de norte a sul. O eixo polar tem um ângulo de inclinação de 23,45° em relação ao plano da órbita solar. As consequências disso são enormes: durante metade do ano, o Hemisfério Norte recebe mais energia solar que o Sul, e, durante a outra metade, o Sul recebe mais energia que o Norte. O resultado disso é uma sequência anual de mudanças climáticas que denominamos "estações".

No solstício de verão do Hemisfério Norte, o sol está a pino no Trópico de Câncer (23,45° N); no solstício de inverno, ele está acima do Trópico de Capricórnio (23,45° S). No resto do ano, a latitude na qual o sol está a pino varia entre os trópicos, passando pela Linha do Equador no equinócio de primavera (em torno de 21 de março) e no equinócio de outono (em torno de 23 de setembro). A latitude na qual o sol está a pino em um dia determinado é chamada de *inclinação* ou *declinação solar*.

A noite e o dia são iguais em duração quando o sol está sobre a Linha do Equador (daí o termo *equinócio*). À medida que nos afastamos da Linha do Equador em direção aos polos, a diferença entre inverno e verão aumenta. Quanto mais longe estivermos dessa linha, mais longos serão os verões e mais curtos serão os invernos. Na latitude 66,55° (23,45° do polo), o sol não nasce no solstício de inverno e não se põe no solstício de verão. Nos polos, o sol permanece acima da linha do horizonte por seis meses e abaixo pelos seis meses seguintes.

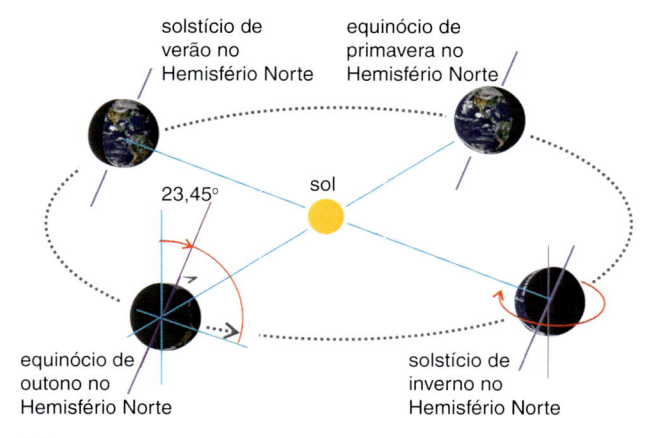

6.2
A órbita da Terra em torno do sol e a rotação sobre seu eixo norte-sul.

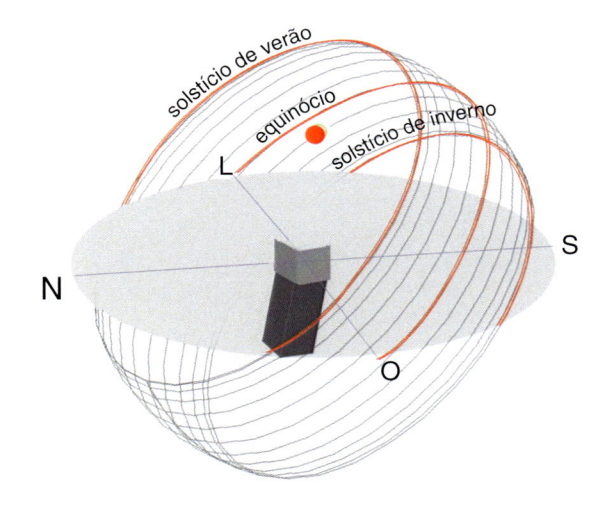

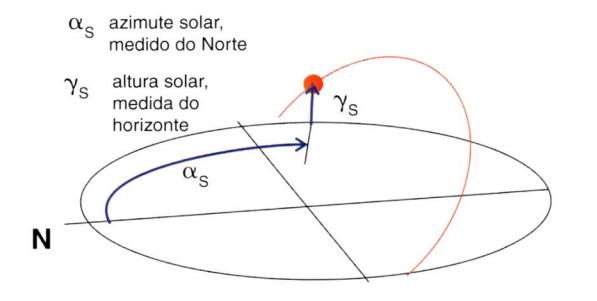

6.3
O percurso aparente do sol, visto de um ponto no Hemisfério Norte. Sua posição a qualquer momento é definida por dois ângulos: o azimute e a altura solar.

Hora solar

Os cálculos feitos para determinar a posição do sol devem ser baseados na hora solar, que é diferente da hora do relógio por três motivos:

1. A hora solar depende da longitude – o sol nasce uma hora mais tarde a cada 15° para o Oeste –, mas todos os relógios de um mesmo fuso horário marcarão a mesma hora. Na Grã-Bretanha, por exemplo, os relógios se baseiam na hora solar média de Greenwich, longitude 0°, de modo que em Falmouth, que fica na longitude 5° Oeste, a hora solar parece estar 20 minutos atrasada.
2. *O horário de verão* é uma medida artificial que pode ser adotada para economizar energia. Adianta-se o relógio para que as pessoas comecem seu dia mais tarde, aproveitando o período mais extenso de sol.
3. A órbita da Terra em torno do sol é elíptica, o que faz com que a hora solar pareça irregular em comparação a um relógio perfeito. Em fevereiro, a hora solar fica adiantada em aproximadamente 14 minutos em relação à hora de um relógio normal e, em novembro, a diferença é de 16 minutos. Esse fenômeno é chamado de *equação do tempo*.

A inclinação solar e a equação do tempo podem ser analisadas em um gráfico denominado *analema solar*. Essa medida já era conhecida desde a Antiguidade. Nessa época, cravava-se uma vareta ereta no solo e, na mesma hora, todos os dias, por um ano, a sombra gerada por ela era marcada.

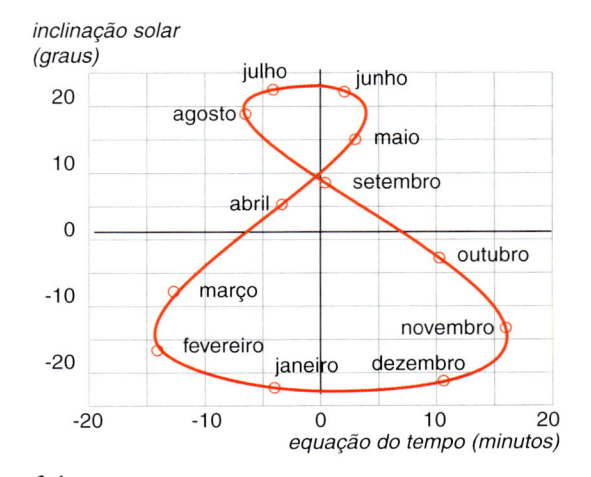

6.4
O analema solar. Os pontos da curva indicam a inclinação solar e a equação do tempo no primeiro dia de cada mês.

Os seguintes valores são especialmente úteis de lembrar:

A inclinação solar é

+23,45° no solstício de verão no Hemisfério Norte (mais ou menos em 21 de junho)
0° nos equinócios (mais ou menos em 21 de março e 23 de setembro)
−23,45° no solstício de inverno (mais ou menos em 21 de dezembro)

Essas datas variam devido à existência dos anos bissextos.

Estimativa da altura solar

Existe uma fórmula muito simples para determinar a altura máxima do sol ao meio-dia do horário solar de determinada data. Tudo o que precisamos é da inclinação solar e da latitude do local. A altura pode ser encontrada na **Figura 6.4**.

$$\gamma_{max} = 90 - \phi + \delta_S \text{ graus}$$

onde ϕ é a latitude do local, δ_S é a inclinação solar e γ_{max} é a elevação do sol acima da linha do horizonte. Às vezes, isso é chamado de altura solar.

Exemplo

A latitude de Sydney é 34° Sul. No solstício de verão, a inclinação solar é aproximadamente 23°. Arredondando, temos que a elevação solar ao meio-dia em Sydney no solstício de verão é

90 − 34 + 23 = 79 graus

Cartas solares

Imagine que você tenha fotografado o céu durante um ano, no mesmo horário, e nos mesmos os dias, todos os meses. Se sua câmera possuir uma lente olho de peixe (isto é, uma lente com ângulo de visão muito amplo) e se ela estava virada para cima, então os resultados poderão ser representados do modo indicado na **Figura 6.5**. Este gráfico é um mapa do percurso aparente do sol através do céu, uma imagem simplificada da espiral solar que temos na **Figura 6.3**. Se você sobrepor no gráfico as fotografias tiradas com a lente olho de peixe, perceberá que as imagens do sol se encontrarão sobre as linhas registradas.

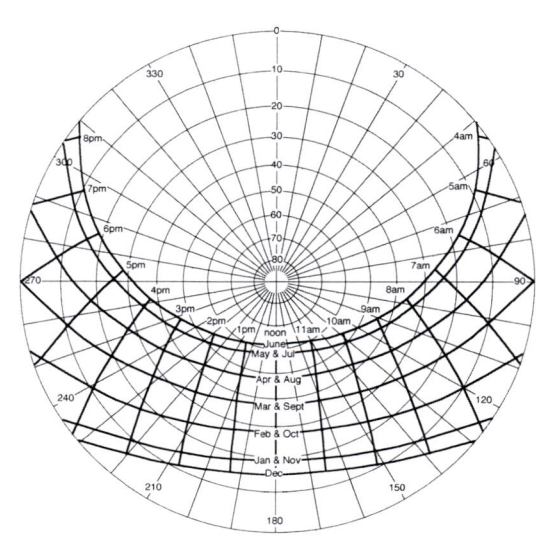

6.5
Carta solar para Londres, latitude 51° Norte.

6.6
Carta solar sobreposta a uma fotografia tirada com lente olho de peixe. A câmera está voltada para cima. O diagrama está virado para corresponder à direção da janela.

Diagramas como o da **Figura 6.5**, que mostram as alturas solares, são chamados de *cartas solares* ou *diagramas do movimento aparente do sol*. A abóbada celeste é representada por círculos concêntricos espaçados em uma projeção estereográfica (um tipo de projeção de mapa). Os círculos concêntricos dão o ângulo de elevação acima do horizonte, com 90° ao centro, e as linhas radiais correspondem aos ângulos de azimute.

A possibilidade de sobrepor as cartas solares às fotografias permite uma rápida avaliação da iluminação natural de um local. Na **Figura 6.6**, a carta solar está sobreposta a uma "fotografia olho de peixe" tirada no local. A câmera está localizada no centro de uma janela construída e direcionada para o alto. O objetivo é determinar quanta luz solar está sendo bloqueada pelo prédio residencial alto visível na metade superior da imagem. A carta solar está girada para ter a mesma orientação da fotografia. Observe como a trajetória durante a metade do mês de junho atravessa a área da abóbada celeste desobstruída das 12h30 até as 15h; a trajetória da metade de dezembro de 12h até um pouco depois das 14h.

Nem toda lente olho de peixe oferece uma projeção estereográfica. Muitas tendem a dar uma imagem mais próxima da geometria de uma projeção de área sólida, em vez de uma projeção estereográfica. A imagem olho de peixe voltada para cima deve ser girada para a orientação leste-oeste a fim de corresponder às convenções de construção das cartas solares. Essas cartas e fotografias podem ser fundidas, constituindo diferentes camadas em um programa gráfico de computador.

Com que frequência o sol brilha?

As cartas solares indicam a posição do sol no céu, mas não mostram se ele é visível quando o dia está nublado. A **Figura 6.7** mostra a probabilidade de o sol brilhar em qualquer parte do céu, levando em consideração tanto a nebulosidade quanto a distribuição geométrica das trajetórias solares. A densidade dos pontos é proporcional à probabilidade de o sol brilhar em alguma área do céu em especial. Como existem 500 pontos, então cada um deles representa 0,2% de *horas de insolação provável*. Em Londres, a luz do sol é forte por aproximadamente 1.500 horas por ano, então cada ponto também representa cerca de três horas de luz solar. Os pontos vermelhos são para os meses de verão, entre os equinócios de primavera e outono. Os azuis são para o inverno (meio do ano no Hemisfério Norte), sendo que as cruzes indicam o período entre primeiro de novembro e 28 de fevereiro. O sol brilha com mais frequência quando está em um ponto alto no céu do que quando está em um ponto baixo; o sol alto tende a ser associado com tempo bom no verão, mas, ao mesmo tempo, a insolação pode ser muito forte.

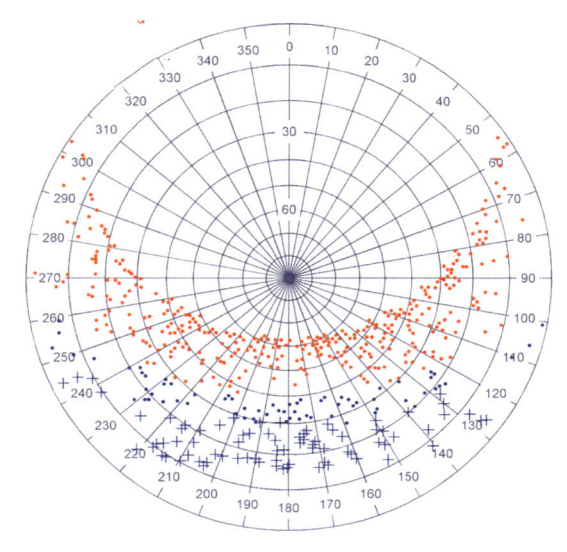

6.7
Horas de insolação provável em Londres.

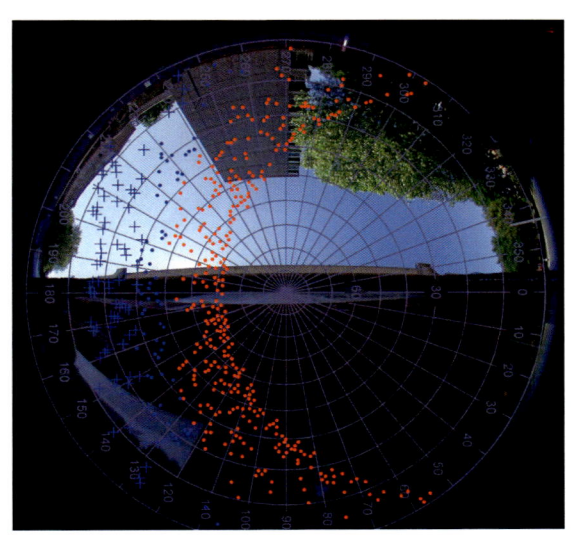

6.8
Um diagrama de horas de insolação provável sobreposto a uma imagem olho de peixe.

Análise dos padrões de sombreamento

As cartas solares proporcionam uma estimativa muito útil para a disponibilidade de luz diurna em determinado ponto. Elas são especialmente úteis para analisar o efeito de uma obstrução potencial. E podem ser utilizadas manualmente, se registradas na linha do horizonte em um diagrama estereoscópico, como temos na **Figura 6.9**.

Os diagramas celestes fornecem uma maneira de examinar a luz diurna disponível em um ponto, mas eles não dão a imagem total do padrão de sombreamento em um terreno. Se o formato tridimensional de uma edificação for complexo, sua sombra talvez seja difícil de registrar graficamente. Alguns métodos para fazer isso podem ser encontrados facilmente em programas de computador para arquitetura com modelagem tridimensional.

Alternativamente, pode-se construir uma maquete do edifício e do contexto imediato, e utilizar uma lâmpada para simular o sol (**Figura 6.10**). O *heliodon* é um aparelho que sustenta a maquete de uma edificação, girando-a e inclinando-a conforme necessário, com uma fonte de luz integrada. O equipamento é graduado de modo que a direção dos raios de sol que incidem na edificação possa ser simulada para qualquer horário e latitude.

Mas você não precisa usar equipamentos especiais: a maquete de um prédio e seu terreno podem ser iluminadas por qualquer fonte adequada, desde que a direção dos raios que incidem sobre ela seja corretamente estabelecida. Isso se consegue colocando um relógio de sol junto à maquete e ajustando a direção da luz até que o relógio de sol indique a data e o horário desejados. Um relógio de sol é uma espécie de carta solar invertida. A fonte de luz pode ser pequena, como uma lâmpada de tungstênio e halogênio de baixa voltagem, e localizada suficientemente longe da maquete, para que a divergência dos raios seja mínima. O melhor é levar a maquete para a rua e usar o próprio sol.

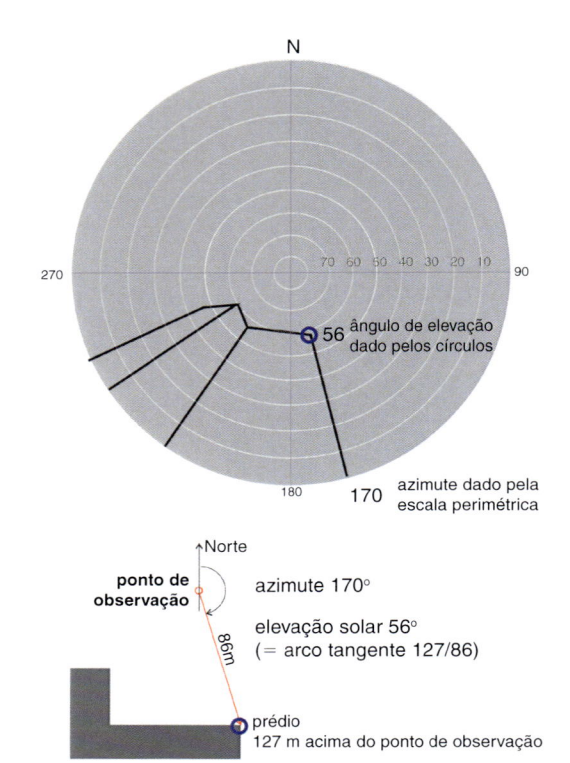

6.9
O registro do perfil de um prédio em uma carta celeste.

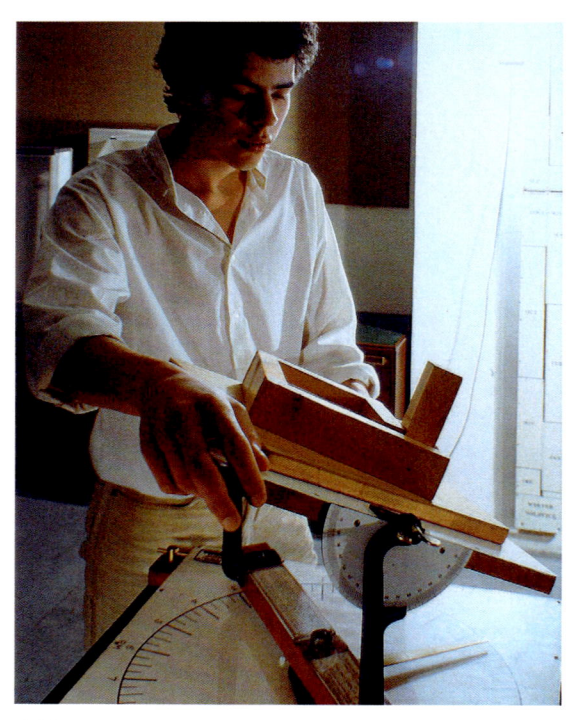

6.10
O uso de um heliodon.

3 ILUMINÂNCIA DA LUZ SOLAR E DA ABÓBADA CELESTE

A luz solar se dispersa à medida que passa pela atmosfera, mesmo quando o céu está limpo. Quanto mais baixo o sol estiver, maior será a distância que os raios de luz percorrerão pela atmosfera e, por conseguinte, maior será sua atenuação.

O gráfico superior da **Figura 6.11** ilustra a relação entre a elevação solar e a *iluminância solar normal*; essa é a iluminância em uma superfície voltada para o sol.

O gráfico mostra que a claridade da atmosfera afeta a iluminância, pois a dispersão da luz é provocada em parte pelas gotículas de água e partículas suspensas no ar. O nível de dispersão dos raios de luz é indicado pela *turbidez da iluminância*.

Parte da luz dispersa pelos raios de sol é refletida de volta no espaço. Uma pequena quantidade é absorvida; isso acontece principalmente devido à poluição aérea próxima ao solo. O restante forma o céu difuso: vista da superfície da Terra, a dispersão atmosférica da luz gera um hemisfério completo de luminosidade variável. A luz da abóbada celeste – a iluminação que recebemos da luz difusa do céu – depende do clima. Um céu limpo é constante em seu padrão de luminância característico, sendo mais brilhante perto do sol, mais escuro na área oposta ao solo e novamente mais brilhante perto do horizonte. O céu de cor azul mais profunda ocorre quando a atmosfera está muito limpa e seca; quando o céu está brumoso ou poluído, sua coloração se torna mais branca.

Já o céu nublado pode adotar diversos aspectos. As finas nuvens altas, que consistem de partículas de gelo, podem ser mais luminosas que o sol que elas ocultam. Os grandes *cumulus* brancos, ao serem banhados pela luz do sol, muitas vezes são mais luminosos do que a parte do céu limpo em que se encontram, mas essa condição pode ser instável, mudando rapidamente quando as nuvens se deslocam com o vento. As iluminâncias mais baixas no nível do solo ocorrem quando há várias camadas de nuvem espessa. A maior parte da luz difundida dos raios solares diretos é refletida novamente pelo solo, e os raios são tão atenuados que não conseguimos perceber o disco solar. O gráfico inferior da **Figura 6.11** mostra a iluminância da luz solar direta no nível do solo em uma atmosfera urbana com céu limpo, com céu brilhante mas com nuvens e com céu muito encoberto. As curvas dos céus

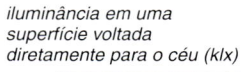

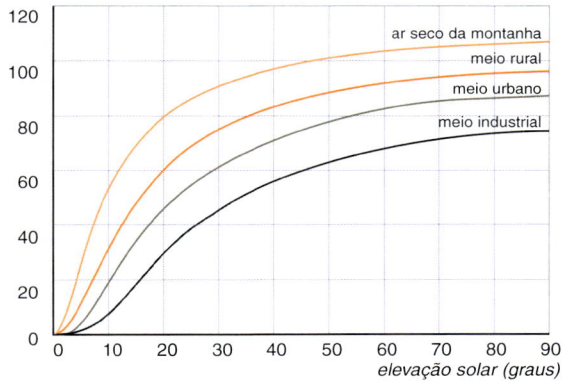

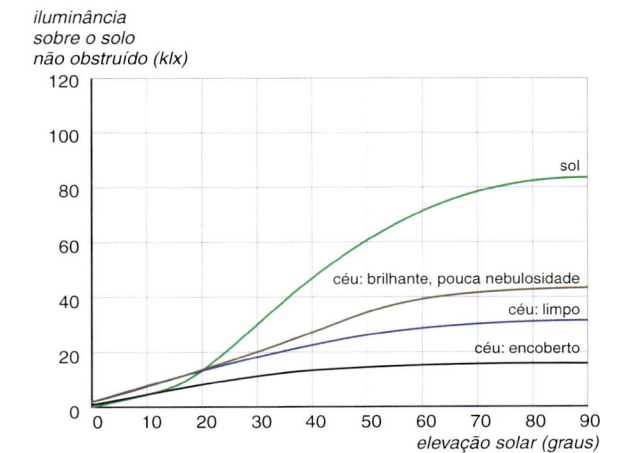

6.11
Iluminância do sol e da abóbada celeste.
(GRÁFICO SUPERIOR) Iluminância solar normal em diferentes locais. Os exemplos dados se referem a turbidezes de iluminância de 1,5, 2,5, 3,5 e 5,0.
(GRÁFICO INFERIOR) Iluminância no nível do solo desobstruído de um terreno urbano oriunda do sol e de três tipos de céu.

nublados devem ser consideradas apenas como valores de referência, porque as iluminâncias reais medidas variam muito. Observe que, ainda que o sol não seja visível do solo, a luz solar depende da elevação solar.

Para calcular a luz natural no lado de dentro de uma janela, é necessário saber não apenas a quantidade total de luz que ela recebe, mas também como a luminosidade varia ao longo da abóbada celeste.

A abordagem convencional para isso é considerar que o céu está encoberto e escuro, a condição que costuma proporcionar a iluminância mínima para aquela estação e horário do dia. Esse céu tem as seguintes características:

- O sol está totalmente encoberto.
- O céu tem a mesma luminosidade em todos os ângulos acima do horizonte, seja qual for o azimute.
- O céu se torna mais luminoso à medida que a direção do olhar se eleva; o céu no zênite é três vezes mais luminoso do que o céu no horizonte.

A equação exata dá a luminância do céu, L_γ, em uma altura γ e como uma fração da luminância L_z no zênite:

$$L_\gamma = L_z \frac{(1 + 2\mathrm{sen}\,\gamma)}{3}$$

Há mais de meio século essa distribuição da luminância vem sendo utilizada como referência para os cálculos de iluminação natural em climas nublados. Ela é conhecida como o *Céu Encoberto Padrão do CIE* (Comitê Internacional de Iluminação). As descrições matemáticas do céu limpo e de outros tipos de céu são publicadas como o *Céu Geral do CIE*.

O gráfico da **Figura 6.12** mostra a fração do ano na qual a iluminância do céu sobre um solo desobstruído é alcançada ou excedida durante as horas dadas. Por exemplo, usando-se a curva das 9h às 17h, veremos que 20 mil lx ou mais (no eixo horizontal) são obtidos durante 40% do tempo (no eixo vertical). Os gráficos às vezes são feitos para um "ano de dias úteis", ou seja, excluindo fins de semana, feriados e um período de férias anuais. No Capítulo 18 (p. 202), você pode encontrar um gráfico ampliado.

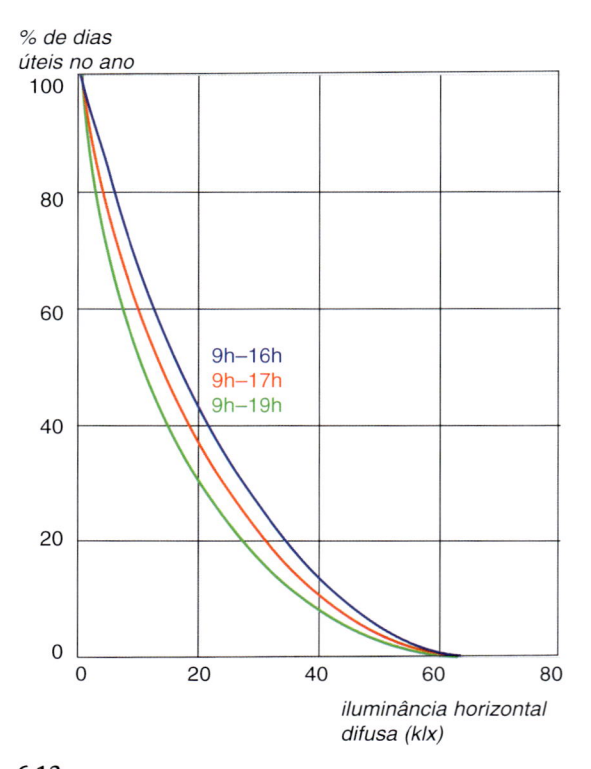

6.12
A distribuição da frequência cumulativa da iluminância difusa sobre um solo não obstruído em Londres ao longo dos dias úteis do ano. O gráfico considera o horário de verão britânico.

4 ILUMINAÇÃO NATURAL EM UM CÔMODO

Em climas nublados, a quantidade de luz natural que incide em determinado ponto de um cômodo depende principalmente da fração do céu visível daquele local. Quanto maior for o ângulo do céu subtendido, maior será a iluminância. Em uma área de superfície do cômodo protegida da luz celeste direta (e, portanto, iluminada apenas por meio da reflexão), a iluminância costuma ser menos de um décimo daquela em posições equivalentes próximas a uma janela. O limite da área na qual o céu fica oculto é chamada de *linha de obstrução do horizonte* (**Figura 6.13**).

A distribuição da luz em um cômodo com janelas está ilustrada no Capítulo 1 (p. 14). Observe como a iluminância sobre os tampos de mesa diminui rapidamente com o aumento da distância da janela, enquanto a iluminância nas superfícies verticais voltadas para a janela decai menos drasticamente. A parede dos fundos de um cômodo muitas vezes tem mais iluminância do que os tampos de mesa próximos a ela. Nas paredes laterais, há uma variação na iluminância que depende significativamente da posição relativa das janelas. A parede das janelas – no caso de cômodos com janelas em apenas um dos lados – não recebe luz direta e, portanto, é a superfície menos iluminada. Assim, para o observador, o maior contraste ocorre entre a parede das janelas e a vista externa emoldurada por elas, particularmente em relação ao céu. Essa pode ser a principal causa de ofuscamento provocado pelas janelas. Uma das características encontradas nos prédios tradicionais, em especial nas casas georgianas do Reino Unido, é a ombreira chanfrada. Ela tem dois efeitos positivos: aumenta a quantidade de luz que entra no cômodo e lhe confere uma zona de brilho intermediário entre a parede da janela do lado interno e a vista luminosa para o exterior. Esses efeitos se tornam mais fortes com o aumento da espessura da parede. A **Figura 6.14** mostra uma janela de hospital com ombreira chanfrada. O Capítulo 10 (p. 119) discute este assunto com mais detalhes.

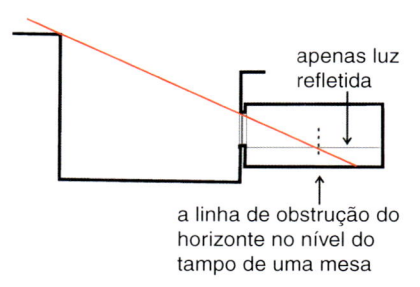

6.13
A linha de obstrução do horizonte marca o limite da área em um cômodo que não recebe luz direta do céu.

6.14
Um dos lados desta abertura de janela é chanfrado. Ele cria uma faixa de luminosidade intermediária entre a parede mal iluminada da janela e a vista externa.

Coeficiente de luz diurna

O coeficiente de luz diurna é a razão entre a quantidade de luz em um cômodo e a iluminância no solo exterior sob um Céu Encoberto do CIE (Comitê Internacional de Iluminação). O conceito foi desenvolvido como uma maneira de calcular a iluminação natural antes do surgimento dos computadores, mas ele ainda é útil como indicador da iluminação natural em um cômodo e como forma de cálculo rápido.

O coeficiente de luz diurna é definido com mais precisão do seguinte modo:

$$D = \frac{E_i}{E_{dh}} \times 100\%$$

onde E_i é a iluminância de uma das superfícies do recinto, e E_{dh} é a iluminância simultânea de todo o céu (a iluminância sobre uma superfície externa não obstruída). Considera-se que o céu tem a distribuição de luminosidade do Céu Encoberto do CIE.

O coeficiente de luz diurna (CLD) é empregado de duas formas:

1. *O coeficiente de luz diurna média*, $\bar{D}$, é o coeficiente de luz diurna em determinada área do cômodo, geralmente o plano de trabalho horizontal. Ele é valioso para prever o aspecto provável da iluminação natural de um espaço. Se um recinto parece luminoso ou sombrio, isso depende não apenas da quantidade absoluta de luz, mas também da razão de luminosidade entre as superfícies internas e a vista externa. Os julgamentos que os usuários fazem sobre a iluminação se baseiam na totalidade de seus campos de visão, não apenas em uma área de tarefa visual determinada. O CLD médio, que inclui uma medição da luz total com reflexo cruzado, relaciona a luminosidade interior geral ao céu visível e se correlaciona bem com as descrições subjetivas dos cômodos. O Capítulo 7 descreve como o cálculo é feito.

2. *O coeficiente de luz diurna em um ponto*, D, é mais difícil de calcular do que o CLD médio. Há muitos métodos de cálculo manual, pois durante muitos anos o coeficiente foi empregado para averiguar a adequação da iluminação diurna. Os *software* de arquitetura e meio ambiente frequentemente incluem rotinas para o registro do CLD em um cômodo. Uma forma de demonstração dos resultados bastante útil indica as linhas de coeficientes iguais, como mostra a **Figura 6.15**.

Um CLD é uma razão e não um nível absoluto de iluminância, e vários pressupostos simplificadores são incluídos em seu cálculo. Todavia, ele pode ser utilizado junto com as estatísticas de disponibilidade de luz diurna (**Figura 6.12**) a fim de estimar as iluminâncias no cômodo e as horas de uso de eletricidade.

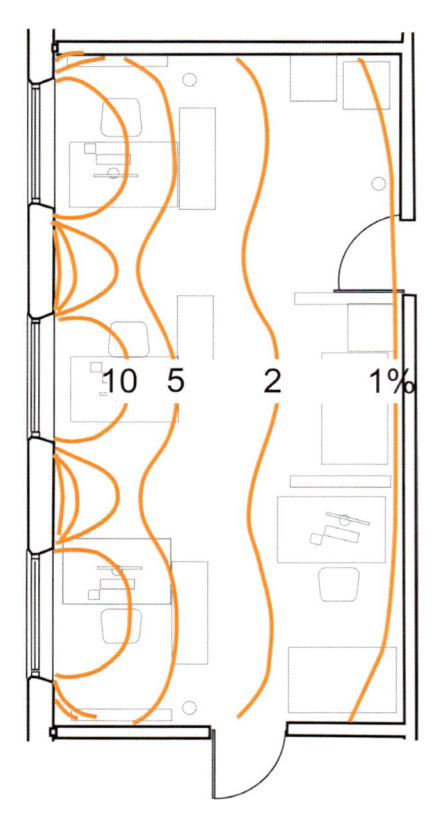

6.15
As linhas de coeficientes de luz diurna iguais.

Uma ferramenta poderosa é a simulação da luz natural por meio de computador. Ela usa os registros da disponibilidade de iluminação natural real com os *CLDs calculados*. Em um programa de computador, o céu é dividido em muitas zonas (geralmente 145). Os coeficientes indicam a iluminância em um ponto do prédio como função da luminância de cada zona. O fator de luz diurna pode ser considerado como uma média ponderada dos coeficientes de luz diurna (CLDs), mas a abordagem dos coeficientes é muito mais genérica e leva em consideração a luz do sol em qualquer distribuição da luminância no céu.

A vantagem dos CLDs é que, uma vez estimados para uma situação particular, é muito rápido repetir os cálculos. Quando utilizados junto com os dados de disponibilidade de luz diurna, é possível calcular a iluminação diurna dentro de um prédio ao longo de todo um ano. Com base nisso, podem ser feitas estatísticas úteis, como a *iluminância diurna útil* (IDU) – o número de horas por ano no qual a iluminância interna em virtude da luz diurna fica dentro da faixa de 100 a 2.000 lx.

7
Modelos e cálculos

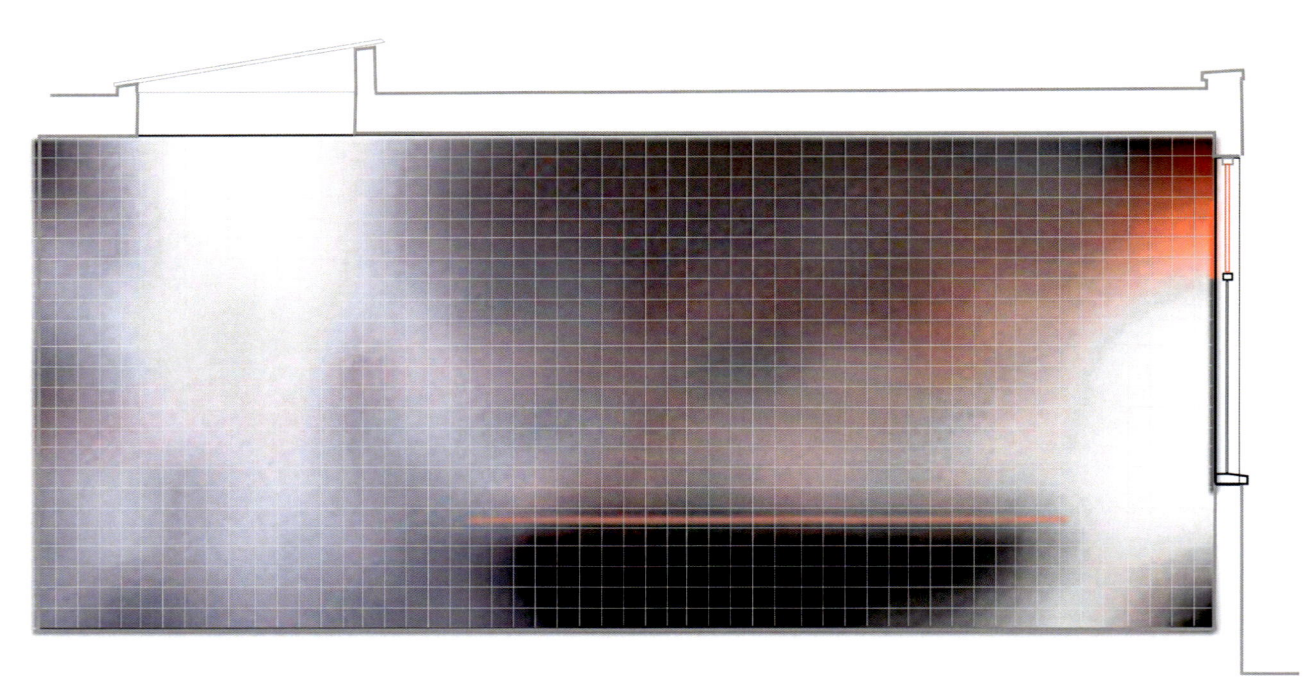

7.1

É possível fazer projetos de luminotécnica sem realizar nenhum cálculo, especialmente se o projetista já possui muita experiência com aquele tipo de projeto. Você pode analisar um cômodo, reparando no tamanho das janelas e nos modelos de lâmpadas e luminárias, e adaptar os números para que se encaixem no seu próprio projeto. Em algumas áreas da prática da iluminação – iluminação cênica, por exemplo – a abordagem tradicional tem sido puramente visual e não numérica. Contudo, se um projeto é inovador ou se existe a necessidade de focar uma função particular, tal como o uso de energia, ou se há padrões numéricos a seguir, ou ainda se é necessário haver imagens com reproduções fotométricas precisas, então os cálculos devem ser parte do desenvolvimento do projeto.

Este capítulo explica parte da teoria na qual os cálculos de iluminação de arquitetura são baseados. Ele revisa tanto os métodos manuais quanto os por computador. Exemplos detalhados de cálculos podem ser encontrados na Parte Três deste livro. Não é essencial saber a teoria antes de aprender a fazer os cálculos, mas se por acaso você não ler as primeiras quatro seções deste capítulo, não deixe de ler a última delas, que aborda a interpretação e a precisão dos cálculos e das medidas luminotécnicas.

A **Figura 7.1** é oriunda de um método não convencional de calcular o fluxo luminoso. Ela exibe um corte em um cômodo com duas fontes de luz: do lado esquerdo da imagem, uma claraboia, e uma janela na parede do lado direito. A parte superior dessa parede tem vidro vermelho, e a parte inferior, vidro incolor. Na simulação, o volume do recinto é subdividido em células, e cada célula, em um número finito de direções de fluxo. Calculando-se repetidamente o fluxo luminoso de células vizinhas, pode-se registrar o fluxo de luz total no recinto.

1 MODELOS E COMPUTADORES

Um cálculo de luminotécnica é um modelo abstrato de um processo físico. É uma simplificação do mundo real que é obtida partindo do pressuposto de que tudo é constante, exceto um pequeno número de variáveis.

A distribuição complexa e instável da luz em um recinto é o tema ideal para a análise por computador. Os programas de computador substituíram os demorados cálculos manuais, bem como os pressupostos simplificadores que eram comuns até 25 anos atrás. Mas os cálculos manuais ainda são insubstituíveis por serem mais rápidos e por poderem verificar se os resultados registrados fazem sentido; além disso, conhecer o funcionamento dos cálculos manuais é essencial para entender os procedimentos feitos por computador. Os resultados de um cálculo, manual ou eletrônico, podem ser interpretados corretamente somente com o conhecimento dos pressupostos feitos.

Este capítulo analisa três abordagens diferentes para a quantificação da luz: métodos do fluxo luminoso total, fórmulas analíticas e métodos numéricos. Eles são modelos diferentes baseados em pressupostos divergentes. Consideramos os casos para os quais eles são adequados.

2 MÉTODOS DE FLUXO LUMINOSO TOTAL

O modo mais fácil de calcular a iluminação é considerar apenas a quantidade total de luz em um espaço e a área da superfície na qual ela incide.

Os próximos dois métodos provavelmente abrangem a maioria dos cálculos de iluminação realizados. O primeiro mostra quantas lâmpadas são necessárias em um recinto; o segundo indica o tamanho das janelas.

O método dos lumens

Este método vem diretamente da definição de iluminância:

$$\text{iluminância (lux)} = \frac{\text{fluxo incidente sobre uma superfície (lumens)}}{\text{área da superfície (metros quadrados)}}$$

Ele é usado quando um cômodo está iluminado de modo homogêneo por um arranjo uniforme de luminárias de teto – um sistema encontrado em inúmeros escritórios e escolas construídos no século passado. Essa iluminação absolutamente uniforme dificilmente é a melhor maneira de iluminar um recinto, mas o método dos lumens permanece útil quando se deseja prever a quantidade total. A **Figura 7.2** ilustra o leiaute.

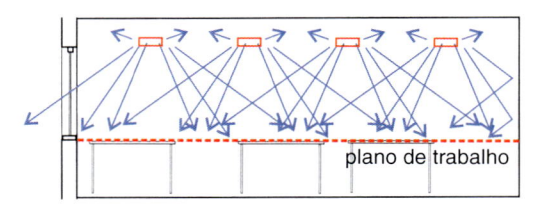

7.2
O método dos lumens fornece a iluminância horizontal média de um arranjo de luminárias.

Em vez de considerar mesas individualmente, imagine uma superfície horizontal contínua que se espalha pelo cômodo no nível de uma mesa de escritório. Isso é chamado de "plano de trabalho" e o objetivo é que haja uma distribuição de luz uniforme sobre ele.

Nem toda luz emitida pelas lâmpadas atinge o plano de trabalho diretamente; parte dela recai sobre as paredes e o teto e é parcialmente absorvida. Mas a luz incidente no plano de trabalho também é, em parte, refletida e depois refletida novamente de volta ao plano de trabalho, produzindo uma série infinita de reflexões cruzadas.

A razão entre o fluxo incidente na superfície e o fluxo emitido pelas lâmpadas é chamado de fator de utilização, UF, ou de coeficiente de utilização, CU. Ele varia conforme os seguintes fatores:

- quanta luz é absorvida pela luminária;
- a direcionalidade da luz emitida pela luminária;
- as proporções do cômodo;
- a refletância das superfícies do recinto.

Os fabricantes de luminárias calculam os coeficientes de utilização dos seus produtos para diversas proporções de cômodo e refletâncias; eles são publicados em páginas da Internet ou em catálogos impressos com o título de "dados fotométricos".

Uma luminária perde sua eficácia com o tempo. As lâmpadas emitem menos luz, e poeira e sujeira se acumulam. Para levar em conta essa perda, um *coeficiente de manutenção*, MF (ou *coeficiente de perda de luz*, LLF), é incluído no cálculo. Em geral, ele é de cerca de 0,8 em residências ou escritórios limpos, mas costuma ser muito mais baixo em edificações industriais. Um valor de 1,0 indica um recinto perfeitamente limpo; um valor de 0,8 significa que 20% da luz emitida é perdida.

Suponhamos que haja n luminárias com lâmpadas que emitem F lumens cada, e A é a área em planta baixa do plano de trabalho. A fórmula para a iluminância média do plano de trabalho será:

$$\bar{E}_e = \frac{n \times F \times UF \times MF}{A}$$

Um exemplo de cálculo com essa equação pode ser encontrado nas páginas 143 e 144.

O coeficiente de luz diurna média

A mesma abordagem pode ser feita com a luz natural. O argumento possui quatro passos. Analisando-os com um pouco mais de detalhe, temos que:

1. A luz incide sobre a face externa da janela para que o fluxo luminoso de um cômodo seja a iluminância da janela externa, E_w, multiplicada pela área da janela, A_w, e pela transmitância da janela, τ_w:

   $$E_w \times A_w \times \tau_w$$

2. Considere que essa luz, em sua maior parte, seja oriunda diretamente da abóbada celeste e incida na metade inferior do cômodo, uma área $A_r/2$, onde A_r é a área total das superfícies do cômodo (piso + teto + paredes). A iluminância direta média sobre essa área então será:

   $$\bar{E}_{di} = \frac{E_w \times A_w \times \tau_w \times 2}{A_r}$$

3. Para a iluminação elétrica, a reflexão cruzada deve ser incorporada no coeficiente de utilização. A equação para determinar a luz diurna em um local a inclui de modo explícito utilizando o termo $1/(1 - \rho^2)$, onde ρ^2 é a refletância média ponderada pela área das superfícies do recinto.

4. Por fim, já que a luz diurna varia continuamente, a quantidade de luz natural em um cômodo costuma ser expressa como percentagem da iluminância externa no solo não obstruído. Essa percentagem é chamada de coeficiente de luz diurna e será apresentada no Capítulo 6.

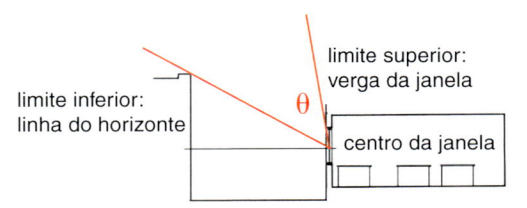

7.3
Ângulo celeste.

Existe uma regra prática muito útil para determinar o coeficiente de luz diurna em uma superfície vertical externa: $D_v = \theta/2$, onde θ é o ângulo celeste visível acima da linha do horizonte (**veja 7.3**). Combinando-os na equação inicial, a fórmula final para calcular o coeficiente de luz diurna média fica:

$$\bar{D} = \frac{\theta \times A_w \times \tau_w}{A_r (1 - \rho_r^2)}$$

O método dos lumens e o coeficiente de luz diurna média são métodos utilizados principalmente para cálculos manuais, mas também são muito úteis em planilhas do Excel e de programas similares. Os seus valores são maiores quando relacionados com os dados de lâmpadas, luminárias, transmitância do vidro e refletância dos materiais.

A simplicidade desses métodos é refletida no número de informações limitado que eles fornecem. Os métodos de fluxo luminoso total informam somente a iluminância média nas superfícies: eles não indicam nada sobre a distribuição da iluminância ou sobre sua uniformidade. Seu maior benefício é poderem ser usados inversamente para fornecer alguns números e tamanhos. A fórmula invertida do método dos lumens é

$$n = \frac{\bar{E}_e \times A}{F \times UF \times MF}$$

Ela indica o número de luminárias necessário para produzir uma iluminância média $\bar{E}_e$ sobre uma área A quando as lâmpadas da luminária emitirem um total F de lumens com um coeficiente de utilização UF e um coeficiente de manutenção MF.

De maneira similar, a área de vidraças necessária para produzir um coeficiente de luz diurna média $\bar{D}$ em um cômodo com uma área de superfícies A_r com transmitância das janelas τ_w e ângulo celeste θ é:

$$A_w = \frac{\bar{D} \times A_r \times (1 - \rho_r^2)}{\theta \times \tau_w}$$

3 FÓRMULAS ANALÍTICAS

A teoria da luz possui um forte embasamento. Ela abrange o fluxo de luz em um espaço tridimensional e a transferência de radiação de uma superfície à outra. A matemática, a teoria de transferência de radiação e outros ramos similares da Física são algumas das áreas das quais ela provém.

Sua base, contudo, consiste em um conjunto de ideias fáceis e objetivas a partir das quais podemos desenvolver algumas ferramentas simples muito úteis.

A fonte pontual

A primeira dessas ideias é a de uma fonte que é infinitesimal (pequena a ponto de suas dimensões serem desprezíveis) que não só emite uma quantidade finita de luz, como também o faz de modo uniforme e em todas as direções. Tal objeto é impossível no mundo real: se fosse infinitamente pequeno, também precisaria ser infinitamente brilhante. O conceito é teórico e define uma fonte pontual como o limite de uma série de fontes cada vez menores; porém muito mais importante é o fato de ele possibilitar cálculos simples que podem ser usados como uma boa aproximação de muitas condições reais.

No Capítulo 2, a intensidade luminosa foi definida como o fluxo de luz em determinada direção, o fluxo luminoso dividido pelo ângulo sólido do feixe, o que exigia que ele fosse divergente.

Agora imagine uma fonte pontual, no centro de uma esfera, que produzisse iluminância de modo homogêneo em todas as suas partes. Se a esfera dobrasse de diâmetro, sua área de superfície aumentaria quatro vezes; se o diâmetro aumentasse n vezes, a área cresceria n^2 vezes. A fórmula para a iluminância de uma superfície voltada diretamente a uma fonte pontual é, portanto:

$$\text{iluminância} = \frac{\text{intensidade luminosa}}{(\text{distância da fonte})^2}$$

$$\text{ou } E = \frac{I}{d^2}$$

Essa é a lei do quadrado inverso. Ela está representada pelas luminosidades diferentes das duas esferas translúcidas do Capítulo 1 (página 7).

Lei do cosseno

Se um feixe estreito paralelo, como as canetas a *laser* para projetor, incidir na superfície com um ângulo perpendicular, a área iluminada será pequena. Quanto mais inclinado for o feixe, maior será a área iluminada e menor será a iluminância, já que a mesma quantidade de luz terá de cobrir uma área mais extensa (**veja 7.4**). Em uma situação extrema, quando o feixe se tornar paralelo à superfície, esta não mais será iluminada.

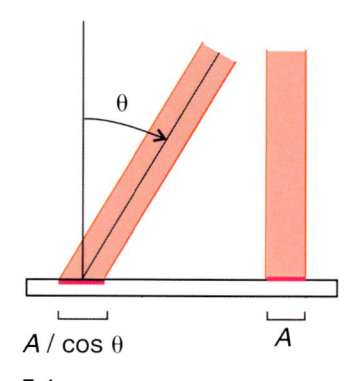

7.4
A lei do cosseno.

Isso foi observado pelo cientista suíço-alemão J. H. Lambert. Ele descobriu que a iluminância é inversamente proporcional ao cosseno do ângulo de incidência, o que hoje conhecemos como a lei do cosseno.

Se a combinarmos com a equação do quadrado inverso, obteremos a fórmula mais importante da luminotécnica:

$$E = \frac{I \cos \theta}{d^2}$$

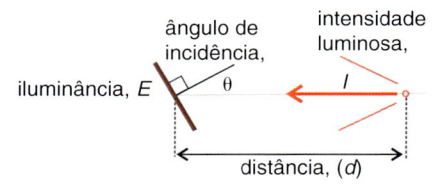

7.5

Uma fonte pontual de intensidade I produz iluminância E sobre uma superfície a d de distância, formando um ângulo θ em relação ao feixe.

Para cálculos práticos, uma fonte de luz pode ser tratada como uma fonte pontual se:

- a dimensão máxima da fonte vista da direção da superfície receptora não for superior a $d/5$; e
- o feixe da fonte for difuso, isto é, não for transformado por lentes ou espelhos em um feixe paralelo ou convergente.

A equação descreve de maneira simbólica a relação entre iluminância e distância ilustrada no Capítulo 1.

O difusor perfeito

Outro conceito teórico fácil de verificar é o de uma superfície difusora perfeita. Os feixes incidem sobre uma superfície plana, e a luz é espalhada de modo tão perfeito que a superfície parece igualmente brilhante em todas as direções.

Se E for a iluminância sobre uma superfície com refletância difusa ρ, a luminância da superfície será, em relação a qualquer direção,

$$L = \frac{E\rho}{\pi}$$

Isso significa que a superfície iluminada pode ser, ela própria, uma fonte de luz. Se tomarmos uma área A, sua área aparente (ou *área projetada*) será $A \cos \phi$ quando vista sob um ângulo ϕ entre a normal e a superfície.

A intensidade da luz refletida nessa direção será

$$I_2 = LA \cos \phi$$

7.6

Isso gera a seguinte cadeia:

intensidade – iluminância – luminância – intensidade

tornando possível rastrear a trajetória da luz da fonte para a superfície e de uma superfície à outra. Ela pode ser uma cadeia infinita com duas ou mais áreas refletindo luz entre si.

A teoria tem outras consequências. As fórmulas que fornecem a iluminância das fontes de tamanhos finitos e de vários formatos podem ser geradas se incorporarmos a equação da fonte pontual. Diversas funções matemáticas têm sido desenvolvidas e podem ser encontradas não só em livros sobre iluminação, mas também em artigos sobre modelos de informática e troca de calor radiante.

Os métodos de fontes pontuais são muito úteis para cálculos manuais, mas se quisermos usar equações para definir fontes finitas ou se estivermos lidando com cômodos de geometria complexa, os computadores serão mais apropriados.

4 MÉTODOS NUMÉRICOS

A partir de agora, iremos considerar os métodos que exigem a velocidade do computador, assim como sua capacidade de trabalhar simultaneamente com grandes conjuntos de números. Por possuírem essas características, eles não podem ser feitos manualmente.

O investimento em programação feito pelas indústrias de jogos de vídeo e filmes de animação tem incentivado de modo considerável o desenvolvimento da computação para luminotécnica. Obter uma reprodução de imagem realista é, basicamente, um cálculo de iluminação. Isso não significa que as imagens produzidas por programas de representação gráfica por computador sejam sempre corretas em termos fotométricos; com frequência, vemos que esse não é o caso, já que a necessidade de tornar os cálculos mais rápidos faz com que sejam utilizados muitos valores arredondados. Logo, é preciso cautela ao utilizar tais programas em projetos de luminotécnica.

Radiosidade

No *método da radiosidade*, as superfícies dos cômodos e todas as outras superfícies que emitem ou recebem luz são divididas em inúmeros pontos. Depois os coeficientes são calculados, o que define a fração de luz emitida por cada área e recebida por outra. As fórmulas podem ser as da sequência dos cálculos de fontes pontuais descritas anteriormente, mas, em geral, é mais eficaz utilizar as fórmulas de fontes de área, que são muito mais longas. Uma enorme variedade de equações simultâneas é então feita. A iluminância direta em cada área é computada a partir dos dados de entrada; em seguida, a luz refletida e as iluminâncias finais são encontradas por meio da resolução numérica das equações simultâneas.

Traçado dos raios luminosos

É possível simular os raios de luz se calcularmos como os fluxos de partículas diminutas se comportarão. Os trajetos das partículas são calculados conforme elas são emitidas, refletidas e finalmente absorvidas. As regras que determinam a emissão das partículas e as suas interações com as superfícies refletem os parâmetros correspondentes, bem como as regras para o comportamento da luz. O método pode ser visto como uma derivação do conceito de fluxo total. Números muito grandes de partículas imaginárias são rastreados, e o procedimento normal é utilizar dados aleatórios para determinar se, em cada intersecção, as partículas serão refletidas ou absorvidas. Esse uso aleatório de números, quando associado à análise estatística dos resultados, é chamado de técnica de *Monte Carlo*.

5 INTERPRETAÇÃO DOS RESULTADOS

Imagine que a iluminância de 300 lx sobre um plano de trabalho seja especificada para um novo local de trabalho, e que, depois de terminada a instalação, o valor observado seja de 340 lx. Essa diferença é significativa? Seria uma extravagância? O espaço ficará luminoso demais? Ou, ao contrário, essa é uma discrepância comum entre os cálculos e os eventuais valores medidos, uma variação que passaria despercebida pelos usuários?

Para responder a essas perguntas, precisamos retomar o assunto discutido no Capítulo 4, a sensibilidade visual, e analisar o nível de precisão típico de cálculos e medidas.

À noite, sob um céu estrelado, podemos identificar alguns contornos – árvores, pessoas, edifícios; há luz suficiente para estarmos cientes dos perigos e caminharmos em segurança. Esse é o limite inferior de nossa sensibilidade visual. No limite superior, vemos claramente sob a luz do sol nas regiões tropicais, ainda que ela nos pareça ofuscante quando incide sobre uma superfície branca ou é refletida na água. A diferença entre os dois tipos de luz é imensa, com uma variação de iluminância de milhões de vezes. Essa é a variabilidade da iluminação natural na superfície terrestre.

Adaptamo-nos à luminosidade dos ambientes. Nossos olhos se ajustam ao nível de sensibilidade apropriado a nosso entorno. A consequência disso é que somos capazes de identificar diferenças muito pequenas de luminosidade e cor nas partes adjacentes de nosso campo de visão, mas somos relativamente insensíveis aos níveis de luz em geral. O mesmo pode ser dito sobre as medidas de fotômetros ou cálculos luminotécnicos – tanto com computadores quanto manualmente; é difícil ser preciso a ponto de obter valores exatos e que sejam, ao mesmo tempo, suficientemente simples para realizar comparações significativas.

Isso será importante quando quisermos medir ou calcular quantidades de luz: os valores observados serão úteis somente se soubermos como eles foram medidos, e um valor calculado só será útil se a imprecisão dos dados de entrada for especificada. "Lixo entra, lixo sai" e suas muitas variantes não são axiomas que se aplicam exclusivamente a computadores; eles são válidos para todo e qualquer cálculo, desde a soma que fazemos rapidamente de cabeça, até os enormes e complexos modelos de computador.

Entretanto, os cálculos de arquitetura sempre se baseiam em dados incompletos; muitos aspectos de uma edificação mudam com o tempo, e, nas etapas preliminares de projeto, alguns parâmetros cruciais podem ser apenas imaginados, tais como as cores do acabamento interior e o modo como os usuários distribuirão os móveis.

Imagine, por exemplo, que um programa de computador que avalia esquemas de iluminação elétrica forneça os seguintes níveis de iluminância em um cômodo: 490 lx, 500 lx e 510 lx. O que podemos concluir sobre a precisão desses valores? Agora analisemos o fluxo luminoso das lâmpadas. Se houver imprecisão de mais ou menos 10% devido à sujeira e ao envelhecimento, a precisão sugerida pela variação de 10 lx é desprezível. Uma iluminância registrada como 500 lx deveria ser descrita como "uma iluminância entre 450 e 550 lx". Muitos outros fatores influenciam a quantidade de luz, mas a maioria deles só pode ser prevista como probabilidade. Dessa forma, podemos concluir que, se compararmos a iluminância calculada durante a etapa de detalhamento do projeto com o valor real depois de, digamos, um ano de construção, a diferença pode ser muito grande.

Para medir a luz, é importante diferenciar a *precisão absoluta* de um instrumento e sua *discriminação*, que costuma ser uma ordem de grandeza mais exata. Por exemplo, se os valores verdadeiros de duas iluminâncias fossem 2.000 lx e 2.200 lx, e um medidor portátil indicasse 1.800 lx e 1.980 lx, os valores absolutos seriam em torno de 10% baixos, mas os relativos tenderiam a ser muito mais confiáveis. O mesmo acontece com os cálculos: contas repetidas e com parâmetros iguais (só mudando um fator) podem gerar estimativas bastante imprecisas em relação aos valores reais, mas dão uma boa ideia da importância do fator que variou. As comparações entre os valores calculados e os medidos tendem a ser mais significativas que os valores absolutos.

Há ainda outra questão que devemos levar em conta. Vimos que os cálculos – manuais ou por computador – são baseados em fórmulas ou algoritmos que incluem premissas simplificadas, como estas:

- As superfícies são foscas.
- Não há mobília ou pessoas no recinto.
- A reflexão cruzada no cômodo é como a de uma esfera oca e colorida de modo homogêneo.
- Para os cálculos de luz diurna, não há luz do sol refletida.

Um bom pacote de programas de computador esclarece qualquer pressuposto estabelecido que pode se mostrar uma mentira quando posto em prática.

Na ciência e na engenharia, existe uma regra geral que diz que a apresentação de um número deve indicar sua precisão. Se, por exemplo, o resultado final de um cálculo for 2.071 lx, mas, ao levar em consideração os valores de entrada, ele puder ficar 10% acima ou abaixo do valor real, então o resultado deve ser apresentado ou como 2 klx ou como 2.100 ± 200 lx. O arredondamento é feito ao final da apresentação do cálculo, é claro, e não nas etapas intermediárias, para evitar a inclusão de valores arredondados no próprio cálculo.

8
Medição da luz

8.1
Uma falsa imagem colorida (SUPERIOR) exibindo luminâncias derivadas de uma imagem HDR da cena na fotografia inferior. Hong Kong. Fotografias feitas por Michael Wilson.

Este capítulo é uma breve introdução prática à fotometria. Ao contrário do que se imagina, a medição precisa da luz é algo muito difícil, especialmente se for *in loco*. Pensando nisso, este capítulo fornecerá orientações para o registro da iluminância, da luminância e da refletância, e também um resumo do desempenho de luminárias testadas em laboratório. A precisão das medidas foi discutida no Capítulo 7.

A **Figura 8.1** mostra Hong Kong como uma imagem digital processada para a obtenção dos valores de luminância. A imagem inferior é uma imagem HDR. Esse resultado é obtido tirando-se uma série de fotografias digitais do mesmo cenário com diferentes exposições e, em seguida, combinando-as por meio de um programa de computador especial (nesse caso, WebHDR). Essa técnica supera o problema da limitação da faixa de sensibilidade do sensor da câmera. As iluminâncias do cenário são extraídas regulando-se as imagens digitais da câmera com os registros da luminância medida. Os valores de luminância da cena final são exibidos em cores que não correspondem às reais para facilitar a análise.

1 FOTÔMETROS

Aparelhos portáteis

Os medidores de luz tradicionais possuem uma fotocélula, um circuito elétrico e um aparelho para medir eletricidade – voltímetro ou amperímetro. As fotocélulas alteram-se eletricamente quando expostas à luz: sua resistência muda, e elas podem emitir energia elétrica. A maior parte dos equipamentos modernos utiliza semicondutores, tais como o fotodiodo de silício, comum nos fotômetros portáteis. Ele é robusto e tem longa vida. Seus resultados são quase exatos, e sua faixa de sensibilidade abrange um espectro muito amplo.

As fotocélulas costumam apresentar algumas características indesejáveis. A temperatura ambiente, o tempo de uso e as luzes muito fortes são alguns fatores que podem afetar seu desempenho. O circuito elétrico de um fotômetro modifica essas características e em grande parte determina a resposta da célula, sua sensibilidade e sua estabilidade.

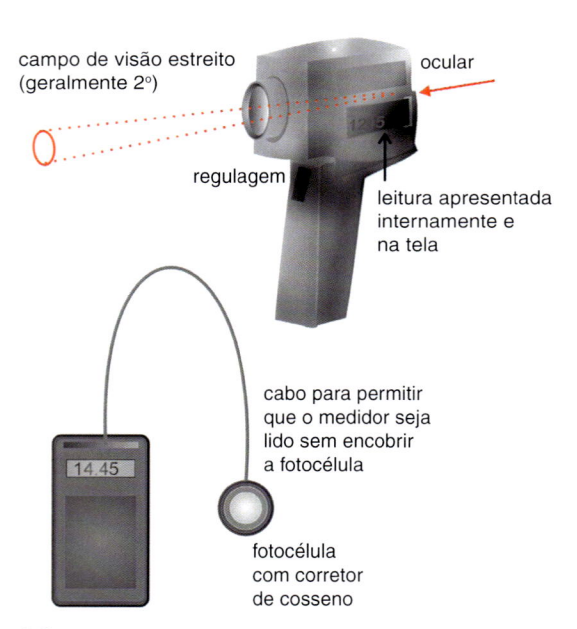

Os fotômetros devem ser capazes de enxergar as cores como o olho humano enxerga, ou seja, eles devem ser sensíveis a diversos comprimentos de onda de maneira padronizada. Veja mais uma vez a **Figura 2.9** no Capítulo 2. A linha pontilhada é a curva V_λ, a distribuição da reação espectral fotópica do CIE. Ela descreve a reação do olho a vários comprimentos de onda: baixa sensibilidade na parte vermelha do espectro, chegando à sensibilidade máxima na faixa amarelo-verde e diminuindo até chegar a zero na área roxa-azulada. A curva V_λ foi aceita internacionalmente em 1924 como a base da fotometria. Ela foi obtida por meio de experimentos cuidadosos que utilizaram fotômetros visuais nos quais a luminosidade de fontes coloridas era comparada com uma luz branca e com um bom índice de reprodução de cores. O desenvolvimento de sensores fotoelétricos facilitou a execução desses experimentos, e, desde então, têm sido propostas inúmeras alterações à curva V_λ de 1924. Em 1951, a função escotópica do CIE foi adotada. Ela representa o funcionamento da visão em ambientes pouco iluminados.

Os fotômetros costumam incluir filtros coloridos para aproximar a sensibilidade a comprimentos de onda do aparelho à do padrão CIE. Uma das vantagens das fotocélulas de silício é que sua curva de sensibilidade já é similar à da função V_λ. A precisão da correção de cores é um dos fatores que determinam a qualidade de um fotômetro.

O receptor dos fotômetros deve ser sensível à direção da luz incidente de modo que seja consistente com as definições de luminância e iluminância. No caso mais comum, o da iluminância planar (iluminância sobre superfícies planas), o medidor deve seguir a lei do cosseno; o valor medido deve ser proporcional ao cosseno do ângulo de incidência. Para isso, utilizamos um difusor opalino (translúcido) e uma máscara anelar a fim de barrar a luz com ângulos de incidência muito baixos (**Figura 8.3**).

8.2
(SUPERIOR) Um medidor de luminância.
(INFERIOR) Um medidor de iluminância.

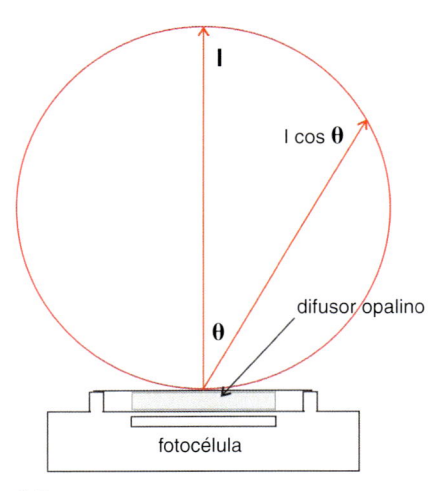

8.3
Correção do cosseno de uma fotocélula.
As linhas vermelhas sobrepostas indicam
a sensibilidade angular necessária.

Outros tipos de sensores de iluminância são utilizados para medir a luz incidente em objetos tridimensionais, tais como as superfícies verticais de cilindros (iluminâncias cilíndrica e semicilíndrica), as esferas (iluminância escalar) e as seis faces de um cubo (iluminância cúbica). Os receptores cilíndricos medem a iluminância vertical média em um ponto onde ela fornece um indício da luminância média das superfícies verticais do entorno. Mesmo assim, o campo visual vertical de 180° é maior que o campo de visão do olho humano, de modo que a iluminância cilíndrica média nem sempre é um bom indicador do que pode ser visto por ele. As iluminâncias escalares e cúbicas apontam a luminância média de todas as superfícies do entorno, assim como a distribuição de luz em objetos tridimensionais.

A precisão de uma medição fotométrica depende de três fatores:

1. *A precisão inerente a cada equipamento*. Isso diz respeito à correspondência entre a resposta do aparelho e a curva V_λ, a correção do cosseno para a iluminância planar e fatores como precisão e estabilidade.
2. *A calibragem do equipamento*. As características de uma fotocélula se modificam com o passar do tempo e com a quantidade de sujeira do ambiente. Os fotômetros precisam ser recalibrados regularmente, atividade que costuma ser realizada pelos fabricantes do aparelho ou por um laboratório fotométrico independente.
3. *Erros na utilização do aparelho*. Dados incorretos são comuns na prática. Para evitar sua ocorrência, observe as orientações a seguir.

Registros inexatos acontecem devido a esses três fatores. Os manuais dos fabricantes quase sempre se atêm ao primeiro deles, ignorando os outros dois, o que gera um excesso de confiança no resultado das medições. O Capítulo 7 discute os erros nos cálculos e medições de luminotécnica.

Câmeras digitais

O núcleo da câmera digital possui um arranjo de fotorreceptores; em princípio, qualquer câmera pode ser um medidor de luminância. Atualmente, o principal problema é que a variação de luminosidade em uma locação real é muito maior do que a variação tonal dos receptores. Tanto na câmera quanto no olho humano, o sistema se adapta à luminosidade do ambiente para que o foco de interesse esteja no meio da faixa de sensibilidade. Isso é resolvido tirando-se diversas fotos em sequência com configurações de exposição variadas (a maioria das câmeras profissionais fazem esse processo automaticamente), e, a seguir, combinando-as em uma única imagem HDR. As lentes fotográficas constituem outro obstáculo, porque tendem a ter uma transmitância de luz mais baixa na periferia do campo de visão do que em seu centro. Também é fundamental que a reação espectral à luz da câmera corresponda à curva V_λ. É aconselhável incluir uma luminância medida de algum objeto na imagem para verificar a calibragem.

Na Internet podemos encontrar programas de computador que transformam as câmeras digitais em práticos aparelhos para a medição de luminância, aplicação que será cada vez mais importante.

2 MEDIDAS PRÁTICAS

Iluminância (lx, lm ft^{-2})

Os medidores de iluminância precisam ser robustos e fáceis de usar nos canteiros de obras. Pode ser que tenham de operar em qualquer orientação, e seu projeto deve assegurar que possam ser lidos facilmente e sem que se cubra o receptor de luz.

Eis algumas diretrizes práticas:

- Tenha certeza de que a medida que você fará é significativa. Se você estiver examinando a iluminância sobre o plano de trabalho, pense no que é relevante: a luz incidente sobre as superfícies verticais, horizontais ou sobre outra superfície do plano de trabalho?
- Verifique se a luz incidente no receptor não está sendo bloqueada parcialmente pelo próprio equipamento ou pela pessoa que está fazendo as medições. Da mesma forma, certifique-se de que nenhuma luz extra recaia sobre o sensor (como o reflexo da camisa branca do operador).
- Quando medir a iluminância média sobre uma área, tal como um plano de trabalho horizontal, demarque uma grade regular e meça a iluminância na altura determinada no centro de cada célula. Depois, calcule a média aritmética dos resultados obtidos. As células cilíndricas também podem ser utilizadas de modo semelhante para indicar a iluminância vertical de fundo em um recinto.

Luminância (cd m^{-2}, cd ft^{-2})

Os medidores de luminância são, na prática, medidores de iluminância abertos apenas a uma parte muito pequena do campo de visão. Eles operam por meio de uma lente ou um sistema de tubos e máscaras que barra toda a luz, exceto a que está mais próxima do eixo da fotocélula. Os equipamentos comerciais costumam ter um campo de visão circular de 1°, mas isso pode variar. O aparelho, em geral, tem uma ocular com retícula de fios cruzados, que lembra uma mira para armas de fogo. Os medidores de luminância precisam de correção V_λ.

A principal causa de erros nas medições de luminância *in loco* é deixar de levar em consideração os materiais brilhantes. Se uma superfície absolutamente opaca for iluminada de modo homogêneo, possuirá a mesma luminância, independente da distância e do foco de visão. Se for brilhante, por outro lado, a superfície funcionará como um espelho: sua luminância corresponderá, na maior parte, à luminância dos objetos refletidos. Muitos materiais presentes nas edificações são brilhantes, o que faz com que seja importante realizar a medição de luminância no nível de visão do usuário sempre que for necessário avaliar o ofuscamento ou a distração visual. Além disso, a medição da luminância é útil para avaliar a ênfase visual, sendo que a razão de luminância entre o objeto e o fundo são bons indicadores disso.

Refletância

Às vezes, o técnico em iluminação precisa avaliar a refletância dos materiais *in loco*. Os valores de refletância em edificações reais podem divergir consideravelmente daqueles observados em laboratório e dos fornecidos pelos guias de projeto. Isso acontece devido a três fatores:

1. *Sujeira*. O acúmulo de sujeira nem sempre escurece a superfície, pois ela faz com que o nível de refletância dessa última se aproxime da cor da sujeira em si. As superfícies muito escuras ficam mais claras quando empoeiradas.
2. *A forma tridimensional*. As superfícies curvas e irregulares absorvem mais luz do que as planas e lisas. Se picotarmos um material liso, sua refletância diminuirá. A refletância total de uma fachada de alvenaria é menor do que a de uma pedra individual, porque todo afastamento de uma superfície plana – juntas de argamassa, cornijas, pilares – resulta em maior absorção de luz. Isso tem a ver com o conceito de refletância de cavidade.
3. *Uma mudança no equilíbrio entre reflexão difusa e especular*. A abrasão faz com que superfícies brilhantes fiquem mais foscas; por outro lado, o polimento ou o efeito atenuante causado pelo desgaste contínuo tem o efeito contrário, tornando mais brilhantes materiais como a madeira e a pedra.

A refletância, em especial a de áreas extensas como paredes e tetos, é difícil de ser medida com precisão porque é a razão entre a luz que retorna de uma superfície e a luz incidente total. Eis alguns métodos para fazer possíveis estimativas:

Método 1: comparação visual

Um item comum no *kit* de iluminação de qualquer projetista consiste em um conjunto de cartões do tamanho de cartas de baralho. Cada cartão possui um tom de cinza diferente, variando do preto quase absoluto ao branco quase absoluto. Sua refletância está escrita em cada um deles. Mantendo-se as mesmas condições de iluminação, os cartões são colocados na superfície sendo analisada. A refletância da superfície é calculada a partir da amostra que combina melhor com ela. É aconselhável ter um segundo conjunto de cartões com acabamentos brilhantes para testar as superfícies que tem brilho: quanto mais parecidos forem os acabamentos, mais fácil será a comparação das superfícies.

Também é mais fácil comparar superfícies com matizes semelhantes do que tentar combinar um cinza natural com uma superfície muito colorida. A **Figura 8.4** mostra uma variação da ferramenta de amostra de cartões[1]: uma folha com quadradinhos coloridos classificados com suas refletâncias. Cada quadradinho possui um furo. A folha é colocada na superfície, e o quadradinho que tiver o menor contraste entre o furo e a superfície ao redor será a melhor combinação.

Método 2: medindo a refletância

Se você possuir uma amostra de refletâncias conhecidas – como a dos cartões cinza mencionados acima –, uma boa maneira de medir *in loco* a refletância difusa de um material será por meio da observação/medição da sua luminância e, a seguir, da luminância do cartão posicionado imediatamente ao seu lado. Se ρ_s é a refletância de uma determinada amostra, s a sua luminância e L_x a luminância do material sendo testado, a refletância do material será:

$$\rho_x = \frac{\rho_s L_x}{L_s}$$

Isso é válido para materiais não brilhantes. A luminância costuma ser medida a 45°. Se a luminância variar significativamente com o ângulo de visão, é provável que o acabamento da superfície seja brilhante. Nesse caso, a luminância deve ser medida em uma direção onde nenhuma fonte de luz seja refletida.

Como alternativa, a iluminância e a luminância refletida podem ser medidas. Se E_x for a iluminância em uma superfície fosca e L_x for a sua luminância, a refletância será:

$$\rho_x = \frac{\pi L_x}{E_x}$$

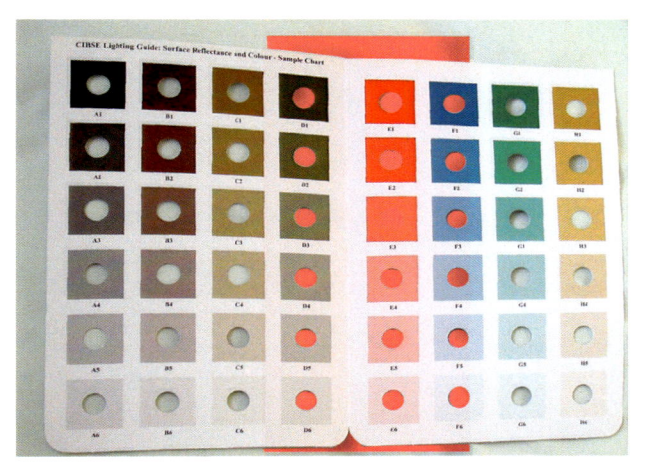

8.4
Uma tabela usada para estimar refletâncias. A superfície a ser testada é combinada com o quadradinho colorido do matiz mais próximo.

---

[1] Fonte: SLL & NPL *Lighting Guide 11: Surface Reflectance and Colour*. Veja o Capítulo 17.

3 FOTOMETRIA DE LUMINÁRIAS

Os *diagramas polares* demonstram como a intensidade de luz de uma luminária varia de acordo com o ângulo de visão em um plano particular. A **Figura 8.5** é um exemplo. Para interpretá-la, imagine que há uma luminária pendurada em um espaço amplo. A curva mostra como a intensidade luminosa varia conforme a direção. Diretamente para baixo, o valor fica em torno de 1.200 cd. Ele aumenta ao máximo (cerca de 1.600 cd) a 22° do centro do feixe; há uma interrupção brusca, e a luz deixa de ser emitida entre 45° e 120°. Um pouco de luz ascendente pode ser observado: para cima, a 180°, a intensidade é de aproximadamente 700 cd. Nos catálogos dos fabricantes, a intensidade nos diagramas polares costuma ser fornecida em candelas por 1.000 lumens de fluxo luminoso. Isso possibilita a utilização do mesmo gráfico para diversas luminárias, inclusive para aquelas com lâmpadas diferentes, desde que seus fluxos luminosos sejam similares.

Medir a distribuição de intensidade luminosa de uma luminária é uma atividade usual em laboratórios fotométricos. A luminária é instalada na sua posição operacional normal e uma fotocélula circula ao seu redor a uma distância constante e em graus idênticos de azimute e altitude. A fotocélula gira de modo que sempre fica de frente para a luminária, medindo a iluminância normal. O fornecimento de eletricidade para a lâmpada é estabilizado em uma voltagem padrão, e a temperatura ambiente é mantida constante. A superfície interna da luminária é pintada de preto para minimizar a reflexão cruzada. A **Figura 8.6** ilustra o equipamento em forma de diagrama.

Um fotômetro de distribuição pode assumir várias formas, dependendo do tipo e do tamanho da luminária a ser medida. É um equipamento quase sempre grande e complexo. A maioria dos fabricantes de luminárias possui laboratórios fotométricos que fornecem os dados brutos para os seus produtos. Organizações científicas nacionais e outros laboratórios independentes também realizam serviços fotométricos.

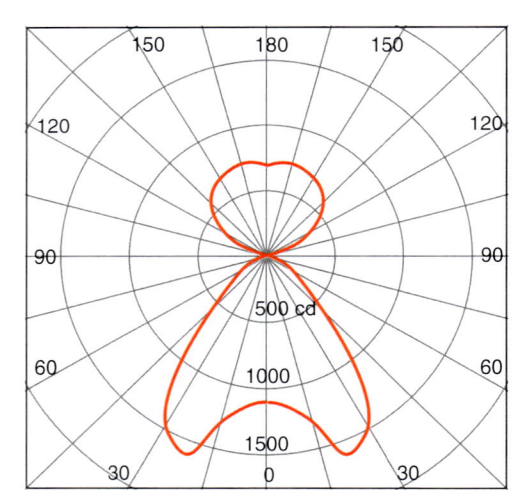

8.5
Um diagrama polar. Ele ilustra como a intensidade luminosa varia conforme o ângulo do fluxo luminoso.

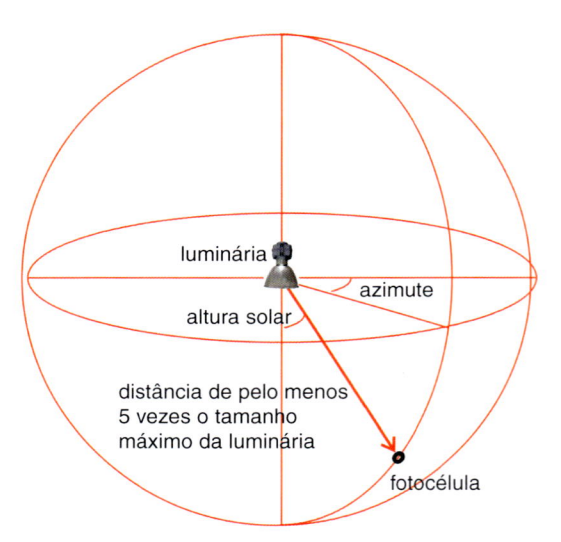

8.6
O princípio do fotômetro de distribuição.

4 VISÃO ESCOTÓPICA

À medida que a iluminação em um ambiente diminui, a nossa capacidade de enxergar detalhes também reduz-se consideravelmente. Sob o luar, por exemplo, conseguimos identificar apenas os formatos mais evidentes.

No entanto, outras mudanças podem ser percebidas sob essas condições de pouca luminosidade; não enxergamos as cores espectrais – tudo fica com um matiz cinza-azulado – e a relação entre a sensibilidade e o comprimento de onda também é alterada. A curva V_λ não é válida nesse caso. Ela deve ser substituída pela distribuição de resposta espectral escotópica, conhecida como curva V'_λ. Para a fotometria em ambientes pouco iluminados, os medidores devem ser correspondentes a essa distribuição.

A visão escotópica inicia em níveis de luz bem abaixo dos exigidos para a visão normal e é, portanto, irrelevante para a maior parte dos projetos luminotécnicos. Entretanto, a transição da visão fotópica para a escotópica acontece em uma grande variedade de níveis e é conhecida como visão mesópica. Muita pesquisa sobre o assunto tem sido feita, principalmente com o objetivo de determinar o modo como ele deve ser definido e trabalhado na fotometria.

Parte Dois
Projeto

9	Ambiência e lugar	86
10	Iluminação para melhorar a visibilidade: tarefas visuais e exposições	104
11	O projeto na prática	122

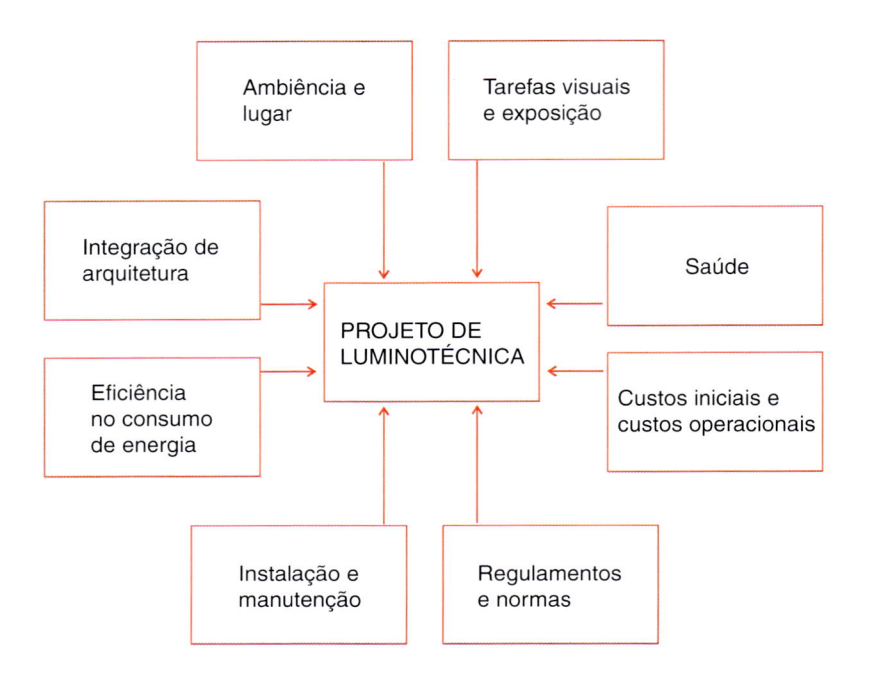

```
                    Ambiência e          Tarefas visuais
                    lugar                e exposição
                         │                     │
                         ▼                     ▼
  Integração de                                            Saúde
  arquitetura  ───────▶  ┌─────────────────┐  ◀───────
                         │   PROJETO DE    │
                         │  LUMINOTÉCNICA  │
  Eficiência    ───────▶ └─────────────────┘  ◀───────   Custos iniciais e
  no consumo                                             custos operacionais
  de energia                 ▲         ▲
                             │         │
                    Instalação e      Regulamentos
                    manutenção        e normas
```

A PARTE DOIS relaciona os tópicos abordados até aqui de modo individual. Projetar consiste essencialmente em ser capaz de equilibrar diferentes necessidades. O Capítulo 9 analisa o ambiente visual como um todo, bem como o modo com que os seus padrões de luminosidade e cores afetam a percepção e o comportamento das pessoas. O Capítulo 10 mostra como o projeto de luminotécnica pode aprimorar a visibilidade na execução de tarefas e na exposição de objetos. O Capítulo 11 revisa os pré-requisitos de iluminação na prática, inicialmente listando os objetivos e critérios de iluminação que existem, além dos fatores puramente visuais que foram discutidos até agora. Depois, ele trata da iluminação no projeto de arquitetura e na construção.

Diversos fatores influenciam um projeto luminotécnico, por isso, tomar decisões pode ser muito difícil. A iluminação natural e elétrica devem ser projetadas ao mesmo tempo para que se complementem; também é preciso levar em consideração tanto a funcionalidade dos espaços quanto sua arquitetura; finalmente, é necessário usar a eletricidade de maneira responsável. Seguir todos esses critérios é trabalhoso até em situações abstratas; na prática, o processo é ainda mais complicado. O motivo é que, no mundo real, existem outros fatores, além do puramente visual, a serem considerados. O conforto (acústico e térmico), a estrutura e a construção estão condicionados a regulamentos, códigos de edificações e limites de custo e tempo. Além disso, muitas outras pessoas estão envolvidas nos projetos, como os membros da equipe de projetistas, os clientes e seus representantes, os fornecedores, os certificadores e os usuários das edificações adjacentes.

O diagrama na página anterior mostra os principais tópicos a serem abordados. A ordem e a importância de cada um podem variar, mas todos devem ser analisados durante o desenvolvimento do projeto. Os erros que não são identificados antes de o trabalho *in loco* começar são difíceis de corrigir e podem causar prejuízo.

É muito raro que o desenvolvimento do projeto siga uma direção clara do início ao fim. Em luminotécnica, assim como em outras áreas do projeto, procurar uma solução pode ser um processo de tentativa e erro, de análise de possibilidades e condicionantes e de equilíbrio entre necessidades aparentemente incompatíveis. O projeto de iluminação é parte da criação da arquitetura, e, como tal, é muito complexo.

9
Ambiência e lugar

9.1
Festa Nottingham Goose Fair, Nottingham, Reino Unido, cerca de 1975.

Mesmo quando um cômodo é estritamente funcional – uma oficina, um *call center*, uma ala de hospital – não podemos projetá-lo pensando apenas nas tarefas visuais. Em projetos luminotécnicos, o primeiro passo é sempre identificar o caráter do local; como ele funciona, como nos sentimos quando estamos nele e o que lembramos dele depois. Tudo isso é influenciado pelo que nos rodeia. A iluminação é parte disso (às vezes a mais marcante), mas o ambiente físico é percebido por meio de todos os nossos sentidos. Além disso, nossa percepção varia conforme nosso humor e as interações que temos com outras pessoas.

Na **Figura 9.1**, as lâmpadas instaladas apenas em soquetes (sem luminárias) e as cores vivas são típicas de montanhas-russas tradicionais, assim como os sons da música e das vozes infantis, o cheiro do algodão doce e das máquinas e a sensação de frescor do anoitecer. Essas sensações contribuem para uma noção de "lugar", um elo entre a experiência presente e as memórias de ocasiões anteriores. Somos sensíveis ao nosso meio, mas a maneira como reagimos a ele – se nos sentimos calmos, agitados, ou qualquer outra sensação – é afetada por experiências passadas.

O tema deste capítulo são os fatores visuais que afetam nossa percepção dos lugares. Ele está dividido em três partes. Primeiro, apresenta um resumo da teoria da percepção mostrando como as características físicas dos ambientes estão associadas às experiências dos usuários. A seguir, revisa a importância das janelas – a luz que elas proporcionam e as relações que criam com os espaços externos. Ele também discute a natureza e a cor de superfícies e, finalmente, descreve como o padrão de luz e sombras e as próprias fontes de luz evocam significados diferentes.

Quando projetamos a iluminação, projetamos a arquitetura. Nas conhecidas palavras de Le Corbusier, "*L'architecture est le jeu, savant, correct et magnifique des volumes sous la lumière*[1]", a luz é uma parte essencial da arquitetura. Se você for o especialista em iluminação de um edifício, estará dando sequência ao trabalho do arquiteto original. Parte de seu trabalho será analisar o que já está lá e descobrir, se possível, as intenções que levaram àquela configuração, para só depois aprimorar as características do lugar. Se, por outro lado, você decidir ignorar os propósitos originais e transformar o local completamente, deve fazê-lo com responsabilidade e conhecimento. Da mesma forma, se você for o arquiteto de uma edificação nova, deve estar ciente de que o lugar será mudado, talvez muitas vezes, ao longo do tempo, e deve possibilitar intervenções futuras.

---

[1] A tradução consagrada é "A arquitetura é o jogo sábio, correto e magnífico dos volumes reunidos sob a luz". A citação é de *Por uma arquitetura*, de 1923.

1 PERCEPÇÃO E MEMÓRIA

Teatro e realidade

Com a iluminação cênica, podem-se criar calabouços, castelos, um pôr-do-sol, uma praia tropical, entre muitos outros cenários que, sempre que estamos no teatro, percebemos como reais. Isso acontece porque os padrões de claro e escuro e as cores das luzes e dos materiais possuem um significado para nós. As associações inconscientes que construímos entre imagens e emoções vão desde as lembranças mais remotas de livros infantis até o que vemos no cinema e na televisão, e incluem também nossas próprias experiências. Em cada novo cenário, procuramos indicadores que podem desencadear uma relação; assim que identificamos o que vemos como sendo um lugar específico ou um tipo de local, associamos o cenário com nossas memórias e com significados culturais.

Esse processo perceptivo não se limita ao teatro, pelo contrário, é assim que normalmente se dá nossa interação com o mundo. Enxergamos através dos "filtros da experiência" e, por isso, temos expectativas que controlam o modo como nos comportamos, bem como aquilo que percebemos.

A relação entre iluminação e caráter de um recinto é fundamentalmente subjetiva. As sensações que temos a respeito dos lugares – os juízos de valor que fazemos e o quanto estamos conscientes do que nos rodeia – são determinadas pelas experiências que tivemos no passado. Os padrões de luzes e cores são como pistas que indicam as características de um recinto. Isso é possível porque eles acionam relações com locais já explorados pelo usuário. Desse modo, é normal que tenhamos a sensação de que um cômodo tem um caráter particular. Por isso, tendemos a expressar esses sentimentos em frases que podem tanto ser descrições físicas quanto subjetivas – expressões como "quentinho e aconchegante", "sem graça", "estimulante", "claro e arejado" ou "ameaçador".

Um cômodo com cores vivas e saturadas e com diversas fontes de luz pequenas tem um aspecto bem diferente de um com superfícies brancas e cinzas e com iluminação uniforme. Compare as duas imagens na **Figura 9.2**. Aqui é possível observar mais do que apenas uma diferença estética: a identidade dos cômodos é completamente diferente. Qualquer um de nós poderia dizer para que ocasiões cada um deles seria mais apropriado, porque compartilhamos certas expectativas a respeito de sua aparência. Essas expectativas são resultado de nossas experiências. Elas se alteram com o tempo e estão ligadas ao processo básico de percepção visual.

9.2
A claridade e a escuridão das superfícies de um cômodo influenciam nossa impressão sobre ele. A troca da cor de uma parede e o aumento da iluminação do teto modifica completamente o aspecto desta galeria. Simulação feita por computador.

Como projetistas, dependemos da existência dessas associações entre entornos físicos particulares e sentimentos, e também do fato de conexões similares serem compartilhadas por muitas pessoas. Caso contrário, seria impossível projetar (ilustrar ou descrever) um cômodo que transmitisse um caráter específico.

Grupos de pessoas com a mesma formação fazem associações similares entre os padrões de claro e escuro em um cômodo e sua identidade aparente. Existiria uma concordância considerável, por exemplo, se várias pessoas tivessem que esboçar ou descrever a aparência de um interior específico, como uma creche, uma ala de hospital, uma casa "mal-assombrada". Também os estudantes, quando estão em auditórios vendo eslaides de interiores, concordam com os adjetivos utilizados para descrever cada um – expressões como "claro e alegre", "assustador", "frio", "requintado".

Mas associações como essas não são universais, pois elas dependem da experiência de cada um. Nossos juízos de valor são influenciados pela cultura e até mesmo pelo clima. Por exemplo, um cômodo amplo, com superfícies escuras e janelas pequenas seria taxado de "sombrio" por estudantes do norte europeu, mas seria considerado "fresco e confortável" por alunos de países quentes e secos. Essas avaliações são feitas rapidamente, usando apenas os indicadores disponíveis. Elas podem ser modificadas à medida que se vai conhecendo mais a respeito do cômodo; uma ilustração provavelmente causará um impacto diferente do que o espaço real, e a impressão gerada causada por uma espiada pelo lado de fora de uma janela será diferente da impressão de alguém que se encontra dentro do recinto. Do mesmo modo, ainda que o uso de maquetes em escala seja um modo importante de se avaliar um projeto luminotécnico, o projetista deve levar em conta a diferença subjetiva entre a imagem em uma maquete pequena e o aspecto que o cômodo terá na edificação real.

O processo de percepção é o elo entre os estímulos sensoriais e as experiências. Os sentidos nos indicam possíveis pistas, mas a percepção final é formada pelo conceito que melhor se encaixa com esses indicadores; nós não percebemos o espaço físico de modo analítico, com renderização como a da televisão. Portanto, não podemos pressupor que nossas visões e sentimentos serão necessariamente os mesmos dos outros em relação a um edifício; a iluminação é o único fator físico que é influenciado pela natureza aparente do local. Os efeitos disso estão relacionados com todos os enfoques da arquitetura – a forma e o tamanho, os materiais e os detalhes. Entretanto, o projetista consegue modificar o aspecto aparente dos recintos, e existem características comuns suficientes em cada cultura para prever, de modo geral, quais serão os resultados subjetivos de alguns padrões de iluminação. O primeiro desses é a distribuição geral de claridade e escuridão nas superfícies principais – o piso, o teto e as paredes.

Os cômodos que são usados diariamente se tornam uma referência para todos os outros interiores. O mais comum de todos para muitos de nós é o cômodo de tamanho pequeno ou médio com janelas laterais, tal como o da **Figura 9.3**.

Essa configuração tem sido, durante séculos, a mais frequente em edificações onde o clima é temperado. Ele foi ilustrado de modo exato por pintores como Vermeer e de Hooch, e permanece o tipo de espaço mais provável de ser descrito como "um cômodo normal": ele é o estereótipo da sala de estar, da sala de aula e do escritório pequeno. Seu padrão de luz/iluminação é complexo, mas é tão comum que não lhe damos o devido valor.

9.3
Casa projetada por Alvar Aalto, Helsinki, Finlândia.

2 JANELAS

A vista para o exterior

As pessoas gostam de janelas. A menos que haja uma razão óbvia para barrar a luz do dia, os usuários ficarão insatisfeitos com cômodos sem janelas. Praticamente qualquer abertura para o exterior é melhor que nenhuma. Uma vista para um pátio sem graça ou para os fundos de outro prédio não é ideal, e as pessoas podem cobri-la com cortinas translúcidas ou plantas de interior, mas dificilmente escolherão um espaço sem janelas.

Até a década passada, os projetistas acreditavam que uma vista externa era desejável, mas não crucial. Hoje, sabemos que a conexão com o espaço externo é um dos pré-requisitos para a saúde de um usuário em qualquer edificação. Os outros três pré-requisitos para a saúde estão listados na Tabela 4.1 (página 36) e também estão relacionados com a existência de janelas – uma exposição regular ao ciclo de 24 horas de noite e dia, um alto nível de iluminância por parte do dia e uma exposição moderada à luz solar.

Pesquisas norte-americanas e europeias sobre o tipo de vista preferida dos usuários mostraram os seguintes resultados:

- As pessoas preferem vistas de paisagens naturais a ambientes urbanos.
- Uma cena completa vai do céu até o solo junto à janela, e uma vista ideal contém parte de cada uma dessas zonas visuais.
- As pessoas preferem vistas de locais movimentados. Em um cenário urbano, por exemplo, isso pode ser o fluxo de pessoas nos passeios.
- Quando não é possível oferecer uma vista direta para o espaço externo, "janelas internas", que têm vista para espaços internos como um átrio adjacente, são preferíveis a um ambiente completamente fechado.

Além disso, muitas vezes a vista possui uma necessidade funcional. Em primeiro lugar, estão as exigências para garantir a segurança física dos usuários e a segurança patrimonial – a observação de possíveis intrusos e o controle de crianças do lado de fora do prédio. Secundariamente, é preciso controlar a vista para o interior que os que estão do lado de fora da edificação podem ter. Isso depende muito da cultura e do uso que o cômodo terá. Mesmo os edifícios residenciais podem ter necessidades variadas, como a vontade de exibir algum objeto ou de ter o máximo de privacidade. A seguir, às vezes há condicionantes para o projeto de uma janela quando a vista para o espaço externo causa distração ou ofuscamento, em especial onde as tarefas visuais são mais exigentes e onde os usuários se encontram em posições restritas.

O item final da tabela é sempre significativo: o nível do observador deve ditar a altura do peitoril e a localização das barras de envidraçamento horizontais. Esse fator tem especial importância em edifícios como lares para idosos, onde a vista de uma janela pode ser o elo principal

Tabela 9.1
Lista de conferências para vistas

Segurança
É necessário controlar as áreas ao redor da edificação ou as pessoas que estão chegando?
Supervisão
Existe a necessidade de se supervisionar crianças brincando, ou outras atividades que exijam uma vista para o espaço externo?
Privacidade
É permitido ou desejável que se possa enxergar o interior do recinto pelo lado de fora da edificação? As janelas estarão voltadas para outras propriedades?
Distração
Até que ponto atividades externas poderiam perturbar a execução de tarefas visuais no espaço interno?
Ofuscamento
Existem fontes brilhantes no campo de visão normal do usuário que podem causar desconforto ou ofuscar totalmente?
Recreação
A vista inclui a linha do horizonte, um plano médio e um primeiro plano? Ela inclui de modo claro um centro de interesse, estímulo ou relaxamento?
Obstrução
As barras de envidraçamento ou outras barreiras se encontram no nível de visão normal do usuário?

da pessoa com o espaço externo. O mesmo pode ser dito a respeito das creches.

Em interiores como escritórios, o tamanho ideal das janelas será proporcional à profundidade do cômodo. A Tabela 9.2 indica as áreas de vidraça mínimas quando as janelas são instaladas em uma única parede. Uma consequência similar é que, em um cômodo retangular, a área da janela poderá ser menor se estiver em uma das paredes mais longas.

Luz do sol

Os raios de sol que atravessam uma janela trazem calor e luminosidade para o cômodo. Eles podem ser recebidos com prazer em uma edificação fria, mas podem ser considerados um incômodo intolerável em climas muito quentes. De qualquer forma, a luz solar é a fonte de luz mais poderosa que um projetista pode aproveitar. Eis algumas maneiras de usar a luz solar:

- *Criar pequenas áreas de luminosidade variável mas muito alta, gerando brilho e contraste.* Nada se compara à beleza de um bosque sendo atravessado por raios de sol, com inúmeros feixes formando sombras dinâmicas nas árvores e no chão, ou refletindo em poças d'água. A luz do sol pode ser controlada de modo semelhante por meio de uma janela – vidros e esquadria, bem como cortinas e persianas – e pelas próprias superfícies do cômodo. Há lugar para complexidade e surpresa: os reflexos inusitados no teto, a interação do matiz de uma superfície com a cor refletida, o deslocamento gradual da faixa de luz solar ao longo do dia. Veja a **Figura 9.4**.
- *Usar a luz do sol de modo terapêutico como fonte de calor e iluminância.* Em climas frios e temperados, a luz solar direta costuma ser bem-vinda. Ao mesmo tempo, ela pode ser incômoda em tarefas visuais como ler e escrever, ou quando emite calor excessivo. Entretanto, o uso da luz solar direta é um elemento tradicional em projetos de moradias, e o aquecimento solar passivo, hoje em dia, é um componente da arquitetura sustentável que busca controlar o consumo de energias não renováveis. Além disso, a presença da luz do sol em países localizados em altas latitudes,

Tabela 9.2
Áreas de vidraça mínimas em recintos retangulares com janelas panorâmicas em uma parede

Profundidade do cômodo em relação à parede da janela (m)	Percentual de envidraçamento da parede fenestrada (medido no interior)
Menos de 8	20
8–11	25
11–14	30
Mais de 14	35

9.4
A luz do sol em uma casa de campo medieval. Haddon Hall, Derbyshire, Reino Unido.

9.5
A forte luz solar refletida pelo chão ilumina as superfícies internas desta arcada. Compare a parede acima dos arcos com a parede sombreada ao fundo. Toledo, Espanha.

onde a baixa iluminância durante o inverno causa o Transtorno Afetivo Sazonal (SAD), pode ter efeito terapêutico. Ela também é importante como fornecedora da forte luminosidade nas primeiras horas da manhã, o que ajuda na normalização dos ritmos circadianos de pessoas que trabalham à noite e das que sofrem de alguns tipos de demência.

- *Usar as superfícies externas para refletir a luz do sol em direção a um interior*. Em regiões muito ensolaradas, a luz oriunda do céu difuso não é o elemento principal da luz natural. Com exceção do entorno do sol, a luminância de um céu azul tende a ser baixa e, portanto, não constitui uma boa fonte de luz; além do mais, a vista do céu costuma ser obstruída pelas janelas para evitar ganhos térmicos excessivos. A fonte de iluminação interna mais importante é a luz do sol que é refletida pelas superfícies externas – principalmente pelo solo, mas também pelos sistemas de sombreamento e por outras edificações. Nesse caso, o fluxo de luz em direção a uma janela é, em sua maior parte, ascendente, e não o contrário; a maioria da luz incide primeiro no teto; assim, a distribuição geral da luz em um cômodo será mais homogênea do que a da luz celeste direta.

Quando as pessoas que vivem em lugares frios esperam uma quantidade razoável de luz solar em um cômodo, tanto o tamanho da área iluminada pelo sol como a duração dessa incidência são relevantes. O formato preferido para tal área é o de um "u" invertido. Existe também um tamanho ideal, que varia entre 15% e 25% da área do piso. Uma pesquisa feita no Reino Unido mostrou que, para que um recinto seja considerado um espaço razoavelmente ensolarado, ele deve receber luz solar por pelo menos 25% do dia (período em que o sol estiver brilhando), sendo que, de preferência, 1/5 disso deve ocorrer nos meses de inverno. Observe que a expressão "razoavelmente ensolarado" é importante: devido aos aspectos térmicos e visuais, trabalhar sob a luz solar direta pode ser muito desconfortável ou mesmo impossível.

Um edifício com bastante luz natural projetado para um clima temperado ou úmido dificilmente terá um bom desempenho em climas quentes e ensolarados; as estratégias de arquitetura empregadas devem ser totalmente distintas. A **Figura 9.6** ilustra isso. A orientação das janelas é crucial porque, em baixas latitudes, os ganhos térmicos são reduzidos quando as janelas estão voltadas para o norte ou para o sul, em vez de para o leste ou o oeste. Os elementos de proteção solar externos são essenciais, e as superfícies externas devem ser planejadas para refletir a luz do sol em direção às janelas.

Em todos os tipos de clima, as reflexões externas podem ser empregadas de modo criativo – a luz solar que incidir em uma superfície colorida proporcionará matizes vívidos ou padrões de luz dinâmicos no interior. As características da luz em um templo grego são o resultado da luz solar que incide sobre o chão e que então é refletida para cima. No entanto, a vista de uma fachada

9.6
Em regiões onde o clima é ensolarado e quente, a luz solar refletida pelo chão pode ser a principal fonte de luz de um interior. O projeto de iluminação natural, o controle máximo dos ganhos térmicos e o planejamento da circulação do ar devem ser trabalhados juntos. Museu do Artesanato, Délhi, Índia.

iluminada diretamente pelo sol pode ser ofuscante. Uma superfície branca à luz do sol pode ser até cem vezes mais brilhante do que a superfície interna de um cômodo; uma pele de vidro funciona como um espelho, refletindo a luz solar, e pode causar os mesmos incômodos visuais e térmicos que ocorrem com a luz solar direta.

Sistemas de sombreamento

A entrada de luz solar em um prédio deve ser controlada. Em climas secos, o uso de elementos fixos de proteção solar e uma boa escolha no formato e na orientação do prédio podem ser necessários. Em regiões nubladas – temperadas ou tropicais –, a ocorrência de luz solar é imprevisível, de modo que o sombreamento deve ser ajustável caso seja necessário o aproveitamento máximo da luz do sol. O elemento de proteção solar pode funcionar de maneira automática (como os brises que se movem por meio de um controle fotoelétrico que responde à mudança de iluminância) ou ser manuseado pelos usuários. Uma boa solução pode ser a combinação de controles manuais e automáticos. Assim, os brises podem ser ajustados a qualquer momento pelo usuário, e eles não permanecem fechados continuamente, evitando, desse modo, o uso desnecessário de energia elétrica. Brises, venezianas e cortinas constituem o modo mais simples de se controlar a luz do sol, mas, em climas muito quentes, não são suficientes.

Às vezes há um conflito entre as diferentes necessidades das pessoas nas diversas partes de um cômodo. Uma área iluminada pelo sol pode aumentar a luminosidade da reflexão cruzada em geral, o que beneficiaria alguém em uma mesa no fundo do recinto, mas seria desagradável para uma pessoa sentada junto à janela. É aconselhável que, ao planejar um recinto, o projetista utilize essa área imediatamente ao lado da janela para a circulação ou para alguma outra atividade secundária.

Sistemas de redirecionamento da luz solar instalados nas janelas

Elementos como prateleiras de luz e brises fazem mais do que barrar a luz do sol indesejada: eles podem ser usados para redirecionar a luz e para aumentar a iluminância nos lugares mais escuros de um recinto. A luz solar direta pode ser refletida ou refratada, canalizada por tubos de luz ou poços de iluminação para os espaços mais internos de uma edificação. O vidro incolor pode ser substituído por materiais ou sistemas que redirecionam ou diminuem a luz que incide sobre eles. Isso pode acontecer de modo passivo, com vidraças holográficas, prismáticas ou com riscos gravados a *laser*, e de modo ativo, com o uso do vidro fotocrômico, cuja transmitância pode variar.

Tais sistemas controlam somente a luz incidente: eles não aumentam sua quantidade total. A quantidade de luz incidente em um cômodo nunca será maior que a de luz incidente na superfície externa correspondente, seja ela uma janela convencional, seja um refletor com rastreamento automático do sol. Além disso, a energia que entra é reduzida pelos meios de transmissão, isto é, quanto mais complexo for o sistema, maior será a perda de energia. Um vidro duplo incolor com sujeira normal pode causar até 40% de redução de energia na iluminação; a perda em um sistema de espelhos e tubos de luz pode ser ainda maior.

Portanto, sob um céu difuso, o valor das prateleiras de luz, brises ou vidraças que controlam a luz é proporcional à redistribuição relativa de luz; a redução do fluxo total é inevitável. Em geral, o objetivo é aumentar a quantidade de luz que incide nas áreas dos recintos afastadas das janelas laterais, mas esses acessórios também são úteis para impedir o ofuscamento e podem gerar formatos inusitados de janelas, como ocorre nos átrios, onde uma luz descendente muito forte precisa ser refletida em direção aos cômodos adjacentes.

Em regiões com clima seco, onde os raios de sol são previsíveis e inclementes, deve-se redistribuir o fluxo luminoso com muito mais vigor. A necessidade de prevenir a entrada de luz solar direta se soma à necessidade de iluminação difusa. A iluminância total em cada metro quadrado de superfície externa iluminada pelo sol pode ser até cem vezes maior que aquela necessária para as superfícies internas. Mesmo que cause perdas consideráveis na transmissão, vale a pena possuir uma área externa, ainda que pequena, para a iluminação do espaço interno.

O uso de recursos de redirecionamento da luz solar não elimina as necessidades de conforto visual, de um padrão de luminosidade satisfatório e de uma iluminação apropriada sobre o plano de trabalho. Em alguns casos, isso é mais difícil de se conseguir; é o que acontece quando uma superfície espelhada é usada para redirecionar a luz ou quando o movimento instável dos raios solares gera ângulos de incidência incomuns. A medida para se avaliar o sucesso de um sistema de iluminação natural não é só a iluminância do plano de trabalho, mas também o cumprimento de todos os critérios descritos nesses capítulos.

O céu difuso

Muitas vezes, as janelas panorâmicas deixam entrar pouca luz. Nossa linha de visão externa tende a ser horizontal e para baixo, em direção a pessoas e objetos, árvores e edificações. Para que haja uma boa iluminação em um ponto qualquer do cômodo, o céu deve ser visível; *grosso modo*, a porção de luz incidente em uma superfície é proporcional à área do céu que pode ser vista daquele ponto. Mas o caráter visual determinado pela iluminação de um cômodo não depende apenas da iluminância em áreas como os tampos de mesa – ele também é uma função da luminosidade de todas as superfícies do espaço. O aspecto do cômodo depende da quantidade total de luz que entra nele e dos reflexos cruzados subsequentes.

O brilho aparente que a luz solar gera em um recinto depende, acima de tudo, da relação de brilho com os objetos no exterior. O sol e o céu mudam continuamente e, mesmo que a luz solar seja barrada, a energia luminosa que entra por uma janela pode dobrar ou cair pela metade em questão de poucos minutos. Mas a aparência subjetiva do cômodo permanece constante: um recinto com janelas pequenas pode parecer tão sombrio em um dia de verão nublado quanto em um dia de inverno nublado, embora a iluminância absoluta em todas as suas superfícies possa variar em 10 vezes de uma situação para a outra. A vista do exterior – o brilho do céu e de outras superfícies iluminadas pela luz solar vistas através da janela – serve como referência quando avaliamos a luminosidade de um interior. Assim, o coeficiente de luz diurna média (a razão entre a iluminância interna e a externa, descrita no Capítulo 5) é um bom indicador da aparência de um cômodo.

A Tabela 9.3 apresenta alguns valores típicos. Um coeficiente de luz diurna média de 5% ou mais é encontrado em cômodos muito envidraçados (talvez um quarto da área total das paredes, em um recinto de tamanho médio). Esse espaço seria muito iluminado. As janelas grandes podem gerar efeitos térmicos evidentes – o superaquecimento ou a perda excessiva de calor – e, quando o coeficiente de luz diurna é muito maior do que 5%, o cômodo se parece mais com uma estufa ou um jardim de inverno do que com um espaço interno fechado por paredes. No outro extremo, em um interior com coeficiente de luz diurna inferior a 2%, qualquer iluminação elétrica geral tenderá a dominar a luz natural. As janelas podem

Tabela 9.3
Valores típicos do coeficiente de luz diurna em climas temperados

Coeficiente de luz diurna de 5% ou mais
O cômodo tem o aspecto de um ambiente externo ensolarado. Em geral, a luz elétrica é desnecessária durante o dia.
Os níveis elevados de luz natural podem ser associados a perdas ou ganhos térmicos excessivos.
De 2% a 5%
O cômodo tem o aspecto de um ambiente externo ensolarado, mas a luz elétrica costuma ser necessária em ambientes de trabalho. O objetivo desta é: • melhorar as iluminâncias nas superfícies afastadas das janelas   • reduzir o contraste com o nível de iluminação do exterior
O uso da luz diurna com a luz elétrica suplementar frequentemente é a melhor opção para um projeto eficiente no consumo de energia.
Abaixo de 2%
A luz elétrica é necessária em ambientes de trabalho e parece dominar. As janelas podem oferecer vistas do exterior, mas pouco contribuem para a iluminação.

ser importantes para dar aos usuários uma vista do exterior, mas a variação da luz natural nas superfícies do interior será imperceptível.

A Tabela 9.3 se aplica a recintos com janelas, nos quais uma grande parte da proporção da luz incidente é sobre as superfícies verticais. Com muitos tipos de claraboia, a maior parte da luz que entra incide primeiro sobre os tampos de mesa ou o piso. Isso provoca duas diferenças em relação à iluminação diurna por meio de janelas: a razão entre a iluminância sobre as paredes e o plano de trabalho é menor e é necessária uma área de vidraça menor para qualquer coeficiente de luz diurna médio. Portanto, os valores indicados para o coeficiente de luz diurna média no caso de existirem claraboias é maior do que no caso de se usar janelas com a mesma área de vidraça.

A importância da luz difusa das janelas é muito maior do que seu mero valor como fonte de iluminação. Não é apenas a vista direta de uma janela que cria uma relação com o mundo exterior: em um cômodo com boa iluminação natural, a distribuição de luz sobre as superfícies do espaço, particularmente nas paredes e no teto, varia conforme o horário do dia e o clima. Se esse padrão é mascarado pela alta iluminância gerada pela iluminação elétrica, o cômodo perde sua aparência e sua variabilidade naturais.

3 SUPERFÍCIES DOS CÔMODOS

Estar em uma caverna ou em uma nuvem

Se o recinto tem um padrão de áreas claras e escuras significativamente distinto do usual, as pessoas tendem a atribuir àquele lugar um caráter específico e a usar palavras particulares para descrevê-lo. Por exemplo, um cômodo com superfícies predominantemente escuras é chamado de "ambiente fechado", e se as partes mais altas do espaço forem muito escuras, ele será chamado de "cavernoso". Se o espaço for escuro demais para que uma pessoa consiga identificar claramente sua natureza, talvez ele seja chamado de "misterioso" ou "assustador". Superfícies ricamente decoradas sugerem "esplendor"; superfícies monótonas, o oposto. Um cômodo com superfícies de refletância maior do que o normal, especialmente com pisos coloridos, pode ser descrito subjetivamente como "luminoso e arejado", como vemos na imagem superior da **Figura 9.7**.

9.7
A claridade do teto e do piso tem grande efeito no caráter de um ambiente interno. O coeficiente de luz diurna média deste aeroporto (figura superior) é muito maior do que o do saguão desta estação ferroviária (figura inferior), portanto, a quantidade de luz com reflexão cruzada é muito superior. A diferença é acentuada pelas refletâncias das superfícies. Terminal da companhia TWA no aeroporto Idlewild (hoje chamado JFK), projetado por Eero Saarinen, e estação ferroviária de Nápoles, prédio de 1960, uma colaboração de vários arquitetos, incluindo Pier Luigi Nervi, Bruno Zevi e Luigi Piccinato.

Há evidências substanciais obtidas em pesquisas mostrando que as pessoas preferem determinados padrões de luminosidade nos cômodos. Por exemplo, em um estudo de laboratório feito com trabalhadores de escritório, descobriu-se que os cômodos mais apreciados eram "claros", e isso se relacionava particularmente com a luminância das superfícies de parede e teto.

Em geral, os cômodos preferidos tinham luminância de parede média de 30 cd/m^2 (isto é, uma iluminância de 200 lx com cores de refletância média). Os resultados obtidos também foram relacionados com a variação do brilho, que foi descrita como o "aspecto interessante" do padrão de luz.

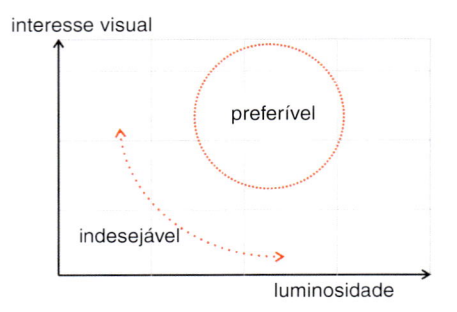

9.8
Combinações preferidas de luminosidade e interesse visual.

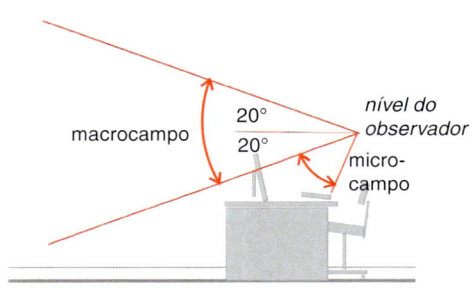

9.9
Microcampo e macrocampo de visão em um espaço de trabalho.

Os interiores mais apreciados eram aqueles que tinham luminâncias relativamente altas e brilho elevado na zona genérica acima da área de trabalho no nível das mesas (isto é, a área mais visível na visão horizontal de uma pessoa sentada).

O resultado geral desse estudo é mostrado de modo esquemático na **Figura 9.8**. Ele sugere que, para uma aplicação em particular, existe a possibilidade de uma combinação preferida entre "luminosidade" visual e "interesse".

Um aspecto provavelmente significativo é que os padrões de brilho preferidos são aqueles que ocorrem em um espaço com luz natural.

Uma estratégia útil é considerar os dois campos de visão que um trabalhador de escritório tem ao estar sentado à sua mesa: o "microcampo", o plano de trabalho e seu entorno imediato, e o "macrocampo", um arco de visão entre os 20° acima e abaixo do nível do observador.

Os julgamentos relacionados com a luminosidade e o caráter do cômodo não dependem da totalidade do espaço à vista. Podemos fazer inferências sobre as partes que são visíveis, e o que geralmente levamos em consideração são os padrões de luz refletida. Quando as principais superfícies de um cômodo têm cor escura, há poucos reflexos cruzados e a quantidade total de energia luminosa dentro do espaço é pequena em relação à luz emitida pelas fontes. Quando as refletâncias são elevadas, a distribuição geral da luz se torna difusa, há maior uniformidade e a iluminância da superfície total também é maior. Um teto com alta refletância age como uma grande fonte para a luz que reflete, algo visível nos objetos que estão abaixo. O papel do piso de um cômodo é particularmente importante, pois ele costuma receber uma forte iluminação direta, então um piso de cor clara pode gerar uma iluminação ascendente muito nítida sobre o conteúdo do ambiente e o teto, em especial se o espaço receber luz solar direta. Muitas vezes, a natureza de um espaço pode ser identificada apenas quando vemos a luz incidente sobre as pessoas ou os objetos.

A luminosidade aparente das principais superfícies de um cômodo se relaciona intimamente com o coeficiente de luz diurna do interior. Compare as duas fotografias da **Figura 9.7**. O espaço superior é brilhante, o inferior, escuro. Contudo, a falta de luminosidade nem sempre é ruim. Se o clima estiver quente e a temperatura do ar estiver em quase 40°, o interior "escuro" talvez seja considerado o mais confortável.

Um espaço com luminosidade uniforme ou pontos brilhantes?

Um bosque, quando faz sol após uma chuva, brilha com o reflexo da luz sobre as folhas úmidas e as gotículas de água. Nesse espaço, haverá uma grande variação no brilho – de profundas cavidades escuras a pontos ofuscantes. Esse contraste é estimulante e encantador. As mesmas associações podem ocorrer em um cômodo. Uma luminária grande, mas com baixa luminância (como um globo difusor), pode ter o mesmo fluxo luminoso que uma pequena fonte brilhante (como uma lâmpada incandescente sem refletor). Em outras palavras, o mesmo fluxo luminoso total pode ser obtido em um recinto com o uso de poucas lâmpadas potentes ou de muitas fontes pequenas. Contudo, a aparência do local seria totalmente diferente em cada caso.

A **Figura 9.11** mostra o interior de uma loja com uma membrana de cobertura translúcida. A iluminância é alta devido à luz solar que incide sobre o tecido da cobertura, mas a luz interna difusa do interior tem o mesmo efeito que sentiríamos ao estar na rua em um dia nublado: tudo parece um pouco desbotado.

Isso não é necessariamente ruim ou bom – depende do contexto ou do objetivo da loja. Mas a aparência do interior poderia mudar completamente com uma iluminação diferente. De dia, *spots* de alta intensidade poderiam enfatizar áreas particulares do espaço; à noite, com uma iluminância muito menor, imagens e cores poderiam ser projetadas no tecido da membrana de cobertura, onde muitos pequenos *spots* também poderiam brilhar.

9.10
Um bosque após a chuva. Derbyshire, Reino Unido.

9.11
O campo de luz difusa criado por uma membrana de cobertura translúcida.

4 BRILHO, CLARIDADE E COR

Nossa percepção do caráter de um cômodo é afetada pela natureza de todos os materiais que estão no espaço. A iluminação e as características da superfície interagem. Por exemplo, a luminância dos materiais foscos depende apenas da iluminância que neles incide, enquanto as superfícies lustrosas brilham quando iluminadas por pequenas lâmpadas fortes, mas parecem sem graça quando estão sob grandes luminárias difusoras, pois elas refletem as imagens das fontes. Para prever qual será o brilho de uma superfície, precisamos saber não somente a iluminância incidente e a refletância geral, como também o tamanho e o brilho da fonte e a natureza do material sendo iluminado.

Em geral, conseguimos distinguir refletância e iluminação como fatores da luminância final de uma superfície. A luminância de uma superfície fosca com alta refletância e baixa iluminância pode ser a mesma de outra superfície de baixa refletância, mas que está bem iluminada. Porém, há uma diferença subjetiva: sempre que uma fonte de iluminação é identificável, a natureza da superfície pode ser distinta do efeito de sua iluminação. Um teto branco não parece se tornar cada vez mais cinza à medida que nos afastamos de uma janela. Este é o fenômeno da constância da superfície: a distinção entre o *brilho* e a *claridade* de uma superfície. Esses atributos podem ser reconhecidos de modo independente e, em um cômodo, ambos contribuem para nossa percepção do espaço.

Mas as estimativas de brilho e claridade são relativas. A menos que haja indicadores perceptuais que indiquem o contrário, a superfície mais clara do campo de visão se torna a referência para as demais cores (porque nenhum material real é perfeitamente branco). Um teto cinza claro de cor uniforme parece ser branco se não pudermos fazer uma comparação, resultando em todo um interior com contrastes limitados e talvez aspecto monótono. A inclusão de algumas áreas de alta refletância no cômodo corrige esse fenômeno ao estabelecer uma grande variedade de contrastes aparentes; esse era um dos motivos pelos quais se pintava de branco as arquitraves, as vergas de janela e as cornijas nos interiores do século XVIII.

As dimensões da cor

Tanto o brilho das superfícies de um cômodo quanto sua claridade percebida contribuem para nossa avaliação do espaço, isto é, se o reconhecemos e como nos sentimos em relação a ele. Também respondemos à cor. Mas, como explicamos no Capítulo 6, a cor tem três dimensões. No sistema de Munsell, as superfícies coloridas são definidas por matiz, valor tonal e croma. O valor descreve onde a cor se encontra na escala de claros e escuros do sistema coordenado de cores. Geralmente é a dimensão que nos fornece mais informações, mas uma comparação entre uma imagem da escala de cinza e outra que é totalmente colorida, como vemos na **Figura 9.2**, mostra que apenas essa dimensão não basta.

A cor das plantas (especialmente das flores) serve como uma boa analogia para o uso da cor na arquitetura: ela pode desempenhar importantes funções e é influenciada pelo gosto e pela moda. No mundo natural, a cor tem um significado. Ela é empregada para atrair, assustar, enganar ou advertir: quase todas as plantas e os animais empregam a cor de algum modo para ajudar em sua sobrevivência.

O objetivo das flores de uma planta é trocar material genético com outros indivíduos de sua espécie. Muitas plantas fazem isso ao seduzir os insetos a carregar o pólen de um exemplar a outro. As espécies de plantas vêm se desenvolvendo em sinergia com seus polinizadores – algumas de maneira muito específica –, de modo que o formato, o aroma e as superfícies das flores se adequaram às características de um tipo particular de inseto.

Há exigências muito precisas: uma flor deve ser visível a seus polinizadores à distância, se destacar em relação às das espécies competidoras; ela deve atrair os polinizadores e, quando eles se aproximarem e nela pousarem, deve guiá-los para entrarem em contato com os estames e o estigma. Ao contrário do que acontece com as variedades cultivadas, nas espécies naturais os padrões e as cores que vemos em uma flor não são arbitrários: eles se aperfeiçoaram para um propósito muito específico. Podemos considerar essas flores belas e interessantes, mas isso é incidental, pois elas se adequaram à sensibilidade específica dos pássaros e insetos que devem atrair, não ao olho humano.

Com os cultivares (as plantas que foram manipuladas para o destaque de características específicas), o critério é outro: a análise por meio da visão humana, acima do gosto estético ou de escalas artificiais de qualidade. O cultivo pode modificar as características naturais por meio da seleção: a moda e os lucros são os fatores estimulantes.

9.12
O papel desempenhado por diferenças de matiz fica evidente quando uma imagem a cores é comparada com sua versão monocromática. As diferenças de matiz destacam a flor da camélia no fundo verde e tornam os estames muito visíveis em relação às pétalas.

Na arquitetura, o uso funcional da cor, isto é, a seleção de matiz, valor tonal e croma a fim de reforçar a natureza percebida da edificação ou ajudar os usuários a executar tarefas visuais, é frequentemente negligenciado. É provável que a valorização da cor consiga, assim como no caso das flores, gerar composições inesperadas de brilho e cor. A escolha das cores tanto pode ser uma atividade criativa quanto ser parte da arquitetura que orienta e ajuda os usuários.

Uma estratégia para o uso das cores no projeto

Há muitos guias publicados para o uso das cores no projeto de arquitetura. A maioria se concentra na seleção dos matizes, afirmando que certas cores têm efeitos perceptuais específicos. Poucos se baseiam em evidências rigorosas. Em geral, as regras para a escolha das cores têm o mesmo *status* que a maioria das regras do projeto de arquitetura: elas podem ser úteis, integrar a lista de conferência das coisas que devem ser consideradas, mas não devem ser vistas como algo com validade universal.

O que apresentaremos a seguir não pretende ser um conjunto de regras para o projeto com cores. Esta é apenas uma estratégia simples de três passos, que foca as decisões que o projetista deve tomar.

1 Estabeleça objetivos claros

1.1 *A cor é necessária para enfatizar ou modificar a forma da arquitetura?*

A percepção das superfícies internas pode ser alterada de diversas maneiras. Por exemplo:

- *Elementos díspares podem ser integrados*. Ao ser pintado com apenas uma cor, uma parede interna dividida irregularmente por portas e acessórios pode ser visualmente unificada; a iluminação difusa pode mascarar texturas irregulares ou acabamentos imperfeitos; a consistência do uso da iluminação e da cor em diferentes prédios pode fazer com que os usuários os percebam como partes de um grupo.
- *Elementos escolhidos podem ser enfatizados*. Uma composição de arquitetura pode ser enfatizada pela cor distinta de elementos formais, como as colunas e cornijas (uma técnica muito empregada por Brunelleschi e Michelangelo). Já os componentes secundários podem ser destacados com o aumento do contraste com seus panos de fundo.
- *A percepção da forma tridimensional pode ser destacada*. As características do cruzeiro do transepto da Catedral de Cantuária (**Figura 9.13**) dependem da complexa gradação de luzes e sombras. Nesse nível, a iluminação é inseparável da geometria no projeto de arquitetura.

1.2 *De que modo a seleção das cores pode ajudar no funcionamento de um cômodo?*

Por exemplo:

- *São necessários elementos de orientação?* Os usuários precisam seguir uma rota dentro de um grande prédio, como um hospital ou um terminal de aeroporto? Considere o uso das cores para identificar áreas específicas do prédio e seu uso sistemático em letreiros, placas, corrimãos ou linhas de indicação de percurso.
- *É preciso enfatizar alguma parte do cômodo ou determinados objetos?* A cor é parte essencial da iluminação de destaque ou exposição. A ênfase visual depende do contraste entre o objeto e seu fundo, e as diferenças de cor ajudam a melhorar os contrastes.

9.13
O cruzeiro do transepto da Catedral de Cantuária, Reino Unido.

2 Considere as três dimensões da cor

Trabalhe as principais superfícies de um cômodo uma de cada vez – teto, paredes e piso. Em cada uma delas, há três decisões a serem feitas quanto à seleção das cores:

2.1 *Qual deve ser a claridade da luz na superfície (em uma escala do preto ao branco)?*

O caráter de um cômodo é influenciado, em grande parte, pelas refletâncias das principais superfícies (que em geral são as paredes, o piso e o teto). O nível de claridade dessas superfícies também determina a distribuição física da luz no ambiente.

2.2 *Qual deve ser o nível de saturação da cor na superfície (de um cinza neutro a um matiz muito rico)?*

Assim como o padrão de claros e escuros (os valores tonais), o grau de saturação das cores em um cômodo tem associações perceptuais. Uma profusão de matizes brilhantes mas sem coordenação se torna um carnaval; um cômodo escuro dominado por umas poucas cores profundas e intensas é "rico"; aquele que é dominado por cores neutras pode ser "frio e sofisticado" ou ter aspecto "institucional".

2.3 *Qual matiz?*

Há matizes com associações inevitáveis (vermelho sangue, verde folha, azul celeste) e, em certos esquemas compositivos, cores específicas são frequentemente exigidas, seja porque já foram empregadas no prédio, seja porque têm significados especiais para os usuários. Todavia, as escolhas de matiz devem estar relacionadas ao grau de contraste com as demais dimensões da cor. A variação de valor tonal e croma pode resultar em grandes diferenças perceptuais, e quando a luminosidade e a saturação precisam variar muito no interior de uma edificação, as diferenças de matiz às vezes precisam ser limitadas. O controle da variação dos matizes pode ser utilizado para dar uma estrutura geral a um esquema de cores – conectar espaços dentro de uma edificação e controlar os contrastes de cor dentro de recintos específicos.

A sequência *valor:croma:matiz* costuma corresponder à hierarquia de importância. As mudanças ao longo da escala de claros e escuros podem determinar o caráter de um cômodo. Em comparação, apenas trocar um matiz por outro muitas vezes gera efeitos mínimos.

3 Considere a composição geral das cores

A história das artes visuais é um enorme repositório das experiências do projeto com o uso das cores. O conhecimento da arquitetura é muito valioso, mas a exploração das cores nas pinturas e no design gráfico tem sido, devido à natureza dessas mídias, maior e mais prolífica do que o uso das cores nas edificações. Como projetistas, podemos aprender com a análise dos padrões de cores que encontramos. Uma lição é que há algumas abordagens à escolha de cores que são recorrentes. Elas se baseiam na limitação da gama de matizes. Vejamos três delas:

1. *Adote uma gama de matizes que esteja dentro de um pequeno segmento do círculo de cores*. Inúmeras composições que costumamos descrever como "coloridas" são, de fato, monocromáticas. Observe a flor de camélia da **Figura 9.14**: há uma variação de luminosidade e saturação, mas o matiz é praticamente constante.
2. *Use dois matizes que são mais ou menos opostos no círculo de cores*. Uma combinação de cores que envolve matizes opostos no círculo de cores (como azul e amarelo ou vermelho e verde) é muito comum tanto na natureza quanto no *design* gráfico. Se as duas cores tiverem saturações similares e cobrirem uma área

9.14
Esta flor de camélia é praticamente monocromática. Sua beleza discreta advém das sutis variações de croma (saturação da cor). O efeito é destacado pela relação entre a saturação e a forma da flor.

equivalente, o contraste aparente será muito forte, como vemos na **Figura 9.15**. A maioria da imagem é preenchida por uma cor pouco saturada, enquanto o matiz oposto, aplicado em pequenas áreas muito saturadas, cria ênfase.

3. *Use grandes áreas de branco ou uma cor neutra, com pequenas áreas de cor luminosa.* A **Figura 9.16** é um exemplo dessa estratégia tão comum na natureza. Essa técnica é praticamente infalível na arquitetura e nas artes gráficas.

O branco costuma ser parte de todos os esquemas de cores de um cômodo. Se não houver nada branco, a superfície mais luminosa – um teto cinza, por exemplo – tenderá a ser percebida como branca, e a variação tonal do conjunto será limitada.

9.15
Quando ambas as cores opostas de um círculo de cores são muito saturadas, o contraste visual é intenso.

9.16
Branco com pontos de um matiz forte: uma abordagem ao uso das cores que é comum na natureza e amplamente adotada na arquitetura e no design gráfico.

5 DUAS DECISÕES IMPORTANTES

Faróis ou projetores?

No Capítulo 1, foi feita a distinção entre as fontes de luz que devem ser vistas como objetos e as fontes projetadas para iluminar uma superfície. No entanto, essa não é uma escolha exclusiva: há uma longa gama de fontes de luz que incluem tanto elementos extravagantes – dos candelabros rococós às luzes de uma fachada de teatro – quanto luminárias ocultas, cuja luz alcança o observador apenas por meio da reflexão.

Luminárias e janelas, assim como os demais objetos, trazem consigo significados e associações. Elas são partes necessárias da arquitetura de um lugar, contribuindo para a realização da natureza de um prédio em um processo que é ao mesmo tempo subconsciente e consciente. Elas são parte normal de um interior, assim, se forem diferentes ou estiverem ausentes de nossa visão, notaremos a diferença. Certas formas especiais de janela ou tipos de luminária podem caracterizar uma edificação (e algumas dessas – como a janela gótica – são tão tradicionais que seu uso pode se tornar um clichê visual).

Além disso, fazemos correlações mentais entre as fontes de luz que vemos como objetos e os padrões de luminosidade que elas geram; o tamanho e o formato de uma fonte de luz afetam a modelagem das superfícies e a projeção de sombras. Uma lâmpada pequena pode gerar sombras com bordas muito marcadas e fortes gradientes de iluminância; uma fonte grande (em relação à sua distância das superfícies iluminadas) projeta sombras suaves e gera gradientes de luminosidade suaves; fontes múltiplas criam sombras sobrepostas e padrões de luminosidade complexos.

Iluminação familiar ou inesperada?

Nossa percepção do meio ambiente é um processo contínuo que, para a maioria de nós e durante a maior parte do tempo, é subconsciente. O projetista tem a opção de decidir se os usuários normais de uma edificação serão ou não *conscientemente* estimulados pela iluminação e pelas cores. Isso depende do propósito do projeto, ou seja, se a exibição da arquitetura em si faz parte de sua função. Às vezes, a iluminação não apenas deve ser criativa como deve parecer criativa; para isso ela deve ser um meio-termo entre o familiar e o original.

Se um interior precisar ser parte clara de uma imagem comercial, talvez ele precise parecer "novo", "na moda" ou "original". E, se esse for o caso, será necessário:

- proporcionar o reconhecimento imediato do tipo de edificação (se ele não puder ser identificado, então não poderá ser considerado como novo);
- garantir que ele não corresponda às expectativas (se não é diferente, normalmente não é percebido de modo consciente).

Contudo, há edificações nas quais a divergência do padrão é um defeito sério. Para os indivíduos com idade avançada, ansiosos ou com visão parcial, os padrões visuais que não são reconhecidos – isto é, qualquer variação em relação ao esperado – podem causar um problema seríssimo. Para eles, uma lâmpada em posição incomum pode provocar a completa desorientação; e também pode haver confusão entre a bi e a tridimensionalidade – uma mudança na cor do piso pode ser percebida como um degrau ou uma parede, e um piso de cores similares e sem rodapé evidente pode ser visto como um plano contínuo.

Além disso, para todos os usuários há alguns lugares nos quais a clareza das informações é crucial: o prédio deve ser "fácil de ler", porque uma cena visual complexa é muito cansativa. Em hospitais, foros e edifícios de sistemas de transporte (além de muitos locais similares), as pessoas podem estar assustadas, ansiosas ou confusas. Alguns terminais aeroportuários ilustram como a oportunidade de aumentar a renda auferida por lojas se sobrepõe ao dever de orientar os viajantes: as rotas desviam do percurso direto, as placas de sinalização são mascaradas e a iluminação destaca os objetos à venda e obscurece as informações que os passageiros precisam encontrar.

Guiar e tranquilizar é parte da função da arquitetura. Iluminação, cor e forma devem ser mutuamente consistentes e planejadas de modo a reforçar com sensibilidade o reconhecimento dos espaços. Quando isso é bem feito, a arquitetura não é percebida, pois é aceita e utilizada de forma automática.

Mas há muitos prédios em que tais condicionantes podem ser relaxados, isto é, nos quais a arquitetura pode ser exibida como um tema em si e onde pode haver complexidade e indeterminação. Um prédio ótimo é visualmente rico: em cada uma de suas escalas há mais do que se percebe à primeira vista. Assim como no céu noturno, são aquelas coisas semiocultas, sutilmente sugeridas, intrincadas, que fazem valer a pena a observação contínua. Nas edificações, as luminárias, janelas, superfícies e a forma arquitetônica são os componentes de um projeto completo, e tudo isso pode variar de modo a se combinar em muitas dimensões.

6 A IMPORTÂNCIA DA MUDANÇA

Um prédio muda continuamente, e a natureza dessa mudança é uma característica-chave da arquitetura. Ela pode ser passiva, dependendo apenas da luz solar e do clima, ou pode ser planejada. Duas edificações projetadas por Jørn Utson (**Figuras 9.17 e 9.18**) ilustram as alternativas: a Igreja de Bagsværd, onde a luz diurna onipresente cria uma variação sutil mas constante, e a Ópera de Sydney, onde as vastas superfícies da casca de cobertura servem de tela para a iluminação artificial projetada.

O contexto para tudo o que projetamos é um ambiente luminoso que muda com as estações, o tempo e o clima. Essa variação é importante para nós: nossos corpos dependem dela; ela afeta nosso comportamento e aquilo em que pensamos. A ideia de um lugar que sempre tem o mesmo aspecto não é atraente. Ela gera imagens mentais de um ambiente artificial – um submarino, quem sabe, ou um abrigo antiaéreo subterrâneo, onde ficamos isolados do estímulo do mundo externo. Por um período curto, tal isolamento pode parecer atraente; ele inclusive pode ser necessário para algumas atividades. Porém, um ambiente de trabalho ou moradia totalmente artificial e de uso permanente seria detestado pela maioria das pessoas durante a maior parte do tempo.

A maior variação visual é o ciclo de dia e noite. Grandes fontes de luz – o céu e a luz solar refletida – são substituídas por fontes pequenas; os objetos são iluminados de direções diferentes; as cores mudam. Veja, por exemplo, a **Figura 9.19**, que mostra um shopping durante o dia e à noite. O padrão geral de luminosidade dentro e fora de uma edificação também são diferentes.

Há uma arquitetura para a luz diurna e outra para a noturna, uma para o inverno e outra para o verão. O projeto de iluminação não se restringe a situações estáticas e não é algo que possa ser separado de qualquer outro aspecto do projeto de uma edificação. Ao contrário, ele desempenha um papel crucial na criação da arquitetura sustentável, porque é baseado no meio ambiente dinâmico.

9.17
Igreja de Bagsværd, perto de Copenhagem, Dinamarca.

9.18
Ópera de Sydney. Projeto luminotécnico de Steensen Varming, Sydney.
Fotografia: Cavanagh Photography.

9.19
Um shopping sob a luz do sol e à noite. Sha Tin, Hong Kong.

10
Iluminação para melhorar a visibilidade: tarefas visuais e exposições

10.1

A *iluminação sobre o plano de trabalho*, também chamada de iluminação de serviço, é o uso da luz para tornar uma atividade mais fácil de realizar. Já a *iluminação localizada* ou de destaque visa iluminar uma exposição em um museu ou um objeto em uma vitrine, de modo a chamar atenção e revelar seus melhores atributos. Tradicionalmente, se discute separadamente esses dois tipos de iluminação. No entanto, eles são apenas diferentes aspectos do mesmo processo e é interessante revisá-los juntos.

O segredo de ambos os tipos é criar contrastes: na iluminação localizada, busca-se principalmente o contraste entre o objeto e seu pano de fundo; na iluminação sobre o plano de trabalho, em geral é necessário criar um contraste com esse plano, seja para ter boa legibilidade das palavras em um monitor de computador, seja para lê-las no papel. Ambos os tipos costumam ser exigidos: nossos olhos precisam estar focados em uma parte específica do campo visual e melhorar a visibilidade dos detalhes dentro dele.

Os trabalhos artesanais (**Figura 10.1**) costumam envolver a tridimensionalidade e exigem um bom discernimento entre as cores e a possibilidade de se conseguir trabalhar em diferentes escalas. Durante séculos, a luz diurna era a única forma de iluminação prática, assim a execução dos serviços tradicionais acontecia em ambientes com luz natural. Observe que em ambas as fotografias os artesãos estão protegidos da luz solar direta, mas o campo difuso de luz solar refletida oferece um bom nível de iluminação para as tarefas.

1 OBJETIVOS

Existe uma definição muito simples de tarefa visual: qualquer atividade que pode ser mais bem desempenhada sob a luz do que na escuridão. Assim, a variedade de tarefas visuais inclui praticamente tudo o que fazemos. Elas vão muito além do que chamamos de "trabalho". Até mesmo em uma sala de aula ou um escritório, as tarefas visuais incluem atividades como reconhecer as feições das pessoas, usar telefones celulares ou subir uma escada, assim como digitar em um teclado de computador e escrever sobre uma mesa.

As tarefas variam em termos de dificuldade visual. Uma tarefa visual pode ser o mero caminhar com segurança por um espaço ou o trabalho extremamente preciso executado por um operário na fabricação de componentes microeletrônicos. Um cirurgião também tem a necessidade de observar detalhes minúsculos e complexos com muita clareza, e qualquer erro poderia ter consequências seríssimas. O primeiro passo em um projeto de luminotécnica é definir o programa de necessidades, esclarecendo o propósito da iluminação. Vejamos algumas perguntas-chave que podem ser feitas:

Para um recinto como um todo

- *Qual é a função do local?*
- *Quais tarefas visuais serão realizadas?* Essa lista deve incluir não apenas as atividades diretamente relacionadas com a função principal, mas todas as necessidades visuais do lugar. É preciso prestar atenção especialmente às exigências de segurança, como a necessidade de ter luzes de emergência ou um sistema indicador da rota de fuga.
- *Essas tarefas são compatíveis entre si?*

Para cada tarefa visual

- *Quem são os usuários?* Eles têm alguma característica especial, como a visão limitada? Durante quanto tempo estarão lá? Os usuários são sedentários? Qual seria seu entorno visual imediatamente antes de se dedicarem à tarefa visual predominante?
- *Onde se localizam os usuários em relação às tarefas visuais?* Qual é a geometria ideal para a tríade fontes de luz/tarefas visuais/usuários?
- *Quais características visuais do objeto da tarefa deveriam ser enfatizadas?* Seria sua silhueta, forma tridimensional, textura, padrão superficial ou cor? O objeto em si precisa se destacar em relação ao pano de fundo? Essas características poderiam ser aprimoradas por outros meios além da iluminação, como o uso de recursos óticos, códigos de cores ou a especificação das diferenças de refletância ou cor entre tarefa visual e o pano de fundo?

Uma pintura em uma galeria de arte se destaca claramente se estiver pendurada em uma parede branca e bem iluminada, mas as sutis variações de valor tonal do quadro podem se perder. No entanto, se a obra de arte estiver montada em um pano de fundo cinza que é levemente mais escuro do que a pintura, o impacto inicial será perdido, mas as sutilezas de tom ficarão mais claras. A alternativa escolhida deveria se relacionar com a natureza típica do projeto. Se a galeria for comercial, o propósito principal da iluminação talvez seja atrair a atenção, assim uma razão de luminância elevada entre o pano de fundo e a pintura seria mais adequada. Mas o contrário se aplicaria se a galeria exibir uma coleção nacional, onde tanto a visibilidade dos detalhes como a necessidade de conservação da obra de arte são primordiais. Muitas vezes, uma única atividade engloba distintas tarefas visuais. Por exemplo, na fabricação de um automóvel, uma etapa importante é a inspeção da lataria em busca de defeitos visuais. Isso pode exigir um banho de luz dispersa para que se possa examinar a uniformidade da cor, mas linhas de luz – talvez geradas por LEDs refletidos em superfícies minúsculas – também são necessárias para revelar as deformações da lataria. Nesses casos, frequentemente se usa aparelhos de iluminação portáteis.

Grande parte da iluminação nos locais de trabalho se relaciona com tarefas visuais que são difíceis devido ao baixo contraste ou às pequenas dimensões dos objetos. Nessas tarefas, erros podem ser perigosos e a concentração do trabalhador é exigida por longos períodos de tempo. Muitas situações fora do local de trabalho exigem uma atenção igualmente alta do projeto de luminotécnica.

É interessante focar quatro fatores que afetam o desempenho visual:

1. a iluminância da tarefa visual – o nível de luz e sua distribuição;
2. os contrastes dentro da tarefa visual;
3. os contrastes entre a tarefa visual e o entorno imediato;
4. a ausência de desconforto visual e brilho incapacitante.

Vejamos cada um desses fatores.

ILUMINAÇÃO PARA MELHORAR A VISIBILIDADE

Avaliar a velocidade dos outros veículos que estão na via.

Estimar a profundidade da água em uma piscina.

Orientar-se em um grande aeroporto.

Ler textos em eslaides projetados durante uma palestra.

Avaliar se o peixe está fresco.

Ler uma partitura musical.

10.2
Exemplos de tarefas visuais.

2 FATORES QUE AFETAM O DESEMPENHO VISUAL

Iluminância sobre a tarefa visual

Quando o nível de iluminação é muito baixo, praticamente todas as tarefas visuais são difíceis, e aumentar a iluminância melhora o desempenho das pessoas. Todavia, a melhoria não continua indefinidamente com o acréscimo do nível de iluminação. Isso é mostrado na **Figura 10.4**, que apresenta um gráfico da iluminância das tarefas visuais em relação ao desempenho visual (medido, quem sabe, por meio da taxa de produtividade ou da isenção de erros): cada curva em determinado momento se transforma em uma linha quase reta e o aumento contínuo da iluminância sobre o plano de trabalho não tem praticamente efeito algum.

A iluminância na qual o gráfico se torna quase horizontal depende da dificuldade visual. Uma tarefa exigente – com a necessidade de identificar detalhes mínimos e pequenos contrastes – exige uma iluminância elevada antes que o nível de desempenho final seja alcançado. É necessária uma iluminação muito mais intensa para a leitura de letras minúsculas em uma folha de papel cinza do que para as manchetes de um jornal. Além disso, o desempenho final que se pode alcançar com uma tarefa visual difícil não tem como ser tão bom quanto aquele de uma tarefa fácil.

A maioria dos países tem normas que especificam uma iluminância mínima recomendável que deve ser alcançada nas tarefas visuais – ao menos em locais como escolas ou postos de trabalho. Ao longo dos últimos cinquenta anos, como o custo geral da iluminação tem diminuído, as iluminâncias mínimas vem sendo elevadas gradualmente. Isso não é uma coincidência. A criação de padrões baseados em gráficos como o da **Figura 10.4** é uma questão de juízo pessoal. Exatamente em que ponto cada curva se horizontaliza? Seria adequado pegar uma fração, digamos 90%, do desempenho visual ideal como o padrão mínimo – especialmente se considerarmos que o gráfico apresenta apenas as médias de um grande número de pessoas e há diferenças consideráveis entre os indivíduos, mesmo que as medidas sejam tomadas em laboratórios? Os padrões de iluminação sempre são criados dentro de um contexto de valores econômicos e sociais.

10.3
Fatores que determinam a visibilidade.

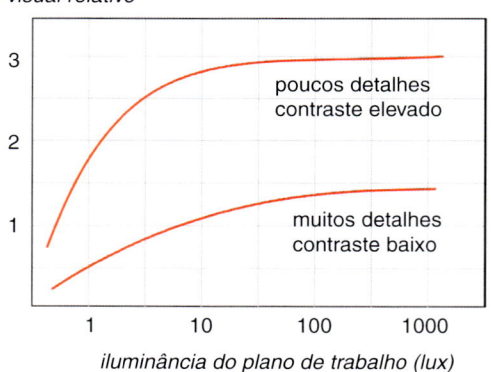

10.4
O desempenho visual em relação à iluminância do plano de trabalho.

A Tabela 10.1 apresenta alguns exemplos de iluminâncias recomendáveis para diferentes tipos de tarefas visuais. Pode-se perceber que a variação desses níveis de iluminância é enorme – a mais alta é 40 vezes a mais baixa –, e a escala de valores varia abruptamente. Uma pequena variação na iluminância (10%, digamos) é imperceptível para o desempenho de uma tarefa visual. A maioria dos códigos de prática profissional, como o *Code for Lighting* da Society of Light and Lighting CIBSE (Reino Unido) ou o *Lighting Handbook* da IES (Estados Unidos), contém longas tabelas que definem o nível recomendável a ser alcançado para atividades em particular e tipos específicos de edificações.

Ainda assim, podemos fazer algumas considerações usando a Tabela 10.1. Vários fatores podem afetar a iluminância básica recomendada:

- Os detalhes da tarefa visual são significativamente mais complexos em termos de contraste ou menores em tamanho do que seria normal para essa atividade?
- As consequências dos erros costumam ser sérias?
- As tarefas serão realizadas por períodos mais longos do que o normal?
- Os usuários são pessoas com idade significativamente mais avançada ou têm problemas de visão?

Para cada resposta positiva, a iluminância necessária deverá ser aumentada, assumindo um valor intermediário em relação à iluminância para a tarefa do patamar seguinte. Da mesma maneira, se ficar evidente que a tarefa visual é mais fácil ou se ela for feita por períodos significativamente mais curtos, o valor adotado deverá ser reduzido na mesma proporção. Tarefas com movimentos rápidos, como as atividades com máquinas ou a identificação imediata de objetos (como acontece em alguns esportes), podem exigir iluminâncias mais altas.

Um sistema de iluminação elétrica não gera um fluxo luminoso constante ao longo de toda sua vida útil. O fluxo luminoso de uma lâmpada decresce com o passar do tempo, e a sujeira que se acumula nas superfícies do bulbo e da luminária também absorve parte da luz. Em um ambiente comercial, por exemplo, a perda de iluminância entre uma instalação nova e outra que tem dois anos de uso pode chegar a 25%. Os níveis recomendados pelos códigos de edificações normalmente são considerados como os mínimos, na prática; e os efeitos

Tabela 10.1
Exemplos de iluminâncias recomendadas

Exigências da tarefa visual	Lux	Exemplos
Noção geral do espaço; a percepção dos detalhes não é importante	50	Rotas de acesso a áreas de serviço
Movimento de pessoas; reconhecimento de detalhes por períodos curtos; iluminação de fundo	100	Corredores, depósitos de itens volumosos, auditórios, dormitórios
Reconhecimento de detalhes por curtos períodos em áreas nas quais erros podem ser sérios	150	Casas de máquina, banheiros residenciais
Áreas sem tarefas visuais difíceis, mas ocupadas por longos períodos; tarefas visuais por períodos curtos com contrastes de tamanho ou detalhes moderados	200	Iluminação geral em cabinas de controle, saguões, chãos de fábrica com processos automatizados
Tarefas visuais como a leitura de textos com fontes de tamanho normal (contraste e quantidade de detalhes moderados) por períodos longos	300	Oficinas para itens volumosos, áreas gerais de bibliotecas, salas de aula, cozinhas residenciais
Tarefas visuais com alguns detalhes com baixo contraste e objetos de tamanho moderado	500	Escritórios em geral, laboratórios
Tarefas visuais com baixos contrastes e objetos pequenos	700	Escritórios de desenho ou projeto
Tarefas visuais com objetos muito pequenos e baixos contrastes	1.000	Montagem de sistemas eletrônicos, oficinas
Tarefas visuais com objetos extremamente pequenos e baixos contrastes	1.500	Serviços minuciosos e inspeções
Tarefas visuais com objetos excepcionalmente pequenos e baixíssimos contrastes	2.000	Montagem de mecanismos minúsculos

do envelhecimento e da sujeira devem ser levados em consideração durante o projeto. No *Code for Lighting* da SLL CIBSE, os valores recomendados são especificados como a *iluminância mantida*, isto é, o valor mínimo que um sistema gerará na prática, considerando-se o programa previsto de limpeza e substituição das lâmpadas. A *iluminância inicial* é aquela produzida por uma nova instalação (com lâmpadas de descarga, isso seria após 100 horas de operação).

Nos recintos com iluminação geral para as tarefas visuais (como os escritórios comuns), frequentemente há a exigência de padrões de uniformidade de iluminância por toda a área propriamente dita, em geral incluindo as mesas ou, se as posições de trabalho não forem fixas, o plano horizontal de trabalho como um todo. A uniformidade exigida dependerá das tarefas visuais particulares e da situação, mas pode chegar a 0,7 – no caso de tarefas exigentes (como o desenho técnico) – ou ser apenas 0,4 – nas tarefas mais simples (como o arquivamento). A uniformidade é a iluminância mínima na área em relação à iluminância média, excluindo a área do perímetro do recinto (geralmente considerada como tendo 0,5 m de largura), que muitas vezes tem menos iluminância. No caso de as luminárias serem instaladas no teto, isso se consegue garantindo-se que a razão entre o espaçamento das luminárias e sua altura em relação ao plano de trabalho não extrapole determinado valor, que depende do tipo de luminária. Isso é feito nos cálculos do método dos lumens. Entretanto, quando houver diversas pequenas áreas de tarefa visual, ou se for empregada uma combinação entre iluminação geral e iluminação sobre o plano de trabalho, pode existir uma diversidade considerável de iluminância por todo o plano de trabalho. Costuma-se recomendar que a razão entre os níveis de iluminância mais altos e os mais baixos no plano de trabalho não exceda 3:1, mas esse valor pode ser elevado para 5:1, se o contraste entre a área de trabalho e o entorno puder ser maior e se for desejável um efeito mais exuberante, como no caso da exposição de produtos em uma loja.

Às vezes é interessante oferecer aos usuários meios para ajustar o nível de iluminação sobre seus planos de trabalho individuais. Há também algumas evidências de que isso melhore o desempenho. Os indivíduos podem regular suas luminárias se sentirem a necessidade de aumentar a iluminação em relação à do entorno, variando-a conforme a atividade. A sensação de poder controlar seu ambiente de trabalho é importante para a satisfação profissional. Ela também é essencial para o bom controle do consumo de energia elétrica.

Contraste dentro da tarefa visual

O objetivo de um bom projeto de ambiente de trabalho é melhorar as diferenças visuais cruciais de luminosidade e cor, usando a iluminação e outros recursos. O aumento do contraste nos detalhes de uma tarefa visual significa que será necessário um nível menor de iluminância geral e que o nível de desempenho total poderá melhorar.

Isso se aplica particularmente a tarefas que envolvem a leitura de silhuetas – a identificação dos formatos –, como a leitura de um texto. A iluminação também pode enfatizar a forma tridimensional ao criar sombras projetadas e ao distinguir a iluminância que a luz focalizada gera sobre uma superfície modulada. Isso pode ressaltar áreas importantes e mascarar informações desnecessárias. Essa estratégia também pode ser utilizada para destacar variações mínimas no formato de uma superfície brilhante, com reflexões visíveis da fonte de luz. Contudo, a iluminação na direção errada (isto é, oriunda de uma fonte mal posicionada) pode prejudicar seriamente o desempenho. Isso ocorre quando se enfatiza os detalhes errados – por exemplo, quando a necessidade é perceber as marcas em uma superfície áspera, mas um raio de luz de um ângulo oblíquo ressalta a textura da superfície, criando um padrão de sombra sobre o plano da tarefa visual propriamente dita.

10.5
A refletância de encobrimento: as imagens de uma fonte intensa sobre um papel brilhante.

O problema mais comum é o espelhamento da fonte de luz sobre o plano da tarefa visual. Se um monitor de computador estiver voltado para uma janela, por exemplo, a imagem brilhante e refletida da janela se sobreporá à imagem da tela, reduzindo o contraste entre as superfícies desta. Uma razão de luminosidade de 100:1 entre um texto e seu fundo se torna, por exemplo, uma razão de apenas 2:1 se for sobreposta uma refletância de encobrimento geral equivalente ao brilho do texto.

O mesmo pode ocorrer quando houver uma folha de papel sobre uma mesa iluminada por uma luminária suspensa ou quando uma superfície de vidro em um instrumento de laboratório refletir a imagem da fonte. A **Figura 10.6** mostra que acima do plano de trabalho horizontal há uma zona (frequentemente chamada de "zona ofensiva") na qual qualquer fonte de luz causa reflexos incômodos. Isso se aplica a qualquer formato ou orientação da superfície de trabalho. Imagine que tal superfície seja um espelho: se uma fonte brilhante qualquer for visível no espelho, ela criará uma área de brilho refletido na superfície também reflexiva do espelho. Mas isso pode ser desejável – quando é um indicador útil do formato ou acabamento da superfície – ou não – quando reduz os contrastes de brilho na tarefa.

A iluminação isoladamente não costuma ser a solução para a melhoria da visibilidade de tarefas muito difíceis. O contraste sobre uma superfície do plano de trabalho depende das características desta, especialmente sua refletância e seu matiz. O aumento do tamanho visível de elementos muito pequenos, às vezes obtido por meio de ferramentas como lupas, e a melhoria dos contrastes de valor tonal podem ser mais efetivos do que o aumento da iluminância.

Quando as tarefas visuais envolvem a discriminação de cores, é necessário o uso da luz natural ou de lâmpadas com bom índice de reprodução de cores. Se uma tarefa exige o fácil reconhecimento do matiz, a escolha das lâmpadas deve se restringir àquelas com bom índice de reprodução de cores (R_a de 80 ou mais); ou, se for preciso a reprodução exata das cores, de pelo menos 90. Mas a cor aplicada pode ser importante. O uso da codificação com cores nas tarefas visuais, ou a mudança das cores das superfícies a fim de melhorar o discernimento de pequenos detalhes, podem ser muito mais efetivos do que a simples melhoria da iluminação. A codificação com cores ajuda especialmente em tarefas como a seleção.

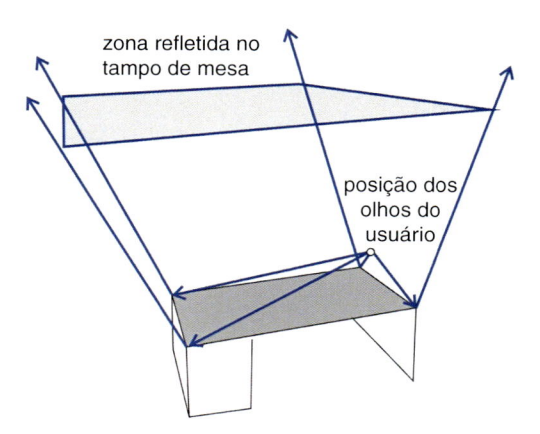

10.6
A "zona ofensiva". As luminárias nessa zona são vistas como reflexões brilhantes em um tampo de mesa também brilhante. A zona é determinada traçando-se uma reta da posição dos olhos do usuário até cada uma das quinas da mesa.

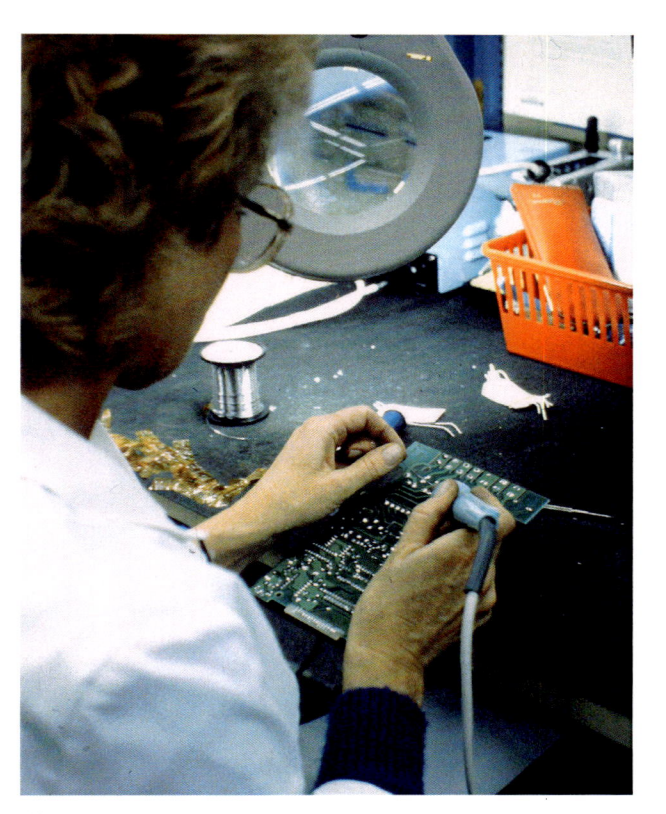

10.7
Uma iluminância elevada pode ser necessária para tarefas como esta, especialmente se o trabalhador tiver idade avançada. A luz direcional intensa, contudo, seria muito ruim, pois as mãos e o ferro de soldar projetariam sombras fortes na superfície de trabalho.

Contraste entre o plano de trabalho e o entorno imediato

A visibilidade de uma tarefa visual é afetada pelo quanto nossos olhos devem se adaptar ao brilho. No entanto, esse ajuste depende do campo visual total, e a zona de trabalho pode ser uma parte muito pequena dele. Um fator particularmente importante é a luminância da área geral em torno da direção do nosso olhar. Já comentamos que se o plano de fundo da tarefa visual for significativamente mais brilhante do que a tarefa em si, a imagem desta ficará "subexposta" (usando uma analogia da fotografia), e os contrastes serão reduzidos. De modo similar, um entorno muito escuro provoca uma imagem "superexposta", que também reduz os contrastes na tarefa. Isso foi ilustrado no Capítulo 1.

Uma consideração bastante distinta é a necessidade de prestar atenção em uma parte particular do campo de visão, que pode exigir razões de luminosidade muito maiores entre o objeto e o entorno. Isso pode ser particularmente importante na exposição de pinturas em uma galeria de arte onde, por questões de conservação, o nível de iluminância é menor do que aquele de outras tarefas visuais similares. Nesse caso, as pinturas individuais ou os grupos de pinturas poderiam ser destacados em relação à luminância de um pano de fundo mais escuro.

A acuidade visual é a habilidade de enxergar pequenos detalhes. A **Figura 10.8** mostra como a acuidade declina se a luminância do campo de visão que rodeia imediatamente a tarefa visual for muito menor ou muito maior do que a do pano de fundo (por exemplo, o papel branco de um livro). A acuidade máxima ocorre quando a luminância do entorno é de mais ou menos um terço da luminância do pano de fundo da tarefa visual.

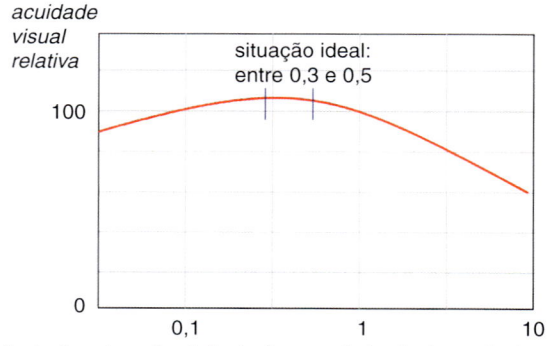

A perda de desempenho devido a áreas muito brilhantes do campo de visão é chamada de *brilho incapacitante*. Ela é muito comum na prática, mas às vezes passa despercebida no local de trabalho, a menos que a tarefa seja prolongada e fatigante, quando se torna um problema sério. Por exemplo, se um monitor de computador é posicionado com uma janela por trás ou se há uma luminária forte no campo de visão imediato, a quantidade total de luz incidente nos olhos do usuário pode fazer com que a adaptação ao brilho seja em um nível inadequado à tarefa visual. Além do mais, o contraste na retina é reduzido pela difusão ótica no olho; a luz difusa pode causar a luminância de encobrimento, uma bruma brilhante sobreposta.

Os reflexos fortes nas superfícies ao redor de uma tarefa visual frequentemente contribuem para causar o brilho incapacitante. Eles são frequentemente mais difíceis de evitar do que o reflexo das fontes de luz sobre a tarefa visual em si, porque a área do entorno pode ser muito maior. Em um escritório comum, as luminárias instaladas no teto precisam gerar um pequeno fluxo luminoso descendente, mas uma intensidade substancial de luz para os lados a fim de minimizar a reflexão sobre as mesas. Todavia, deve haver um limite exato nesse fluxo lateral que minimize o ofuscamento direto e o reflexo nos monitores de computador. Tais luminárias são descritas como tendo distribuições de seu fluxo luminoso em forma de "asa de morcego" ou "perna de calça", devido ao formato de suas curvas polares.

Quando as posições das luminárias podem ser relacionadas a seus locais de trabalho fixos, o controle do ofuscamento se torna mais fácil. Em escritórios com iluminação geral, uma solução prática é garantir que as luminárias lineares estejam paralelas à direção de observação dos usuários e localizadas apenas de um lado e, em particular, que não estejam diretamente sobre as mesas. A alternativa da iluminação local pode facilitar o controle do ofuscamento.

A difusão da luz dentro do olho aumenta com a idade, criando uma necessidade muito maior de altos contrastes dentro das tarefas visuais, bem como uma iluminância mais elevada. As atividades cotidianas, como o uso de escadas, o reconhecimento de rostos e o desvio de obstruções, envolvem tarefas visuais que podem ser difíceis para pessoas de idade mais avançada se houver luminâncias maiores no campo de visão. As janelas, em particular, podem provocar o brilho incapacitante em

10.8
Como a acuidade visual é afetada pelo brilho das superfícies que circundam a tarefa.

situações que passam despercebidas pelos usuários sem problemas de visão. Uma pessoa que estiver de frente a uma janela será vista como uma silhueta e suas feições talvez não possam ser identificadas. Um exemplo comum é um corredor finalizado por uma janela. O brilho incapacitante que essa situação provoca pode ocultar degraus e outros elementos perigosos no trajeto.

Brilho desconfortável

Concentrar-se na execução de uma tarefa visual quando há uma fonte de brilho muito intensa em outro local de nosso campo de visão pode ser desconfortável. Tentamos evitar olhar para a fonte de luz, semicerrar nossos olhos ou manter nossa cabeça posicionada de modo a minimizar a iluminação sobre o rosto. Se o período de tempo for breve, às vezes até não notamos tal incômodo, mas pouco a pouco ficamos tensos e sentimos desconforto muscular. No longo prazo, o desempenho da tarefa é afetado, mas com frequência não nos damos conta da causa e atribuímos a perda do rendimento a outros aspectos da iluminação ou a um fator ambiental não relacionado.

Esse efeito é conhecido como *brilho desconfortável*, e sua magnitude depende principalmente de quatro fatores:

1. a luminância da fonte do brilho (L_s);
2. a luminância do pano de fundo do brilho (L_b);
3. o tamanho da fonte do brilho (medido como um ângulo sólido de ω estereorradianos do observador);
4. a posição da fonte em relação à direção de observação (quantificada por um índice de posicionamento, p).

Se as fontes forem relativamente pequenas, como luminárias, o brilho desconfortável poderá ser quantificado por meio da equação abaixo, que fornece a Classificação de Ofuscamento Unificado (UGR) do CIE.

$$UGR = 8 \log_{10} \left[\frac{0{,}25}{L_b} \sum \frac{L_s^2 \omega}{p^2} \right]$$

Quanto mais elevado for o valor da UGR, maior será o desconforto visual: se esse índice for inferior a mais ou menos 10, o brilho será imperceptível; se for superior a cerca de 28, a situação será intolerável. Um único degrau da escala é considerado como a menor diferença que pode ser detectada; uma mudança de três degraus é considerada como um intervalo perceptível.

A equação mostra que:

- O desconforto (ofuscamento) aumenta proporcionalmente à luminância ou ao tamanho da fonte.
- O desconforto diminui quando o brilho do fundo aumenta ou se a fonte é afastada da linha de visão.

Além disso, os valores Ls, a luminância da fonte, e p, o índice de posição, são elevados ao quadrado na equação, mostrando que uma pequena mudança em qualquer um deles tem grande efeito na UGR. O gráfico da **Figura 10.9** mostra como a UGR muda com a luminância de apenas uma fonte.

Muitas vezes há várias fontes de ofuscamento em um recinto, como um conjunto de luminárias instaladas no teto. O sinal de soma da equação (Σ) indica que, quando isso ocorre, a luminância, o tamanho e o índice de posição de cada fonte separada são calculados, e, por fim os resultados são somados e inseridos na fórmula. Na prática, o desconforto pode ser calculado com base nos dados – geralmente em tabelas – publicados pelos fabricantes para suas luminárias, quando elas forem instaladas em arranjos regulares. Se a fonte de luminância for aumentada, chegar-se-á a um ponto em que o ofuscamento é intolerável e impede totalmente que se consiga desempenhar a tarefa visual. Isso acontece quando dirigimos à noite em uma estrada sem iluminação e um carro passa por nós na direção contrária e com luz alta. Outro exemplo é quando um motorista ou pedestre é exposto à luz do sol que está baixo, seja diretamente ou por meio de reflexo. As fachadas envidraçadas podem se tornar fontes de ofuscamento quando refletem a luz do sol, assim devemos averiguar esse risco durante o projeto.

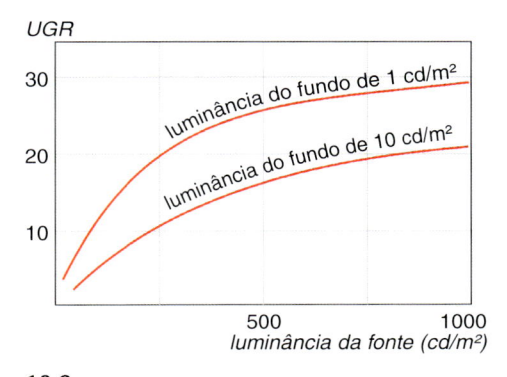

10.9
A variação do brilho desconfortável (UGR) conforme a luminância da fonte para dois valores de luminância de fundo.

A palavra "ofuscamento" é empregada para vários efeitos diferentes. Temos um resumo na Tabela 10.2 e três casos ilustrados na **Figura 10.10**.

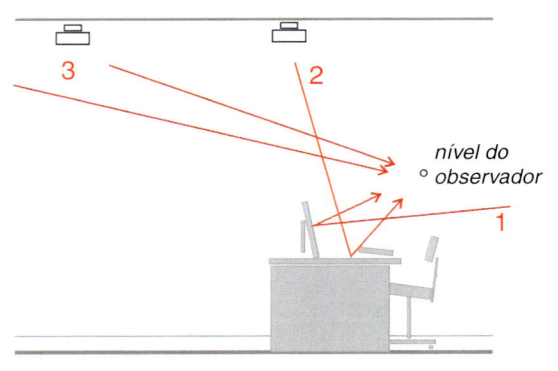

10.10
Tipos comuns de ofuscamento em um escritório: 1) refletância de encobrimento de uma janela espelhada no monitor do computador; 2) brilho incapacitante do reflexo da luminária sobre a superfície da mesa; 3) desconforto provocado pelas fontes brilhantes próximas à direção da observação.

Tabela 10.2
Tipos de ofuscamento

Nome	Onde ocorre	Efeito visual
Deslumbramento	Visão direta ou refletida do sol. Visão de uma fonte de luz significativamente mais alta do que o nível de adaptação.	Incapacidade temporária de visão.
Brilho desconfortável (calculado como UGR)	Visão direta ou reflexão especular de uma ou mais fontes de brilho.	Desconforto que aumenta gradualmente com o tempo de exposição. O interesse no objeto visualizado ou a motivação podem mascarar ou reduzir o grau de desconforto.
Brilho incapacitante	Visão direta de fontes de brilho ou reflexos fortes ao redor, mas não na tarefa visual.	Redução no contraste aparente dentro da tarefa visual.
Refletância de encobrimento	Reflexos fortes na tarefa visual.	Redução no contraste real dentro da tarefa visual.

3 ILUMINAÇÃO LOCALIZADA: OUTRAS QUESTÕES SOBRE O CONTRASTE ENTRE O FUNDO E A TAREFA VISUAL

A exposição é uma forma de tarefa visual na qual o principal objetivo é tornar um objeto distinto de seu contexto – chamar nossa atenção a uma peça particular de uma vitrine ou tornar uma pintura especial imediatamente óbvia para um visitante que entra em uma galeria de arte. Para atrair os olhos do observador dessa maneira, o objeto deve diferir significativamente de seu entorno em brilho, cor, padrão, movimento, ou em uma combinação desses fatores.

O contraste de brilho

Quando o objetivo do projeto for aumentar ao máximo a visibilidade de determinada tarefa visual, será necessária uma razão de cerca de 3:1 entre a luminância do plano de trabalho e a luminância do entorno. Contudo, se o objeto precisar dominar visualmente em relação a seu entorno, o contraste deverá ser muito maior.

A Tabela 10.3 resume a relação entre a razão de luminância do objeto e do pano de fundo e a dominância do objeto sendo mostrado. Isso se baseia em experimentos como o que ilustramos na **Figura 10.11**. Uma cabeça romana antiga foi escolhida como o objeto que seria visualizado e colocada contra um pano de fundo de cor similar (em termos de matiz, saturação e refletância). Objeto e fundo foram iluminados por fontes independentes com lâmpadas de tungstênio com *dimmers*. Os participantes do experimento tiveram de observar vários contextos com combinações de iluminância diferentes: pediu-se que eles identificassem as combinações nas quais a dife-

Tabela 10.3
Razões de luminância para objetos exibidos

Luminância do objeto: luminância do fundo	
2:1	Diferença perceptível entre objeto e fundo.
5:1	Diferença clara ou significativa.
15:1 ou mais	Diferença grande ou radical.

1:2 "perceptível"   1:5 "clara"   1:15 "grande"

10.11
Razões de iluminância médias entre objeto e fundo e suas descrições subjetivas. Observe que a impressão nesta página não reproduz fielmente a variação de luminosidade (brilho) da imagem original.

rença visual entre o objeto e o pano de fundo era "perceptível", "clara" ou "grande". A Tabela 10.3 apresenta as médias dos contextos selecionados em cada categoria. A luminância do fundo é a média dos valores imediatamente ao redor da cabeça; já a luminância do objeto é o valor médio entre as áreas diretamente iluminadas do busto e as áreas sombreadas.

Uma situação mais complexa é apresentada na **Figura 10.12**. Os valores de luminância da cena são compatíveis com a Tabela 10.4. Observe, contudo, como o interesse e a complexidade aumentam quando existe variedade na iluminação. A quantidade de informações que pode ser obtida de uma vista é maior quando há uma variação contínua de brilho, indo do menor nível perceptível ao maior.

A necessidade de aumentar o impacto visual de um objeto deve, portanto, ser comparada com a necessidade de que os pequenos detalhes possam ser vistos. A importância relativa desses requisitos depende da situação – em uma loja, por exemplo, ela varia em cada uma das etapas da rota de um cliente em potencial. O objetivo de uma vitrine é chamar a atenção dos possíveis consumidores e atraí-los para dentro da loja. A iluminação da vitrine busca atrair e estimular, e não mostrar os detalhes do produto, o que torna sua função quase cênica. Uma vez dentro da loja, os clientes poderão ser atraídos a um item em particular por meio da iluminação localizada, o que então fará com que queiram examiná-lo em detalhe (uma tarefa visual).

10.12
Uma cena com luminosidades (brilhos) variáveis contém mais informações do que outra, com níveis baixos de luminosidade. Guerreiros de terracota, Xian, China.

10.13
O efeito da modelagem com o uso de diferentes fontes de luz.
(IMAGEM SUPERIOR) Uso apenas de luz difusa.
(IMAGEM CENTRAL) Uso de apenas um *spot* (luz-chave).
(IMAGEM INFERIOR) Luz-chave e luz de enchimento.

Experiências empíricas mostram que, se um objeto e seu fundo diferirem muito, seja em cor, seja apenas em refletância, as pessoas tenderão a perceber "luminosidade", uma propriedade da superfície, como algo separado do brilho, que depende da iluminação. Assim, os valores da Tabela 10.3 não podem ser aplicados de modo consistente, ainda que sejam um bom ponto de partida.

A separação visual do objeto e seu fundo ocorre de outras maneiras. Pode haver um aumento ou uma redução da forma tridimensional aparente com o sombreamento das superfícies do objeto ou a criação de sombras projetadas por ele. A **Figura 10.13** ilustra isso. Na imagem superior, os objetos são iluminados por uma luz difusa de uma grande fonte; há poucas sombras projetadas e, portanto, uma baixa definição tanto da forma como da textura da superfície (inclusive o formato da bola de tênis é imperceptível). Na imagem intermediária, o uso de apenas um *spot* ou "luz-chave" define a textura superficial e o formato, mas pode ocultar importantes informações nas áreas sombreadas. Já na figura inferior, uma luz de enchimento – um *spot* mais fraco – ilumina as áreas de sombra sem destruir a modelagem dos objetos. O posicionamento das luzes é mostrado pelos reflexos na pequena esfera de vidro, ao centro.

A **Figura 10.13** também demonstra que as diferenças de textura e brilho podem aumentar a separação visual entre objetos e fundo. Vários desses efeitos foram mostrados no Capítulo 1 e, de modo geral, ao longo do livro.

O contraste entre as cores pode ser empregado para aumentar a visibilidade em uma iluminação localizada. As diferenças de matiz e saturação podem ser poderosas, mas um pano de fundo muito colorido pode afetar a adaptação dos olhos e distorcer as cores aparentes do objeto exibido. Esse efeito pode ser explorado: se um matiz do fundo for complementar ao matiz do objeto, então a intensidade de cor aparente do objeto será melhorada.

A mudança da razão de luminância entre um objeto e seu fundo altera até que ponto nossos olhos separam o objeto de seu entorno e afeta nossa capacidade de perceber detalhes do objeto.

Os olhos também conseguem distinguir uma figura de seu entorno em função das diferenças de padrão, dando outra dimensão ao contraste. As diferenças de padrão podem surgir tanto da variação da textura da superfície – que pode ser aprimorada com o uso da iluminação direcional – quanto da variação de marcas na superfície. O efeito das diferenças de padrão é maior quando a mudança do padrão coincide com os limites do objeto.

Um objeto que está se movendo em relação a seu fundo ou que está mudando com o tempo (como uma lanterna) é perceptível especialmente no campo de visão periférico. O movimento pode chamar a atenção a um objeto que não é facilmente visível, especialmente se for súbito ou repetitivo e ocorrer algumas vezes por segundo. No entanto, esses *flashes* são desconfortáveis para uma visão prolongada.

Os quatro tipos de contraste descritos – brilho, cor, padrão e movimento – reforçam os efeitos um do outro. Se todos estiverem presentes, o grau de cada um deles será pequeno, mas mesmo assim se conseguirá uma separação visual significativa entre o objeto e seu entorno.

Técnicas de iluminação localizada

O primeiro passo para projetar uma iluminação localizada é, assim como para outros aspectos da iluminação sobre o plano de trabalho, estabelecer o programa de necessidades:

- *Quais características do objeto precisam ser mostradas?* O que deve ser destacado: a forma dimensional, a textura ou a cor? O objeto é delicado ou sensível à luz?
- *Qual é o fundo?* Ele é uniforme ou visualmente complexo, claro ou escuro? Há objetos à mostra concorrendo entre si?
- *Quem são os observadores e o que eles estão fazendo?* Eles estão perto ou distantes, se movendo ou estáticos? O objeto à mostra é algo que os observadores vieram observar ou eles precisam ser atraídos? É preciso que vejam todos os detalhes do objeto ou eles apenas devem apreciá-lo de modo genérico?

Faz parte da natureza dos objetos que eles determinem o projeto do sistema de exposição. Há uma variedade de técnicas disponíveis, muitas baseadas na fotografia e na cenografia, e cada combinação entre brilho e direção da fonte tem um diferente efeito visual. A Tabela 10.4 (na página seguinte) resume 10 dessas técnicas.

As diferentes estratégias podem ser utilizadas individualmente ou combinadas: a escolha depende de quais características do objeto exibido serão destacadas. Por exemplo, os raios de luz minúsculos que melhoram o brilho de uma joia ou a aparência de frescor de um alimento podem não revelar a forma tridimensional de uma superfície fosca, e a iluminação que enfatiza as variações superficiais de uma escultura em baixo relevo pode reduzir a visibilidade dos detalhes da superfície.

A adequação da estratégia de iluminação ao material é especialmente importante na iluminação arquitetônica, para que as superfícies de um prédio sejam destacadas. Os materiais rugosos exigem diferentes direcionalidades da luz que os lisos, assim como os materiais brilhantes assumem aspecto diferente dos foscos quando o tamanho e o brilho das fontes são alterados.

A quantidade absoluta de luz exigida para destacar algo – a iluminância sobre os objetos – depende da luminância do campo visual ao seu redor, pois a variável-chave é a razão de luminosidade entre o objeto e seu fundo. Quando o entorno é escuro, um pequeno destaque na luminância do objeto é fácil de perceber: em um shopping há muitos mostruários concorrendo e, para que um se destaque, não apenas seu alto brilho é necessário como podem ser essenciais outras técnicas de exposição, como as diferenças de cor e movimento.

Tabela 10.4
Algumas técnicas de iluminação de destaque

Silhueta
O contorno dos objetos é escurecido em relação a um fundo mais luminoso.
Halo
Um feixe de luz vindo de cima e de trás do mostrador, brilhando em direção ao observador, cria bordas luminosas.
Pontos de brilho
Pontos de luz minúsculos refletidos por superfícies brilhantes revelam o formato da superfície e o grau de polimento. O movimento enfatiza o efeito.
Destaque da forma do sólido
Um feixe de luz – por exemplo, 45° em relação ao plano de suporte do objeto e à frente do observador – cria grandes variações de brilho nas superfícies de um objeto tridimensional.
Destaque da textura
Um feixe de luz em um ângulo de incidência oblíquo acentua as irregularidades de uma superfície rugosa.
Achatamento da textura ou forma
Um raio de luz perto da direção de observação ou uma grande fonte difusora reproduz a percepção de formato de tal modo que outras características, como o padrão da superfície e da cor, podem ser apreciadas.
Iluminação de direções incomuns
Por exemplo: um feixe de luz que vem de baixo revela aspectos inesperados de um objeto que normalmente seria visto sob a luz natural.

Existem alguns condicionantes quanto à quantidade de iluminação de destaque que pode ser introduzida em um esquema. O olho humano consegue suportar apenas uma variação de luminância limitada em um estado de adaptação determinado. Assim, brilhos muito elevados parecem deslumbrar, enquanto todos os detalhes se perdem em superfícies mais escuras do que o limite inferior de nossa visão. Quando é necessária uma boa visibilidade ao longo de toda uma exposição, as luminâncias devem ficar dentro da variação associada ao nível de adaptação determinado pelo campo visual total. Luminâncias mais altas são perfeitamente aceitáveis (desde que não causem ofuscamento), mas o projetista tem de equilibrar a necessidade de visibilidade dos detalhes com a necessidade de efeitos visuais exuberantes. O brilho desconfortável, como já vimos, depende tanto do tamanho quanto da luminância da fonte, assim pontos minúsculos de alta luminosidade podem criar brilho sem causar desconforto.

Quando estamos aprendendo a projetar, não existe substituto para a experiência prática. Faça experiências com lâmpadas e luminárias e observe as cores, os diferentes formatos de raios de luz, os efeitos que esses geram nos vários tipos de superfície e como eles podem melhorar ou piorar a forma tridimensional. A recomendação feita no Capítulo 1 de se observar e registrar não tem data para término: ela se aplica para toda a carreira de um profissional.

4 A IMPORTÂNCIA DA GEOMETRIA

O nível total de iluminância não é o fator mais importante na iluminação, seja localizada, seja sobre o plano de trabalho. Desde que ela se mantenha acima de um valor mínimo e abaixo de um valor muito elevado que simplesmente ofuscaria, a quantidade total de luz tem pouco efeito sobre a visibilidade. O que importa são os contrastes de brilho (e de cor, padrão, movimento) entre as diferentes partes do campo visual no plano de trabalho, entre esse e o entorno e entre a área ao redor do objeto visualizado e o local como um todo. O que determina esses contrastes é, antes de tudo, o leiaute tridimensional: o ângulo formado pelo observador, o objeto e a fonte de luz.

A direção pela qual a luz incide em uma superfície determina quais características são reveladas – como textura, brilho, padrão da superfície e formato. A posição da fonte de luz em relação à visão e ao objeto observado determina onde as reflexões ocorrem e o que se encontra no campo de visão do observador.

Isso é especialmente importante em um cômodo com iluminação natural. As janelas são grandes fontes de luz, às vezes muito brilhantes. Tanto a iluminação lateral (de janelas) quanto a zenital (de claraboias) criam campos de luz muito direcionados em um recinto. O design de um recinto deve começar com essa geometria e considerar a direção da luz que incide no objeto e no observador. Deve-se examinar o que cada usuário verá, as vistas para o exterior e as vistas do objeto visualizado em relação às janelas. Se o leiaute do observador, dos objetos visualizados, das janelas e das luminárias for correto, serão evitados os principais problemas. Por outro lado, se a geometria básica estiver errada, pouco se poderá fazer posteriormente para corrigir o desconforto e a baixa visibilidade que ocorre.

5 A IMPORTÂNCIA DAS TRANSIÇÕES

A arte do projeto de janelas está no percurso visual do brilho do exterior através de uma janela até as superfícies escuras do interior. Se um recinto tem janelas em apenas uma das paredes, qualquer luz natural recebida por aquela parede será indireta e refletida pelas superfícies internas. Em um interior iluminado naturalmente, a parede da janela será a mais escura, e também emoldurará o brilho da vista externa.

A fórmula do brilho desconfortável mostrava que a magnitude do ofuscamento é inversamente proporcional à luminância do fundo em relação à fonte de brilho: quanto mais luminoso for o fundo, menor será o desconforto. (Rigorosamente, a fórmula dada se aplica a pequenas fontes – não a janelas –, mas ainda assim a conclusão geral é verdadeira.) Para reduzir o ofuscamento das janelas, é preciso aumentar o brilho das paredes ao redor delas. Eis algumas maneiras para conseguir isso:

- Pinte a parede com uma cor clara. A luminância de uma superfície fosca depende de sua iluminância, e não de sua refletância. Uma parede de cor escura tende a provocar o ofuscamento.
- Aumente a refletância das superfícies do recinto como um todo. Isso eleva a quantidade de luz com reflexão cruzada dentro do espaço e, portanto, a iluminância da parede.
- Coloque janelas nas demais paredes, de modo que a luz direta de cada janela incida nas paredes das demais janelas.
- Aumente o brilho das superfícies do recinto com o uso de luz elétrica. A iluminação elétrica diurna será então empregada nas áreas do recinto com mais luz natural, não para iluminar as tarefas visuais, mas para que possa ser refletida nas paredes com janelas.

O contraste entre interior e exterior é mais forte quando uma janela é simplesmente uma abertura quadrada em uma parede, sem a existência de uma transição de luminosidade. Porém, se a ombreira da janela for chanfrada, será criado um entorno de luminância intermediária (**Figura 10.14**). Isso tem a vantagem adicional de que a luz direta é aumentada nas áreas próximas à abertura da janela, como vemos na **Figura 10.15**.

O escalonamento da luminosidade do exterior até o interior pode ser ainda mais explorado. Na arquitetura residencial europeia do século XVIII, como é o caso das casas inglesas georgianas, a abertura de janela se tornou uma obra-prima das transições sutis. Nessas casas, vários recursos modulavam a luminosidade que vinha do exterior e criavam padrões de sombreamento raramente encontrados em edificações posteriores: recortes nas esquadrias e barras de envidraçamento, tampos múltiplos e articulados, molduras chanfradas entre a janela e a parede rebocada, etc.

Contudo, esses detalhes ainda hoje poderiam ser aproveitados. A transição entre os níveis de luminosidade pode começar com o uso de vegetação no exterior e incluir elementos de proteção solar, como persianas e cortinas. Uma boa iluminação, assim como qualquer outro aspecto da boa arquitetura, depende da qualidade do projeto em todas as escalas, da geometria da forma geral aos detalhes.

A Tabela 10.5 elenca os requisitos funcionais descritos neste capítulo e no anterior. Ela foi elaborada para ser uma lista de conferência que pode ser utilizada para rever os projetos de iluminação interna.

10.15
Transições do interior para o exterior.
a Século XVI, Hardwick Hall, Reino Unido.
b Século XIX, A Biblioteca, Stevenstone, Reino Unido.
c Século XX, casa projetada por Alvar Aalto, Helsinque, Finlândia.

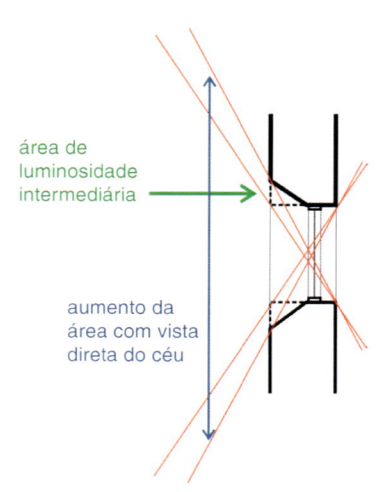

10.14
As vantagens dos chanfros nas ombreiras de janela.

Tabela 10.5

Lista de conferência para o projeto da iluminação localizada e sobre o plano de trabalho. A terceira coluna lista os principais pontos que devem ser considerados no projeto

Os usuários	Estão familiarizados com o lugar?	Orientação espacial dos usuários.
	Estão sofrendo um estresse excepcional?	Orientações simples e claras. Elementos familiares.
	Apresentam alguma deficiência específica?	Apoio a necessidades individuais. Apoio ao comportamento de compensação.
	Ficam dentro do recinto por mais de uma hora durante o dia?	Relação com o exterior: janelas ou outros recursos especiais.
O recinto	Ele pode ter janelas?	Vista direta. Iluminação natural nas superfícies do recinto e nos planos de trabalho.
	Qual é sua natureza?	Consistência com o caráter da arquitetura. Expectativas dos usuários.
	Quais são os objetivos da iluminação?	Exposição: aumento da visibilidade de objetos específicos. Tarefas visuais: aumento da visibilidade dos detalhes.
Exposição	Quais características do objeto devem ser destacadas?	Por exemplo: destaque da silhueta, uso das cores.
	Qual é o pano de fundo do objeto?	Contraste com o objeto.
	Que recursos, além da iluminação, podem ser empregados?	Por exemplo: movimento, posição em relação às linhas de visão dos usuários.
Tarefas visuais	Quais características do objeto devem ser destacadas?	Por exemplo: a forma tridimensional, os detalhes com baixo contraste.
	Que outros recursos – além da iluminação – podem ser utilizados?	Por exemplo: o uso da ampliação ou da codificação com cores.
	Qual é a geometria estabelecida entre o observador, o objeto e a fonte de luz?	O ofuscamento direto e as reflexões especulares provocados por janelas e luminárias.
	Qual é o melhor tamanho da fonte e a melhor direção da luz incidente sobre o objeto?	Sombras projetadas, destaque das texturas.
	Quanto tempo o usuário passa em cada tarefa visual?	Fadiga do usuário, consistência do destaque.
Janelas	Qual é a trajetória solar?	Controle solar.
	Qual é a vista das janelas?	Localização das janelas em relação às direções de visualização do usuário.
	Qual deveria ser o tamanho das janelas?	Distribuição da iluminância da luz natural em um recinto.
Luminárias	Quantas são e onde devem ser instaladas? A iluminação será modificada com frequência?	Distribuição da iluminância gerada pela luz elétrica. Posições de luminárias com pontos múltiplos, como luzes de trilho.
Controle e energia	Quais expectativas os usuários devem ter do controle das luminárias e janelas?	Elementos de sombreamento, aberturas de janela, persianas, iluminação geral, iluminação sobre o plano de trabalho.
	Qual é o equilíbrio ideal entre a luz natural e a elétrica?	Aspecto natural do recinto, consumo de energia.
	Qual é a combinação mais eficaz entre lâmpadas e luminárias?	Consumo de energia.
	Os controles automáticos serão efetivos?	Aceitação por parte dos usuários e operação ao longo da vida útil do sistema de iluminação.
	Quanto tempo durará a instalação?	Custo total do sistema de energia elétrica: compra dos equipamentos, instalação, operação, remoção e reciclagem.
Iluminação de emergência	Há ameaças ou exigências para a saída de emergência?	Dispositivos legais, exigências quanto à saúde e à segurança dos usuários.

11
O projeto na prática

11.1

Os dois capítulos anteriores focaram o projeto visual, o uso da luz e das cores para criar um lugar agradável para seus usuários, onde eles estarão seguros e confortáveis e onde a luz ajudará no desempenho de todas as suas atividades. Isso pode ser o cerne do projeto de iluminação, mas é apenas parte do processo. Existem outras considerações. Em primeiro lugar, os critérios estéticos não são as únicas referências de uma boa iluminação – entre outras, podemos citar o consumo de energia elétrica, a facilidade de manutenção e os custos iniciais e ao longo da vida útil do sistema. Às vezes também são necessárias instalações de iluminação extra, para melhorar a segurança física e patrimonial. Em segundo lugar, a iluminação está relacionada com o conforto térmico e com outros fatores ambientais de uma edificação ou espaço urbano, alémde estar conectada com os demais objetivos da arquitetura, como a criação da forma arquitetônica. Por fim, o projeto de iluminação se dá dentro de um mundo profissional e comercial. Em geral, há outros projetistas envolvidos, alguns responsáveis pelo projeto em geral, outros voltados a diferentes componentes da edificação. Há profissionais terceirizados e fornecedores de materiais, bem como as autoridades responsáveis pela observância das normas legais e pela certificação das instalações.

É nesse contexto que o profissional de luminotécnica trabalha, e ele varia conforme o país e o projeto. O objetivo deste capítulo é apresentar um panorama e destacar as características que podem ser especialmente importantes.

Toda energia consumida por um sistema de iluminação elétrica em determinado momento é convertida em calor. Parte significativa do calor dissipado pelos sistemas de condicionamento de ar que estão instalados nas coberturas da cidade de Nova York se deve, em última análise, ao uso da iluminação elétrica. A **Figura 11.1** também mostra como, no centro de uma cidade, os pavimentos inferiores das edificações têm visibilidade muito restrita do céu e, portanto, recebem pouca luz natural.

11 OUTRAS EXIGÊNCIAS DA ILUMINAÇÃO

Energia

Durante meio século, a iluminação foi barata e abundante, mas, na década de 1970, houve uma interrupção e um alerta importante quando o fornecimento de energia elétrica do Reino Unido foi radicalmente interrompido por limitações impostas pelas principais nações produtoras de petróleo.

Cerca de 20% da energia consumida pelo mundo desenvolvido destina-se à iluminação, e, em geral, aproximadamente dois terços dos gastos com energia em um escritório têm o mesmo fim. Apesar do aumento da quantidade de eletricidade gerada com outras fontes (além dos combustíveis fósseis) e do desenvolvimento contínuo de lâmpadas com maior eficácia, é essencial reduzir a energia utilizada pela iluminação e, em particular, minimizar o dióxido de carbono emitido na atmosfera.

O projeto sustentável não é uma opção que pode ser incluída posteriormente no processo de projeto: ele é um objetivo que deve ser levado em consideração em todas as suas etapas. A sustentabilidade exige uma postura mental não apenas por parte dos projetistas, mas também daqueles que encomendam as edificações, as ocupam e as usam.

A Tabela 11.1 mostra o quanto a luz natural pode contribuir para a iluminância do plano de trabalho. Ela se baseia em um escritório ou uma sala de aula com janelas em uma das paredes que geram um coeficiente de luz diurna de 2%. A iluminância horizontal gerada apenas pela luz natural costuma variar de 20 para um de uma mesa junto à janela a outra no fundo do recinto. Na tabela podemos observar, por exemplo, que, se for necessária uma iluminância de 500 lx sobre o plano de trabalho, ela pode ser obtida durante quase todo o ano em uma área substancial do recinto.

Tabela 11.1
Iluminâncias da luz natural aproximadas baseadas nas condições típicas do sul da Grã-Bretanha

Iluminância horizontal difusa (luz incidente sobre o solo desobstruído, excluindo-se a luz solar direta)	Iluminância sobre o plano de trabalho em um ponto com coeficiente de luz diurna de 20% (a cerca de 1 m da janela)	Iluminância sobre o plano de trabalho em um ponto com coeficiente de luz diurna de 1% (a cerca de 4 m da janela)
30 mil lx. Essa iluminância é superada em cerca de 25% das horas de trabalho anuais no sul da Grã-Bretanha.	6.000 lx	300 lx
10 mil lx. Superada em cerca de 70% das horas de trabalho anuais.	2.000 lx	100 lx
5 mil lx. Superada em cerca de 90% das horas de trabalho anuais.	1.000 lx	50 lx

A contribuição do projetista à economia de energia elétrica é crucial e depende tanto do sistema de iluminação quanto dos controles oferecidos. Vejamos os pontos-chave.

Tabela 11.2
Guia para otimizar o consumo de energia elétrica com a iluminação

1	Otimize a iluminação diurna.
2	Determine onde a iluminação é necessária e localize a iluminação elétrica de acordo com isso.
3	Use lâmpadas e luminárias de alta eficácia.
4	Desligue a iluminação elétrica das áreas que não estão sendo ocupadas.

O primeiro comentário que poderia ser feito a respeito dessa lista é que as diretrizes são tão óbvias que mal precisariam ser apresentadas. Então a pergunta que devemos responder é: por que elas aparentemente são ignoradas com tanta frequência?

Há dois motivos principais: informações insuficientes na etapa de projeto e o fato de que a iluminação faz parte do complexo processo de projeto e construção de uma edificação.

A iluminação é mais efetiva tanto para os usuários como para a economia de energia quando é projetada para se adequar à função e ao leiaute de um recinto e às características das pessoas que o usarão. Mas, mesmo quando a iluminação tem de ser projetada e especificada, em geral não sabemos exatamente quais serão os usos dos recintos nem os usuários. Isso costuma ser usual no caso dos prédios comerciais que são alugados, e, mesmo que o cliente que contratou o projeto seja o usuário posterior e haja um programa de necessidades bem detalhado, é bastante normal que as exigências variem antes da finalização da obra.

Assim, embora os esquemas mais eficientes em consumo de energia relacionem a iluminação ao usuário, muitas vezes se descobre que é impossível estabelecer tal relação. A solução mais fácil no caso de um escritório que será alugado, por exemplo, será criar um arranjo geral de eficientes luminárias instaladas no teto, ainda que as diretrizes impliquem o uso da iluminação sobre o plano do trabalho.

A complexidade do papel do projetista da iluminação é ilustrada pela Tabela 11.3, que lista fatores que afetam o consumo de energia de um sistema de iluminação elétrica interna.

O número de fatores é grande. Raramente há tempo para desenvolver a estratégia de um esquema com base nos princípios básicos. O objetivo então se torna satisfazer as normas obrigatórias e seguir, na medida do possível, as orientações dadas pelos códigos de prática e pela bibliografia profissional.

Contudo, ainda não há normas obrigatórias nem diretrizes totalmente desenvolvidas. No Reino Unido, as orientações sobre o consumo de energia têm se preocupado principalmente com a eficiência dos equipamentos de iluminação (lâmpadas e luminárias) e com o relacionamento entre a iluminância sobre o plano de trabalho e a densidade de energia elétrica média instalada (W/m²).

Tabela 11.3
Fatores que afetam o consumo de energia elétrica

Produção de luz	Eficácia da vida útil Desempenho das cores Oscilações Características de partida: aquecimento, reacionamento, dimerização
Aspectos óticos das luminárias	Distribuição da intensidade Eficácia ótica
Controles	Interruptores comuns, *dimmers* Sensores de ocupação e luz natural Interação dos usuários: sistemas manuais ou automáticos Conexões com outros sistemas, sistemas de automação predial
Contexto de projeto	Disponibilidade de luz natural Formato e tamanho do recinto Cor e refletância da superfície Outros efeitos ambientais da iluminação: ganhos térmicos, necessidade de acesso
Normas de projeto	Saúde Luminosidade e caráter do cômodo Tarefas visuais e exposição Cor
Desempenho ao longo da vida útil	Manutenção e substituição Origem dos equipamentos e materiais Descarte da instalação após certo tempo

As recomendações levam em consideração os tipos de lâmpada e os índices de reprodução de cores (R_a), bem como o tipo de aplicação particular, mas focam arranjos regulares de luminárias instaladas no teto. Por exemplo, a densidade de energia elétrica média instalada para um escritório com iluminância de 500 lx sobre o plano de trabalho deveria ficar entre 11 e 18 W/m².

As recomendações encorajavam o uso da luz diurna sempre que possível e o controle da iluminação conforme apropriado. Todavia, essa abordagem não inclui qualquer avaliação numérica do uso da luz diurna nem considera os benefícios do acionamento dos sistemas com base na ocupação. Uma abordagem mais profunda seria especificar a eficiência no consumo de energia em termos da quantidade de eletricidade que um sistema de iluminação consome por ano (kWh/ano). Ou seja, o controle principal seria o consumo de energia ao longo da vida útil do sistema. Na etapa de projeto, a aprovação de um esquema se basearia em estimativas desse consumo derivados de um *software* de modelagem do consumo de energia que fosse aceitável. O controle final seria o monitoramento do consumo real de energia. Isso é viável com o uso de medidores de baixo custo conectados à Internet.

Apesar dos esforços consideráveis, ainda há ampla margem para a redução do consumo de energia na iluminação. Há muitos aspectos do projeto e da instalação que influenciam o consumo. As regras gerais muito abrangentes, como a proibição de lâmpadas com filamento, nem sempre são efetivas. Uma reação típica é dizer "se é uma lâmpada de baixo consumo, não faz mal deixá-la acesa".

Controles

Dois tópicos isolados precisam ser discutidos. O primeiro envolve os meios físicos de acionamento e controle da iluminação elétrica, das persianas e de outros sistemas de sombreamento; o segundo é o modo pelo qual as pessoas respondem a esses e os operam. Tanto os fatores físicos quanto os subjetivos se relacionam intimamente com o consumo de energia para iluminação.

Um sistema de controle de iluminação tem os seguintes componentes:

- interruptores ou *dimmers* das lâmpadas
- controle de outros equipamentos, como persianas
- sensores de iluminação
- sensores de ocupação
- temporizadores
- controle por computador

O sistema mais básico é o uso de interruptores simples para as lâmpadas e a operação manual das luminárias e de qualquer outro aparelho, com os usuários desempenhando todas as demais funções. O sistema mais complexo tecnologicamente tem sensores eletrônicos de todos os tipos, capacidade de dimerização total das lâmpadas e é conectado a um sistema de automação predial baseado em computador. Ele permite as economias máximas de energia, desde que seus recursos sejam totalmente utilizados, e, para que isso ocorra, os controles devem ser "amigáveis".

Quando os prédios são avaliados após certo tempo de uso ("avaliação pós-ocupação"), raramente se encontra insatisfações dos usuários baseadas somente no desvio dos critérios de projeto padronizados. Ao contrário, é comum encontrar situações nas quais as pessoas estão trabalhando sem reclamar com níveis de iluminância abaixo dos prescritos pelos códigos ou sujeitas a forte ofuscamento ou à reflexão especular intrusiva. Por outro lado, um sistema de iluminação pode atender a critérios padronizados e mesmo assim causar reclamações. Isso ocorre porque há exigências marcantes e adicionais para a satisfação dos usuários: o indivíduo deve sentir que pode controlar seu entorno.

Quando isso não acontece, os efeitos são sentidos. A Síndrome da Edificação Doente – a ocorrência de índices de reclamação e de problemas de saúde mais elevados do que os normais – é registrada com mais frequência quando as pessoas acreditam que têm pouco controle sobre seu ambiente. Uma constatação entre as pessoas que trabalham em escritórios é que a produtividade percebida se relaciona diretamente com o controle percebido do ambiente.

Todavia, a incapacidade de poder controlar – abrir as janelas, acender as luzes, ajustar a temperatura – pode ser resultado de um projeto inadequado. O problema pode ser a mera ausência de recursos locais para o usuário, como acontece quando todos os interruptores de luz são agrupados em apenas um lugar do escritório ou quando não são fornecidos meios de sombreamento. Mas a insatisfação também acontece quando os controles de iluminação automática funcionam sem que haja oportunidade de intervenção dos usuários, particularmente se os efeitos são repentinos, como no caso de desligamento de luzes, ou se eles parecem não se relacionar com o ambiente externo.

O grau de controle que uma pessoa tem sobre seu ambiente imediato não é determinado apenas por fatores físicos. As interações sociais entre os usuários podem reduzir a efetividade das ações de um indivíduo. Por exemplo, se em um local de trabalho a maneira de mudar as condições ambientais de um trabalhador subordinado ficam dentro do espaço imediato de seu superior, suas ações poderão ser inibidas.

Em geral, se o acionamento de controles afeta um grupo de pessoas que está em um recinto, as regulagens adotadas podem diferir significativamente dependendo de quem escolhe. Algumas pessoas usam com exclusividade controles, termostatos e janelas e isso pode fazer parte das regras da sociedade. As pessoas têm expectativas que se relacionam com sua participação no grupo: em áreas públicas, os visitantes normalmente não imaginam que deverão acender ou desligar as luzes e podem ficarem confusos se esse for o caso; já nas áreas de trabalho pessoal, o senso de controle individual é fundamental para a satisfação do trabalhador.

Há fortes argumentos contra uma iluminância geral uniforme nos locais de trabalho. Sabe-se que os níveis preferidos de iluminância sobre o plano de trabalho variam entre as pessoas. Quando podem escolher, algumas pessoas reduzem a iluminância de seus locais de trabalho abaixo do valor recomendado pelas normas. Se os postos de trabalho têm iluminação controlada individualmente, ela pode ser desligada ou dimerizada quando a pessoa se retira. Essa ação pode ser controlada manualmente pelo indivíduo ou automaticamente, com o uso de um sensor de ocupação. Frequentemente se recomenda que os indivíduos tenham a liberdade de ligar a luz sobre o plano de trabalho quando necessário, e que o desligamento seja automático, mas também possa ser manual. O importante é que o sistema seja adequado às expetativas do usuário.

Qualquer sistema deve ser simples e fácil de operar, e os clientes devem ter informações sobre o funcionamento do sistema e as vantagens de seu uso. Já foram registrados muitos casos de equipamentos de automação predial sofisticados que foram instalados em situações nas quais os funcionários não sabiam operá-los.

Manutenção e vida útil

A manutenção do sistema de iluminação deve ser considerada em dois níveis. O primeiro inclui a limpeza e o reparo da instalação ao longo de toda sua vida útil; o segundo, o efeito da perda de luminosidade devido ao envelhecimento do sistema.

A menos que haja acesso fácil e seguro a uma fonte de iluminação, a manutenção será negligenciada ou se tornará cara, provocando a deterioração do sistema. Isso se aplica tanto a janelas quanto às luminárias. Se for necessário o uso de grandes escadas de mão ou andaimes, a limpeza e o reparo serão infrequentes, e as lâmpadas não serão substituídas assim que queimarem.

Tabela 11.4
Lista de conferência para manutenção e substituição

Instalações de iluminação elétrica	
1	Considere a vida útil provável dos equipamentos e dos recursos que estarão disponíveis para a manutenção.
2	O equipamento foi escolhido de modo a facilitar a manutenção? Considere a vida útil da lâmpada e a limpeza das luminárias.
3	Considere o acesso à instalação. Ela pode ser facilmente acessada com escadas de mão normais? Quantos funcionários são necessários para isso?
4	As lâmpadas que serão substituídas são do tipo padrão, fácil de obter?
5	Os equipamentos podem ser facilmente removidos e substituídos no final de sua vida útil?
Janelas	
1	A janela está posicionada de modo que possa ser lavada pela chuva? Ela fica perto de uma fonte de poluição?
2	O acesso à janela (por dentro e por fora) é seguro?
3	A janela pode ser limpa sem o uso de equipamentos especiais?

No caso das janelas, a taxa de acúmulo de poeira depende da qualidade do ar, do ângulo da vidraça e da exposição da janela à chuva. As vidraças verticais expostas são o ideal; as piores são aquelas quase horizontais e dotadas de sistemas de sombreamento, pois rapidamente acumulam poeira. O tipo de superfície do vidro também afeta o acúmulo de poeira – as situações extremas são os vidros tratados para minimizar a aderência da poeira e as antigas vidraças gravadas a água-forte, que ficam muito sujas.

O Capítulo 18 apresenta valores típicos adotados para a estimativa de iluminação natural; em atmosferas industriais muito sujas nas quais as janelas têm baixa manutenção, os valores podem ser ainda menores do que os indicados.

O cliente ou o síndico precisa receber informações sobre a manutenção dos equipamentos de iluminação elétrica. Dois aspectos devem ser tratados:

1. *O processo de limpeza*, destacando em especial quais detergentes terão o melhor efeito – aqueles com propriedades antiestáticas, para minimizar a atração de pó e sujeira – e o uso de limpadores não-abrasivos, para evitar danos nos refletores.
2. *A frequência de limpeza*. Essa é uma função do tipo de aplicação e da limpeza do ambiente circundante. Mesmo no caso de um sistema de manutenção planejado e executado de modo correto, o fluxo luminoso de uma instalação cai durante o período entre duas manutenções – o ciclo de manutenção da instalação. Essa deterioração é resultado principalmente do acúmulo de sujeira nas superfícies que emitem e refletem luz, mas também ocorre porque o fluxo luminoso da maioria das lâmpadas diminui com o passar do tempo. Em determinado momento, as lâmpadas deixam de funcionar totalmente; além disso, algumas lâmpadas de descarga começam a oscilar quando ficam velhas, o que pode distrair e irritar os usuários e deve ser evitado.

O projetista deve levar tais efeitos em consideração ao basear os cálculos em uma *iluminância mantida*. Essa é a iluminância média em uma superfície particular ao final do ciclo de manutenção; ou seja, no momento logo antes da substituição da lâmpada ou da limpeza do equipamento e das superfícies do recinto.

As escolhas dos tipos de lâmpada e luminária, bem como o número de equipamentos utilizados, são afetados por condições de manutenção. As condições são representadas por um coeficiente de manutenção que é incluído nos cálculos de iluminância. Sua fórmula é

$$\text{coeficiente de manutenção (MF)} = \frac{\text{iluminância mantida}}{\text{iluminância inicial}}$$

Ele é o produto de todos os fatores que afetam a iluminância planejada ao longo da vida útil da instalação.

$$MF = LLMF \times LSF \times LMF \times RSMF$$

no qual LLMF é o coeficiente de manutenção, LSF é o coeficiente de durabilidade, LMF é o coeficiente de manutenção da luminária e RSMF é o coeficiente de manutenção das superfícies do recinto.

O coeficiente de manutenção dos lumens da lâmpada leva em consideração a depreciação do fluxo luminoso da lâmpada ao longo de sua vida. A taxa de depreciação varia conforme o tipo de lâmpada, assim o fabricante deverá ser consultado. O fabricante também deverá dar informações sobre a vida da lâmpada e detalhes sobre seu coeficiente de durabilidade. Esse último representa a fração de lâmpadas que deixaram de funcionar após certo número de horas de operação com ciclo de acendimento e voltagem típicos. Ele é empregado apenas quando as lâmpadas não serão substituídas imediatamente após queimarem (a "substituição pontual").

O coeficiente de manutenção das luminárias leva em consideração a sujeira depositada nas superfícies refletoras da luminária. A taxa de deterioração depende do tipo de luminária e da quantidade de sujeira presente na atmosfera. Se a luminária for vedada (isto é, a prova de pó ou vedada contra o pó) e não emitir luz para cima, o acúmulo de sujeira não é tão problemático quanto no caso das luminárias abertas e com superfícies refletoras horizontais nas quais a poeira pode se acumular. Os fabricantes de luminárias devem ser consultados sobre o coeficiente de manutenção provável.

O coeficiente de manutenção das superfícies de um recinto leva em consideração o acúmulo de sujeira nas superfícies refletoras de luz de um ambiente. Ele depende da taxa de depósito de sujeira e da importância da reflexão cruzada para a iluminância produzida. A reflexão cruzada depende, por sua vez, do tamanho do recinto e da distribuição da intensidade das luminárias. Esse coeficiente, por exemplo, é inferior em um recinto grande dotado de luminárias que direcionam a maior parte de sua luz para baixo e superior em um cômodo pequeno e com iluminação indireta.

Usar o coeficiente de manutenção em um projeto significa oferecer uma iluminância mais elevada do que a necessária para quando a instalação é nova. Isso visa garantir que a iluminância mantida seja alcançada mesmo no final do ciclo de manutenção. A dotação inicial excessiva de luz pode ser compensada com o uso de luminárias com *dimmers* junto com sensores de luz que monitorem a iluminância e a mantenham no nível necessário. O fluxo luminoso será reduzido no início do ciclo de manutenção, mas ficará em seu valor total no término. O custo inicial da instalação é mais elevado, mas essa pode ser uma solução efetiva para economizar energia.

Fazer um plano de manutenção para a vida do sistema é parte do processo de um projeto de iluminação. O cliente deve ser informado sobre os procedimentos de manutenção necessários para que haja uma iluminação de alta qualidade ao longo de toda a vida da instalação, bem como sobre os coeficientes de manutenção nos quais o projeto foi baseado. Isso permite que o cliente compare diferentes soluções de projeto a partir de informações correspondentes.

A manutenção da iluminação elétrica às vezes é feita por empresas especializadas que limpam e reparam as luminárias e substituem as lâmpadas. A substituição das lâmpadas pode ser pontual ou total em momentos específicos da vida da instalação, quando é feita a limpeza. Essas empresas também podem ajudar no descarte de lâmpadas e luminárias. As lâmpadas e luminárias às vezes incluem materiais que podem ser prejudiciais ao meio ambiente e que exigem processos especiais de descarte. No Reino Unido e em outros países estão surgindo empresas especializadas no descarte e na reciclagem de equipamentos de iluminação.

As especificações sobre a iluminação tendem a mudar durante o desenvolvimento de um projeto. Se uma edificação sendo construída exceder o orçamento, serão exatamente os gastos com acabamentos e acessórios os primeiros a serem descartados. Luminárias caras serão substituídas por outras mais baratas e sistemas de controle sofisticados darão lugar a sistemas de acionamento rudimentares, e o projetista do sistema muitas vezes terá de saber defender seu projeto e justificar com argumentos claros o valor dos equipamentos especificados em longo prazo. Também ocorrerão questionamentos quanto à escolha inicial das lâmpadas e luminárias. Os membros das equipes de projeto com diferentes formações profissionais atribuirão importâncias diferentes para a aparência da luminária em relação a suas características de geração de fluxo luminoso e à robustez do equipamento. Muitas vezes, os construtores pressionarão para substituir os modelos de lâmpadas ou luminárias especificados por produtos "similares", e isso também acontecerá durante a manutenção realizada ao longo da vida útil do prédio.

Iluminação de emergência

O propósito da iluminação de emergência é oferecer segurança aos usuários de um prédio no caso de pane no abastecimento normal de eletricidade. As causas para o interrompimento podem ser de simples falhas elétricas a incêndios catastróficos. Por consequência, a iluminação de emergência deve ser abastecida por uma fonte independente que seja acionada automaticamente, sempre que necessário. Seu objetivo principal é permitir que as pessoas:

- evacuem a edificação com segurança;
- interrompam processos perigosos;
- continuem atividades vitais.

Em todos os casos, a iluminação deve ser suficiente para o propósito e deve funcionar pelo tempo necessário para que os procedimentos sejam finalizados com segurança.

A iluminação de emergência é necessária em edificações às quais o público tem acesso, em locais de trabalho comercial e industrial e em prédios como hospitais e casas geriátricas. Existem padrões mínimos para a iluminação de emergência que são determinados pela legislação, e o projetista deve consultar as normas atuais para a área e o tipo de edificação sendo projetada. É importante observar que as normas variam conforme o país.

Se a iluminação normal de uma edificação falhar e houver uma escuridão repentina, a possibilidade de pânico e acidentes graves é real. A iluminação das saídas de emergência deve ser acionada imediatamente. Ela deve orientar as pessoas até uma rota segura e lhes permitir chegar até o exterior.

A iluminância das luzes de emergência geralmente é muito inferior à dos níveis de iluminação normal. Como algumas pessoas talvez não consigam se adaptar totalmente, as rotas de fuga devem ser continuamente iluminadas e indicar com clareza qualquer mudança de direção ou nível. As escadas e os degraus isolados devem ter marcações especiais. Outras exigências da iluminação de emergência são permitir com rapidez o combate ao incêndio e o reconhecimento de outros equipamentos de segurança e haver iluminação suficiente nas áreas abertas (como plantas livres de edifícios), para que os usuários se movam rapidamente em direção às rotas de fuga designadas.

Os sinais luminosos de orientação (que têm suas próprias especificações padronizadas) são parte do sistema de iluminação das rotas de fuga. Eles não apenas direcionam as pessoas ao longo da rota como identificam as saídas.

Os equipamentos de iluminação de emergência devem direcionar para baixo a maior parte da luz a partir de um ponto normalmente posicionado acima da cabeça dos usuários. Isso tem como objetivo evitar que altos níveis de luminosidade das luminárias ocorram nas áreas de visão normais, o que provocaria o brilho incapacitante e, por sua vez, poderia prejudicar o processo de evacuação.

Embora os elevadores não costumem fazer parte de uma rota de fuga, é essencial incluir iluminação de emergência nas cabinas para que qualquer pessoa que por ventura ficar presa tenha o mínimo de conforto. Além disso, às vezes há elevadores especialmente projetados para o uso de equipes de resgate.

Pode ser necessário que o sistema de emergência forneça iluminação para que os operadores interrompam com segurança processos perigosos ou vitais antes de sair. Sem que isso seja feito, poder-se-ia colocar em risco ainda maior tanto os operadores quanto os demais usuários da edificação.

Em certos casos, como em salas de cirurgia de hospitais, às vezes é necessário oferecer iluminação de emergência que permita a continuidade de atividades normais, sem grandes mudanças. Isso é chamado de Iluminação de Apoio de Emergência e exige uma fonte alternativa de energia, muitas vezes com capacidade substancial.

Os sistemas de iluminação de emergência podem ser alimentados por uma fonte central ou ser autônomos. Os sistemas de energia central podem funcionar com baterias alimentadas por um carregador automático ou com um gerador central. Cada um requer sua própria fiação exclusiva e protegida. Os sistemas autônomos usam luminárias com sua própria fonte de energia garantida por uma bateria. Cada um também contém um carregador e comutador, que liga a lâmpada automaticamente quando há interrupção na rede geral de energia elétrica. Quando as necessidades de energia elétrica alternativa são grandes, pode ser necessário o uso de um gerador autônomo, mas devemos levar em consideração o período que o gerador leva para alcançar sua capacidade total.

As luminárias podem ser dispositivos independentes que funcionam apenas quando há um blecaute ou luminárias normais que também incluem uma lâmpada e outros componentes para fins de iluminação de emergência. Essa segunda opção às vezes é a preferida pelo arquiteto ou pelo cliente, pois evita a instalação de outro equipamento nas paredes ou no teto.

Os equipamentos de iluminação de emergência devem ser de alta qualidade, a fim de garantir que funcionarão adequadamente quando necessário. Para certificar que isso ocorra, em muitos países há normas nacionais que cobrem tanto a especificação do equipamento como o projeto do sistema como um todo. Essas disposições objetivam que a iluminação adequada seja fornecida durante determinado período de operação. É essencial garantir a confiabilidade contínua de um sistema por meio de manutenção e testagem regulares e do registro dos testes em um livro.

Custo

A Tabela 11.5 lista maneiras de minimizar os custos iniciais de uma instalação de iluminação. O fato de que os itens de iluminação elétrica são descritos de modo comercial e rotineiro não é acidental – é mais barato para uma instalação comercial adotar essa forma.

Tabela 11.5
Guia para reduzir os custos de capital com a iluminação

Iluminação elétrica	
1	Posicione as luminárias de modo que os cabos sejam curtos e facilmente acessíveis.
2	Minimize o número de luminárias.
3	Especifique luminárias padronizadas.
4	Use o sistema de controle mais simples com o acionamento de lâmpadas em conjunto.
Iluminação natural	
1	Use, já no lançamento preliminar do projeto de arquitetura, o volume da edificação e sua orientação de modo a minimizar os ganhos solares.
2	Evite o uso de janelas em grandes paredes portantes.
3	Minimize o número de tipos de janela.

Qualquer desvio dessas diretrizes implica em aumento de custos e precisa ser justificado. Por exemplo:

- Esses são custos iniciais, e não custos do ciclo de vida.
- O valor da satisfação dos usuários e os ganhos de produtividade são omitidos dos cálculos.
- Uma instalação comercial básica não é consistente com a arquitetura do prédio.

A instalação do sistema de iluminação elétrica vem no final do cronograma de execução de uma obra. Se as etapas anteriores da construção extrapolaram seus orçamentos, o comum é procurar economias possíveis na etapa final da obra. Além da iluminação, essa etapa inclui a decoração, os móveis e acessórios e alguns dos equipamentos eletrônicos e elétricos. Nesse caso, haverá pressão para substituir lâmpadas e luminárias por opções mais baratas do que as especificadas e com controles mais rudimentares. Os itens mais caros podem ter sido especificados por motivos justificáveis – se esse for o caso, eles deverão ser defendidos com argumentos como aqueles apresentados anteriormente.

O custo inicial do sistema de iluminação elétrica inclui o custo do projeto, os equipamentos (lâmpadas, luminárias e controles), a instalação (fiação, elementos de fixação e instalação das luminárias e dos controles), qualquer serviço dos construtores que seja associado e o "comissionamento" da instalação (ajustes e testes feitos por especialistas). Em média, isso representa cerca de 5% do custo total de construção de um prédio comercial. O desembolso inicial com a iluminação natural é o custo das janelas em substituição ao custo da construção da área equivalente de parede ou cobertura maciça, os custos de uma forma particular do prédio, o uso ou a orientação necessária para um bom aproveitamento da iluminação zenital ou lateral e qualquer custo associado com o planejamento de recintos especiais. Um custo associado com a obtenção de uma boa penetração da iluminação zenital é o aumento do pé-direito em relação ao de outras situações.

Os principais custos contínuos da iluminação elétrica são a energia, a limpeza e a substituição de lâmpadas e luminárias. No caso da luz natural, há dois grupos de custos correntes: a limpeza e o reparo, e o gasto extra com energia para climatização provocado pelas janelas. Aumentar o tamanho das janelas pode gerar a necessidade tanto de aquecimento extra durante o inverno como de resfriamento adicional quando há ganhos térmicos solares excessivos.

A satisfação do usuário e o desempenho do sistema

Uma boa iluminação pode garantir o desempenho do usuário tanto diretamente (ao criar uma iluminação apropriada em um ambiente livre de ofuscamento) quanto indiretamente (ao fornecer iluminação que aumenta a sensação de bem-estar, que, por sua vez, aumenta o desempenho). Normalmente, em um prédio comercial, o custo de operação do sistema de iluminação equivale a cerca de 5% dos custos correntes, enquanto que a folha de pagamento dos funcionários consome 80% do total. Assim, as economias com a iluminação, que afetam o desempenho dos trabalhadores, são uma falsa economia.

A análise de custos de um sistema de iluminação precisa ser feita em termos de custo do ciclo de vida – considerando tanto os custos de capital quanto de operação para a vida útil prevista para a instalação. Um sistema que inicialmente é barato, como o uso de lâmpadas incandescentes em uma fábrica, em geral se torna muito mais caro ao longo de sua vida do que aquele com custos de capital mais elevados, mas eficácia e vida das lâmpadas significativamente melhores, como no caso de uma instalação que usa lâmpadas de descarga à alta pressão.

As janelas e a iluminação elétrica impactam no desempenho ambiental geral de uma edificação. A iluminação não pode ser considerada isoladamente, seja em termos de custo, seja em suas implicações para o projeto da estrutura da edificação e as demais instalações. Uma questão importante é que as interações entre a iluminação e os fatores térmicos afetam os custos relativos da iluminação natural e elétrica ao longo da vida útil do prédio. Um alto nível de iluminação natural exige grandes janelas e pés-direitos altos; pode implicar significativas variações nas temperaturas internas e desconforto devido aos outros efeitos térmicos das janelas; e os custos com calefação e resfriamento podem ser elevados. Por outro lado, o uso exclusivo da iluminação elétrica durante as horas de luz natural – com janelas de fins apenas panorâmicos – ignora as economias de consumo de energia que podem ser obtidas com a iluminação natural e provoca a perda de variabilidade, que pode ser um estímulo ao bem-estar dos usuários.

Quando a iluminação elétrica é utilizada junto com a natural durante o dia, o equilíbrio ideal é encontrado quando:

- A área de vidraças é suficientemente grande para dar uma contribuição significativa à iluminação natural e permitir que os usuários percebam as condições ambientais externas.
- A iluminação elétrica é bem controlada, respondendo à iluminância da luz natural e à ocupação.
- A iluminação complementar é projetada especialmente para responder a mudanças no nível de luz natural disponível.

Se forem preparados vários projetos alternativos e eles diferirem apenas no tamanho das janelas e na provisão correspondente de energia elétrica, o custo ao longo da vida útil tenderá a seguir uma curva em forma de U, quando comparado com o coeficiente de iluminação natural médio de um cômodo típico. Isso é mostrado na **Figura 11.2**.

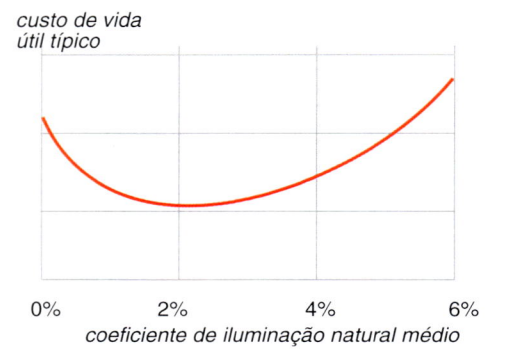

11.2
Relação típica entre o custo de vida útil e a provisão de luz natural.

O custo de vida útil relativo é mais elevado com janelas muito grandes ou muito pequenas, e há uma zona praticamente plana que representa os custos mínimos. O gráfico do custo de energia ao longo da vida útil em relação ao coeficiente de iluminação natural médio tende a ser similar.

Todavia, isso nem sempre acontece. Às vezes, com o objetivo de minimizar o gasto com energia e as emissões de CO_2, uma análise puramente térmica de uma edificação pode levar à minimização das áreas de vidraça e, por conseguinte, a níveis ruins de luz diurna. É importante, então, garantir que todos os aspectos do desempenho térmico das janelas sejam explorados, especialmente o uso de sistemas de envidraçamento avançados, vidros múltiplos e vidros de alto desempenho.

Todo projetista tem a responsabilidade de garantir a segurança do local: o projeto e a especificação de uma instalação deve ser tal que ela possa ser construída, mantida e, após certo tempo, retirada e descartada sem colocar em risco a saúde das pessoas. Essa é uma responsabilidade moral e muitas vezes também legal (imposta por alguns códigos de edificações). Na prática, ela limita o posicionamento das janelas e luminárias a locais onde o acesso seja razoável durante toda a vida útil, considerando o uso normal da edificação. Se, por outro lado, não houver acesso seguro para manutenção, então a perda de desempenho provocada pela sujeira ou pela queima de uma lâmpada deve ser explicitamente levada em consideração durante o projeto e isso deve ficar claro para os usuários.

2 O PROJETO DE LUMINOTÉCNICA DENTRO DO PROJETO DE ARQUITETURA

O projeto de luminotécnica ocorre dentro de muitos contextos. Os sistemas de iluminação novos em edificações preexistentes são mais comuns do que em prédios recém completados, porque a instalação elétrica, a decoração e os acessórios de um interior tendem a ser renovados mais do que uma vez durante a vida útil de um prédio. Os projetos novos são determinados pela natureza e como a edificação é projetada – os processos de financiamento, contratação, projeto e construção de um prédio. No Reino Unido, por exemplo, isso mudou bastante na última década: o financiamento privado de edificações públicas tem levado ao envolvimento das construtoras desde o início do processo de projeto e, como elas agem como se fossem o cliente de fato, as questões de custo inicial e aceitação de soluções padronizadas têm provocado a limitação dos recursos disponíveis para o projeto criativo. Provavelmente, na maioria dos projetos nem as janelas nem a iluminação elétrica seja propriamente "projetada" no sentido que temos empregado a palavra neste livro; alguns cálculos rudimentares talvez sejam feitos, entretanto o que é construído costuma ser a solução convencional que tenha o menor custo. Mas, felizmente, isso nem sempre ocorre. Há edificações recentes com sistemas inovadores e espetaculares, bem como equipes de projeto multidisciplinares conhecidas por sua criatividade.

Seja qual for o rumo que o projeto assumir, o projetista do sistema de iluminação (que também pode ser o arquiteto geral, o engenheiro civil ou o arquiteto de interiores) pode dar várias contribuições diferentes: estudar as necessidades do cliente e dos usuários; desenvolver as soluções de conceito; testá-las em relação às exigências do projeto; avançar até a etapa final do projeto (detalhamento e especificação); e fazer a fiscalização, a execução e o comissionamento da obra.

Isso tudo é resumido na Tabela 11.6, que divide o processo em quatro estágios, espelhando as etapas tradicionais de projeto e construção. Esses passos podem ser interrompidos ou alterados por outros métodos de criação, mas, *grosso modo*, a sequência lógica permanecerá válida.

A Tabela 11.6 também mostra como os diferentes tipos de cálculo se enquadram no processo. Os cálculos não são um fim em si próprios. Nem os números que geram nem as imagens são o objetivo final do responsável pelo projeto de luminotécnica. O propósito dos cálculos é ajudar o projetista a escolher entre alternativas, conferir se uma solução em particular atende aos critérios e, às vezes, persuadir. Eles devem ser tratados como um apoio à criatividade, não como um substituto. Há inúmeros cálculos que poderiam ser feitos durante o projeto de uma edificação – de habitabilidade, de estrutura, financeiros –, mas, na prática, poucos são feitos: normalmente apenas aqueles cruciais às decisões de projeto ou úteis para mostrar que normas obrigatórias estão sendo respeitadas.

O progresso de uma proposta raramente segue o percurso direto que a Tabela 11.6 sugere. O projeto pode ser um processo cíclico e repetitivo de tentativa e erro que envolve as emoções, bem como o pensamento analítico.

Observe mais uma vez o diagrama na introdução da Parte Dois deste livro (p. 84). Ele é um lembrete dos fatores que devem ser levados em conta no projeto real de uma edificação. Ele mostra que o projeto de iluminação é o casamento de muitos fatores: necessidades práticas; objetivos visuais; condicionantes impostos por outras exigências do prédio, pela legislação ou pelas normas.

Tabela 11.6
O projeto de luminotécnica nas diferentes etapas do projeto de arquitetura

	Durante o projeto de arquitetura	Exige-se do projetista do sistema de luminotécnica
1	Decisões sobre a forma geral dos prédios, sua estrutura, os principais materiais, a orientação solar, as vistas, a iluminação natural	• Testagem rápida das alternativas, estudos de diferentes cenários, uso de dados provisórios ou aproximados. • Capacidade de avaliar a estratégia de iluminação como parte das análises de consumo de energia total e desempenho térmico.
2	Projeto detalhado, seleção de acessórios e materiais	• Desenhos que permitem ao projetista avaliar a aparência de um projeto e comparar alternativas. • Cálculos para selecionar o tipo e o número de luminárias, a especificação e as dimensões das janelas, os sistemas de controle. • Cálculos para testar se as normas e outros critérios foram atendidos.
3	Apresentação do projeto e aprovação	• Especificações técnicas e tabelas com quantidades de materiais. • Desenhos e previsões de desempenho genéricas para o cliente e para apresentações ao público.
4	Construção e testagem ("comissionamento")	• Supervisão *in loco*. • Instalação e conferência dos sistemas de controle, orientação das luminárias. • Certificação dos sistemas, informações para os clientes: instruções e planilhas de manutenção.

Parte Três
Aplicações

12	Locais de trabalho com mesas	139
13	Prédios para exposição	155
14	Abrigos institucionais	169
15	Hotéis	177
16	Iluminação externa	181
17	Dados	199

A PARTE TRÊS trata da aplicação das técnicas e ideias descritas nas primeiras partes deste livro. Ela contém notas adicionais do programa de necessidades de tipos de edificação específicos, exemplos de cálculos comuns e descrições de projetos de luminotécnica reais feitos por projetistas de renome internacional. Por fim, veremos um conjunto de dados empregados em cálculos.

Tipo de edificação	Função	Tópicos	Exemplo de projeto profissional
Capítulo 12 Locais de trabalho com mesas	Salas de aula	Coeficiente de luz diurna média, penetração do sol, método dos lumens, estimativa do consumo de energia	
	Escritórios	Abordagens alternativas à iluminação de escritórios	Sede Mundial da SHI International Corp., Nova Jersey, Estados Unidos
Capítulo 13 Prédios para exposição	Lojas	O equilíbrio entre a iluminação localizada e a iluminação sobre o plano de trabalho	
	Galerias de arte e museus	O equilíbrio entre a exposição e a conservação dos itens	O novo Museu da Acrópole, Atenas, Grécia
		Cálculo de *spots*	
Capítulo 14 Abrigos institucionais	Áreas de circulação	Iluminação para segurança e saúde	Casa Colliers Gardens Extra Care, Fishponds, North Bristol, Reino Unido
		Percurso aparente do sol e componente celeste vertical	
Capítulo 15 Hotéis	Recintos de uso público	Iluminação para criar ambiência e boa iluminação sobre o plano de trabalho	Hotéis Mandarin Oriental, Genebra e Praga
Capítulo 16 Iluminação externa	Edificações	Estratégia e iluminação	
	Caminhos de pedestre	Visualização e apresentação de holofotes	Devonshire Square, Londres, Reino Unido
Capítulo 17 Dados			

12
Locais de trabalho com mesas

Uma carteira de sala de aula, um posto de trabalho em um escritório e um tampo de mesa utilizado para uma pessoa estudar em casa têm exigências de iluminação similares. Todavia, as soluções variam, pois quase todo o resto é distinto: as horas de uso, o número de pessoas envolvidas, os recursos, o ambiente da edificação. O projeto de um ambiente de trabalho envolve mais do que a área da tarefa visual imediata.

Este capítulo é uma continuação do Capítulo 10, que estabeleceu os objetivos do projeto de iluminação em um ambiente de trabalho. Ele levará em consideração dois tipos de cômodo e ilustrará como os objetivos de projeto são alcançados na prática. O primeiro caso – de uma sala de aula – será utilizado para exemplificar quatro tipos de cálculo. O segundo – de um escritório – ilustrará as escolhas que um projetista deve fazer. O capítulo concluirá com um exemplo da prática profissional.

1 SALAS DE AULA

Pontos-chave para o projeto de luminotécnica de uma sala de aula

- Uma criança desempenha diversas tarefas visuais em sala de aula. Essas incluem a leitura e a escrita sobre o papel; o uso de um teclado e de um monitor de computador; o manuseio de objetos tridimensionais; a observação do rosto do professor; a leitura de um quadro ou uma tela de projeção.
- O leiaute da sala de aula depende do método de ensino. A distribuição das mesas mostrada no desenho da página seguinte é apenas um dos vários tipos comuns. A iluminação deve limitar o mínimo possível o modo pelo qual a sala de aula é utilizada.
- A luz solar direta não deve incidir no professor nem nos alunos.
- O ofuscamento direto e o refletido são problemas muito comuns.

Explicação passo a passo de quatro cálculos básicos

O uso de pacotes de iluminação (*software*) é praxe nos escritórios, e os cálculos que faremos a seguir são rotineiros. Entretanto, há boas razões para sabermos trabalhar sem um computador. Em primeiro lugar, porque os cálculos isolados são mais rápidos; em segundo, porque a familiaridade com os procedimentos nos permite conferir se o resultado parece correto, especialmente por meio da percepção de como os resultados mudam com os valores utilizados no cálculo. Mas o que é mais importante é o entendimento dos resultados e do que eles implicam no projeto da edificação.

Esses cálculos podem ser feitos de modo muito eficaz em planilhas eletrônicas, como Excel. Os exemplos a seguir são apresentados em tabelas, que podem ser facilmente convertidas no leiaute de uma planilha eletrônica.

Exemplo de Cálculo 1: coeficiente de luz diurna média

Tabela 12.1
Dados para o exemplo da sala de aula

Dimensões em planta baixa:			
Largura da parede das janelas		W	9,1 m
Profundidade do recinto em relação à parede das janelas		L	8,2 m
Alturas:			
Pé-direito		H	2,9 m
Peitoril da janela			0,8 m
Verga da janela			2,8 m
Tampo das mesas		H_p	0,62 m
Ângulos externos:			
Linha do horizonte acima das obstruções			25°
Beiral em relação à verga da janela			35°
Refletâncias:			
Piso		ρ_f	0,2
Paredes		ρ_w	0,5
Teto		ρ_c	0,7
Solo junto às janelas (exterior)		ρ_g	0,2
Transmitância:			
Transmitância difusa do vidro duplo incolor		τ_g	0,69
Valores de manutenção:			
Redução da transmitância das janelas devido à sujeira		MF_w	0,9
Redução do fluxo luminoso das lâmpadas		MF	0,8
Energia elétrica:			
Tipo de lâmpada e luminária			lâmpadas fluorescentes tubulares comuns
Iluminância sobre o plano de trabalho		E	300 lx
Distância entre as luminárias e o teto		H_e	0

12.1

Os cálculos de coeficiente de luz diurna média são explicados no Capítulo 7, e a importância do coeficiente de luz diurna média é explicada no Capítulo 9. Os dados de projeto típicos são listados no Capítulo 18.

A sala de aula deste exemplo faz parte de uma escola no centro da Inglaterra, a uma latitude de 52°N. As janelas estão voltadas para o sul (Hemisfério Norte), em direção a outro bloco de salas de aula. A Tabela 12.1 resume as dimensões e outros dados necessários aos cálculos.

Tabela 12.2
Coeficiente de luz diurna média

A	Calcule: A área das superfícies do recinto	$A_r = 2(LW + H(L + W))$	$A_r z = 9{,}1 \times 8{,}2$ piso $+\ 9{,}1 \times 8{,}2$ teto $+\ 2{,}9 \times 2 \times (9{,}1 + 8{,}2)$ paredes $=74{,}62 + 74{,}62 + 100{,}34 = 249{,}58$
	A área líquida de vidraças	Esse valor pode ser obtido tomando-se as dimensões totais da janela e estimando-se a fração dessa área que é envidraçada (em geral, se usa 0,8), ou, se quisermos ser mais precisos, calculando-se a área efetiva das vidraças da seguinte maneira: Há três janelas com três vidraças, cada uma com 1,8 m × 0,6 m; uma janela com três vidraças cada uma com 1,2 m × 0,6 m; e uma vidraça na porta medindo 0,6 m × 0,8 m.	$A_w = 9 \times 1{,}8 \times 0{,}6$ $+\ 3 \times 1{,}2 \times 0{,}6$ $+\ 0{,}6 \times 0{,}8$ $= 9{,}72 + 2{,}16 + 0{,}48 = 12{,}36$
B	Calcule ou meça no desenho: o ângulo de céu visível	Esse é o ângulo em corte entre as obstruções e o beiral	$\theta = 90 - 35 - 25 = 30$
C	Calcule: a transmitância das janelas	A transmitância do vidro multiplicada pelo coeficiente de manutenção da janela	$\tau = 0{,}69 \times 0{,}9 = 0{,}62$
D	Calcule: a refletância média das superfícies do recinto	As refletâncias médias ponderadas pelas áreas do piso, do teto, das paredes e das janelas, considerando a refletância do vidro como sendo 0,1.	$\rho = (74{,}62 \times 0{,}2 + 74{,}62 \times 0{,}7 + (100{,}34 - 12{,}36)$ $\times\ 0{,}5 + 12{,}36 \times 0{,}1) / 249{,}58 = 0{,}45$
E	Calcule: o coeficiente de luz diurna média	$\bar{D} = \dfrac{\theta \times A_w \times \tau_w}{A_r(1 - \rho_r^2)}$ (Capítulo 7).	$\bar{D} = \dfrac{30 \times 12{,}36 \times 0{,}62}{249{,}58 \times (1 - 0{,}45^2)}$ $= 1{,}15$, que deve ser arredondado para 1%

Comentários

Um coeficiente de luz diurna média de 1% é baixo para uma sala de aula. Ele significa que, sem qualquer iluminação elétrica, a sala seria muito escura e que, vistas do fundo da sala, as janelas provavelmente ofuscariam os alunos. Na metade posterior da sala, a iluminância frequentemente seria inadequada, e provavelmente todas as lâmpadas seriam acesas. Na maior parte da sala, toda a iluminação natural seria imperceptível e a impressão geral seria de uma sala apenas com iluminação artificial.

Esse exemplo mostra o valor de fazer rápidos cálculos de iluminação diurna já no início do projeto: a quantidade de luz natural em um cômodo depende principalmente da forma da edificação, do leiaute do terreno e da orientação solar. A razão para o baixo coeficiente de luz diurna dessa sala de aula é a vista restrita do céu: há uma obstrução próxima e um beiral acima da janela (possivelmente criado para proteção solar) cuja efetividade como elemento de sombreamento deve ser conferida. Também devemos nos certificar se a remoção do beiral melhoraria significativamente o coeficiente de luz diurna. Isso é fácil de fazer: na fórmula do coeficiente de luz diurna, o resultado é diretamente proporcional a θ, o ângulo do céu. Se o beiral for removido, deixando-se apenas a verga da janela, o ângulo de corte de 5°, θ se torna 90° – 25° – 5° = 60°, o dobro do valor original (30°), então o coeficiente de luz diurna média também dobraria.

Exemplo de Cálculo 2: penetração da luz solar

Agora investigaremos se o beiral bloqueia adequadamente a incidência da luz solar direta na janela. O Capítulo 5 apresenta uma fórmula muito conveniente para a altura do sol ao meio-dia:

$$\gamma_{máx} = 90 - \phi + \delta_s \text{ graus}$$

ϕ é a latitude do terreno; e δ_s é a declinação solar (–23,45° no solstício de inverno, 0° no equinócio de primavera e de outono e +23,45° no solstício de verão). A latitude do terreno é 52°N, então a elevação do sol ao meio-dia solar é

$$\gamma_{máx} = 90 - 52 - 23,45 = 14,55 \text{ no solstício de inverno e}$$

$$\gamma_{máx} = 90 - 52 + 23,45 = 61,45 \text{ no solstício de verão.}$$

Agora desenhe os raios de luz desses ângulos em um corte de pele do prédio, conforme a **Figura 12.2**.

Observe que o beiral é inadequado como elemento de proteção solar. Em junho, quando a altura do sol é máxima (Hemisfério Norte) e a sombra do beiral também é máxima ao longo da fachada, uma fração da luz solar continua incidindo na parte inferior da janela. Em dezembro, quando o prédio em frente bloqueia os raios de sol, uma área significativa da vidraça fica na sombra. Em todos os outros momentos, a quantidade de luz solar incidente na janela é maior.

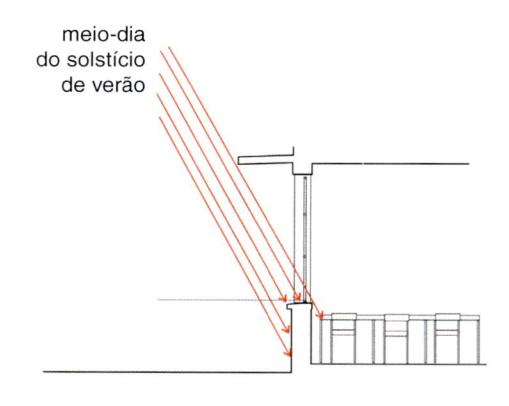

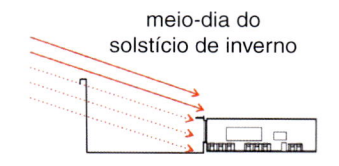

12.2
Luz do sol na fachada sul (Hemisfério Norte).

Comentários

Esse beiral não é efetivo para o sombreamento e reduz significativamente a luz do céu que entra na sala. Ele deveria ser removido. A luz do sol não deve incidir sobre as pessoas da sala de aula, assim é necessário o uso de outra estratégia de sombreamento. Brises externos reduzem os ganhos térmicos mais do que cortinas ou qualquer outro elemento na parte interna da janela, mas devem ser robustos. A fim de minimizar a necessidade de iluminação elétrica, o elemento de proteção solar deveria funcionar apenas quando há luz do sol e oferecer obstrução mínima quando o céu está encoberto.

Esse exemplo ilustra o caso mais simples: o de uma elevação sul. Nas outras orientações e horários, a altura do sol e o azimute podem ser lidos nas cartas solares. O Capítulo 5 discute maneiras de visualizar e calcular a geometria tridimensional da luz solar em uma fachada. O Exemplo de Cálculo 6 (no Capítulo 14) demonstra o uso das cartas solares.

Exemplo de Cálculo 3: método dos lumens

O Capítulo 7 descreve o método e explica que ele se aplica diretamente aos arranjos regulares de luminárias que buscam uniformizar a luz no plano horizontal de um tampo de mesa, geralmente chamado de *plano de trabalho*.

O procedimento exige que a luminária e a lâmpada sejam selecionadas desde o início. Ele calcula o número necessário desses elementos e então confere se a iluminância no plano de trabalho é adequadamente uniforme.

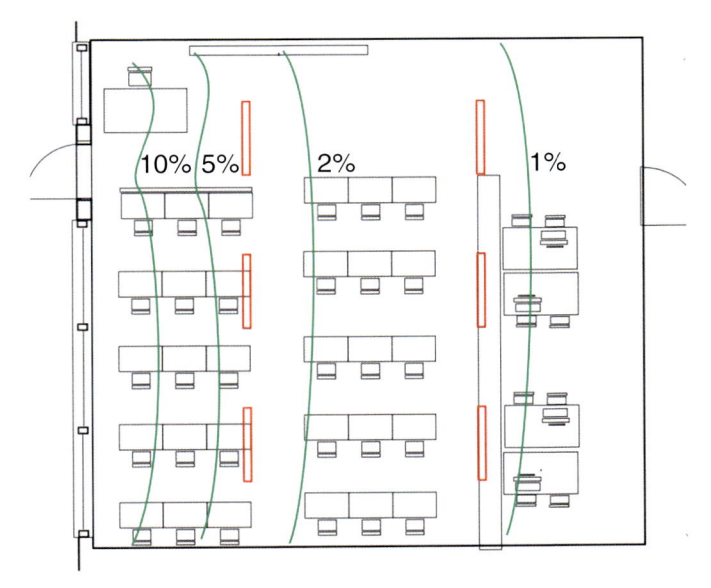

12.3
Planta baixa da sala de aula, mostrando em vermelho a posição das luminárias e em verde as linhas de limite dos coeficientes de luz diurna com os mesmos valores. Essas linhas foram traçadas com o uso de um *software* de iluminação comum (os cálculos manuais são simples, mas entediantes). Elas foram calculadas considerando-se a remoção do beiral. Para que se possa fazer uma comparação, o coeficiente de luz diurna média é de 2%.

Tabela 12.3
Cálculo do método dos lumens

	O Capítulo 18 apresenta alguns dados fotométricos típicos. Tais valores, geralmente publicados em guias de projeto ou livros didáticos, são úteis quando se está aprendendo a fazer cálculos e para rápidas estimativas preliminares, mas os dados dos fabricantes devem ser sempre utilizados nos cálculos definitivos.		
A	Pesquise: a iluminância de projeto	Obtida nas normas dos códigos de edificações. A Tabela 10.1 lista valores típicos.	300 lx
B	Calcule: a área do plano de trabalho (geralmente a área do recinto)	$A_s = L\,W$	74,62 m²
	altura do plano de trabalho até as luminárias	$H_i = H - H_e - H_p$	2,9 - 0,62 = 2,28 m
	índice do recinto (indicador das proporções do recinto)	$RI = \dfrac{L\,W}{H_i\,(L + W)}$	$\dfrac{74,62}{2,28 \times 17,3} = 1,89$
C	Selecione as luminárias: adote luminárias embutidas no forro com 1,5 m de comprimento e quebra-luzes (para atender à exigência de proteção contra o brilho desconfortável), e duas lâmpadas por luminária	Pesquise nos dados fotométricos dos fabricantes, usando: o índice do recinto (1,89) as refletâncias (piso = 0,2; paredes = 0,5; teto = 0,7)	coeficiente de utilização = 0,67 razão máxima entre espaçamento e altura = 1,85:1
	Selecione as lâmpadas: adote florescentes de 35 W com bom índice de reprodução de cores (CRI > 80), temperatura de cor branca fria (K ~ 4.000). Pode ser utilizada uma referência de cor, como 8 40		fluxo luminoso de projeto da lâmpada = 3.450 lm.
D	Calcule: o número de luminárias	$N = \dfrac{E\,A_s}{F\,n\,MF\,UF}$ E = iluminância exigida F = fluxo luminoso por lâmpadas (lumens) n = número de lâmpadas por luminária MF = coeficiente de manutenção UF = coeficiente de utilização	$\dfrac{300 \times 74,62}{3.450 \times 2 \times 0,8 \times 0,67} = 6,05$ que é arredondado para seis (luminárias)
E	Decida: o leiaute das luminárias		As luminárias podem ser distribuídas em duas fileiras de três unidades com seus comprimentos paralelos à parede das janelas.
F	Calcule: as razões reais entre espaçamento e altura	$SHR_L = \dfrac{L}{n_L\,H_{wpc}} : 1$ onde nL é o número de luminárias ao longo do comprimento L, e H_{wpc} é a altura entre as luminárias e o plano de trabalho	ao comprido $\dfrac{9,1}{3 \times 2,28} : 1 = 1,33 : 1$ lado a lado $\dfrac{8,2}{2 \times 2,28} : 1 = 1,80 : 1$ O SHR máximo aceitável é 1,85:1 para essa luminária, então o leiaute é aceitável

Exemplo de Cálculo 4: consumo de energia

O consumo anual de eletricidade de uma instalação de iluminação elétrica é a potência da instalação multiplicada pelo número anual de horas de uso. Neste exemplo há seis luminárias, cada uma com duas lâmpadas de 35 W. Além da energia consumida pelas lâmpadas, há a que é consumida pelos reatores dentro das luminárias. Esse consumo varia muito conforme o tipo de equipamento: se forem utilizados reatores eletrônicos nas luminárias adotadas no exemplo, a *potência do circuito* geralmente será de 78 W. Portanto, o consumo total será 78 × 6 = 468 W (0,468 kW). Além disso, se houver um sistema de controle em funcionamento contínuo, haverá um pequeno consumo de eletricidade constante, que é chamado de *perda parasita*. Contudo, consideraremos que isso não se aplica à sala de aula.

A divisão do consumo total do circuito pela área do plano de trabalho resulta na *densidade de consumo* de 468/72,64 = 6,44 W/m².

Considere que as salas de aula são utilizadas:

8 (horas por dia) × 5 (dias por semana) × 40 (semanas por ano) = 1.600 horas por ano.

Assim, o consumo anual de energia, se todas as luzes elétricas ficarem sempre acesas durante esse período, seria:

0,468 kW × 1.600 horas = 749 quilowatt-horas.

Na **Figura 12.3**, as posições das luminárias estão marcadas em vermelho. Também foram traçadas as linhas de coeficientes de luz diurna iguais. Os valores pontuais do coeficiente de luz diurna podem ser calculados manualmente (um processo lento), mas nesse caso foram obtidos com o uso de um *software* de iluminação. O beiral sobre as janelas não foi incluído nos dados de entrada, pois já se deixou claro que ele deveria ser excluído do projeto final. Um coeficiente de orientação de 1,5 foi também incluído. Ele compensa a variabilidade da orientação das luminâncias celestes médias. Um diagrama para isso pode ser encontrado no Capítulo 18.

Com base na definição de coeficiente de luz diurna:

iluminância interna, E_d = coeficiente de luz diurna, D × iluminância difusa sobre um solo desobstruído

$$E_d = \frac{D \, E_{hd}}{100}$$

na qual o coeficiente de luz diurna, D, é dado como um percentual.

Como a iluminância externa é medida em milhares de lux e o valor interno é dado em lux, a iluminância externa necessária para dar uma iluminância de E_d em um ponto da sala onde o coeficiente de luz diurna é D

$$E_{hd} = \frac{E_d}{10D}$$

Por exemplo, se 300 lx são necessários no interior onde o coeficiente de luz diurna é 1%, é preciso uma iluminância externa de 30 mil lux.

O gráfico do Capítulo 18 (p. 202) dá o número de horas por ano que a iluminância externa é igual ou maior do que determinado valor. O uso desse gráfico foi descrito no Capítulo 6. Ao descobrirmos a iluminância externa exigida no eixo horizontal do gráfico e lermos o número de horas no eixo vertical, obtemos:

Coeficiente de luz diurna (%)	Iluminância externa (klx)	Número de horas em que a luz diurna excede 300 lx
5	6	1.280
2	15	880
1	30	384

Agora observe a **Figura 12.3**. Veja que a fileira de luminárias mais próxima da janela ilumina as mesas ao longo do coeficiente de luz diurna de 2%. Se essa fileira ficar desligada quando a iluminância da luz diurna for de 200 lx ou mais, o consumo de eletricidade anual cai para

0,234 kW × 1.600 horas + 0,234 kW × (1.600 − 880) horas = 543 quilowatt-horas.

Isso significaria uma economia de mais de 27% no consumo de energia elétrica com a iluminação da sala de aula. Se a segunda fileira de luminárias pudesse ser desligada quando a iluminância ao longo da faixa de 1% excedesse 300 lx, haveria uma economia ainda maior:

0,234 kW × (1.600 − 384) horas + 0,234 kW × (1.600 − 880) horas = 453 quilowatt-horas;

isto é, uma economia total de 40%.

Todavia, isso é improvável. O coeficiente de luz diurna média da sala é de cerca de 2% sem a existência dos beirais. Isso significa que o recinto ficaria sombrio se apenas contasse com a luz diurna: a segunda fileira de luminárias aumentaria a luminosidade geral das superfícies no fundo da sala, reduzindo o contraste com a frente da sala e a vista externa. Se pudessem, os usuários provavelmente acenderiam essas lâmpadas.

Uma redução ainda maior no consumo de energia seria obtida se, em vez de acender ou apagar as lâmpadas quando a iluminância sobre as mesas ultrapassasse 300 lx, fossem utilizados *dimmers* com o controle de fotocélulas, de modo que a iluminância total da luz elétrica e da luz natural permanecessem em 300 lx quando a luz natural fosse pouca. Isso implica um custo inicial mais elevado, e também tem de ser considerado o comportamento dos usuários. Isso é discutido no Capítulo 11 e no próximo exemplo que daremos neste capítulo.

Na prática, há dois problemas: especificar um sistema de controle que seja aceitável para os usuários e prever o consumo de energia resultante. O segundo problema é, ao menos em parte, resolvido pela técnica de simulação da disponibilidade de luz diurna dia a dia e hora a hora ao longo do ano com base nas condições reais do clima. Isso, contudo, é trabalhoso, a menos que já exista um modelo numérico adequado da edificação em um sistema CAD, por exemplo. Os sistemas de controle possíveis variam de uma mera previsão de dois interruptores separados para as duas fileiras de luminárias (marcados "dia" e "noite") a sistemas de automação predial.

Ofuscamento

O contraste excessivo, o deslumbramento e as reflexões intrusivas são questões comuns na iluminação de salas de aula. Tais problemas muitas vezes são difíceis de evitar porque o leiaute dos móveis e das atividades que acontecem na sala de aula variam bastante. Conferir o risco de ofuscamento é mais uma questão de geometria do que de cálculo: o segredo é examinar as linhas de visão e as possíveis reflexões até a exaustão. Raramente é preciso calcular a magnitude do brilho desconfortável. Esse tema é discutido no Capítulo 10.

As causas mais comuns de ofuscamento em uma sala de aula (condições que devem ser conferidas) são:

- o deslumbramento provocado pela luz solar direta;
- a vista de um céu brilhante, especialmente do fundo da sala;
- os reflexos brilhantes em um quadro negro ou branco;
- os reflexos brilhantes na tela do computador ou no tampo da mesa;
- o ofuscamento direto causado pelas luminárias.

Comentários

Os cálculos de iluminação são feitos para responder questões como "a área de vidraças é adequada?" ou "quantas luminárias são necessárias?". Nesse exemplo de sala de aula, as respostas revelaram problemas. O primeiro problema identificado foi o beiral sobre as janelas. Ele teria de ser substituído por outro dispositivo de controle solar, e os cálculos de iluminação natural e energia, repetidos com base em um novo desenho de janela. O cálculo do método dos lumens mostra que o leiaute das luminárias apenas é aceitável em termos da razão espaçamento:altura. Com o uso de lâmpadas menos potentes, um arranjo de nove luminárias em três fileiras de três unidades daria maior flexibilidade por meio de melhor uniformidade e menos risco de ofuscamento direto.

2 ESCRITÓRIOS

Há várias maneiras de iluminar os escritórios. Este exemplo discute as escolhas que um projetista de iluminação tem de fazer.

Pontos-chave

- Para aumentar a produtividade, a sala deve ser atraente e confortável. Os usuários precisam ter a liberdade de poder controlar seus ambientes imediatos.
- As superfícies do recinto devem ser luminosas e interessantes, mas não a ponto de interferir no desempenho das tarefas.
- Os planos de trabalho devem ter iluminância adequada em uma direção que melhore as características necessárias à tarefa visual.
- O ofuscamento direto causado pelo céu e pelas luminárias e as reflexões brilhantes sobre a tarefa e ao redor dela devem ser minimizados.
- Os usuários devem ter uma vista para o exterior.

Considere uma sala que tem as mesmas dimensões que a sala de aula do exemplo anterior, mas é utilizada por técnicos profissionais. Ela deve acomodar 12 pessoas, ter um espaço para reuniões e uma área para a armazenagem de equipamentos. O acesso à sala é pelos fundos, via um corredor interno. Os usuários têm postos de trabalho individuais, mas eventualmente precisam se ausentar do escritório.

Embora uma parte substancial do tempo que cada funcionário passa na sala seja transcorrida em frente ao computador, é necessário um alto nível de iluminação geral, pois o trabalho envolve o exame de pequenos objetos e a leitura de relatórios impressos. Tudo isso sugere uma iluminância sobre o plano de trabalho de 500 lx, com UGR (Classificação de Ofuscamento Unificado) de 19. Vamos rever as três diferentes maneiras de iluminar a sala.

1ª opção: um arranjo regular de luminárias embutidas com lâmpadas fluorescentes

Esse leiaute fornece uma iluminância homogênea por todo o plano de trabalho, permitindo que os postos individuais sejam posicionados em qualquer local da sala. Adotando-se luminárias de 1,5 m de comprimento embutidas no teto e com quebra-luzes que controlam a emissão lateral de luz, minimiza-se o brilho desconfortável. Cada luminária tem duas lâmpadas fluorescentes de 58 W com referência de cor 840, como no exemplo anterior. Cada lâmpada gera 5.200 lumens. O cálculo pelo método dos lumens (assim como no exemplo da sala de aula) resulta na necessidade de nove luminárias.

Vantagens das luminárias embutidas e dotadas de quebra-luzes:

- A iluminação do plano de trabalho horizontal é muito eficaz. Uma vez que a maior parte da luz emitida pelas luminárias incide diretamente sobre o plano de trabalho, a razão entre a iluminância sobre esse plano (lux) e o consumo de energia elétrica (watts) é elevada.
- Há pouco ofuscamento direto do sistema, pois o fluxo luminoso lateral (e, portanto, a luminância das luminárias, quando vistas de lado) é muito baixo.
- As luminárias acima dos postos de trabalho individuais podem ser ligadas ou desligadas sem que isso afete significativamente a iluminação geral.

Desvantagens:

- O forro é iluminado apenas por meio da reflexão; a iluminação direta das paredes pode ser irregular. Na **Figura 12.4**, vemos que a parede do fundo do escritório tem uma sombra muito marcada. Mesmo com alguma penetração da luz natural, a sala talvez não pareça ter iluminação natural.
- Um fluxo de luz descendente forte não melhora a aparência das faces das pessoas ou a visibilidade dos objetos tridimensionais. Comparada com uma luminária que tem intensidade máxima diretamente para baixo, uma distribuição de luz com intensidade máxima a cerca de 30° em relação à vertical e muito inferior no sentido vertical produz uma modelagem de superfícies melhor e reduz o risco de reflexos desconfortáveis nas superfícies horizontais.

Se for empregado um sistema automático de controle da luz diurna ou de dimerização com sensores (fotocélulas) monitorando a iluminância ou a luminância do plano de trabalho horizontal, o comportamento resultante do sistema pode parecer estranho aos usuários, porque a avaliação da luminosidade do recinto que as pessoas fazem se baseia principalmente na luminância das principais superfícies da sala, especialmente as paredes. Pode ser necessário ajustar a iluminância na qual a luz elétrica é desligada para um valor muito mais elevado, talvez o dobro da iluminância de projeto.

12.4

2ª opção: um arranjo regular de luminárias suspensas

Luminárias suspensas que ficam sobre os postos de trabalho (**Figura 12.7**) fornecem tanto a iluminação geral quanto aquela sobre o plano de trabalho.

Vantagens:

- Quando comparada com a 1ª opção, temos uma sala com aspecto bem mais luminoso.
- Facilidade de instalação nos prédios existentes.

Desvantagens:

- Menor eficiência no uso de energia, considerando-se apenas a iluminância sobre o plano de trabalho.
- Talvez seja necessário um pé-direito maior.

Quando se usa o acionamento das lâmpadas relacionado com o nível de iluminação natural, o problema gerado é o oposto daquele da 1ª opção. Como a luz direta das luminárias contribui muito para a luminosidade da sala, os usuários ficam imediatamente cientes das mudanças na iluminação. Mais uma vez, o acionamento ou desligamento automático ou os controles com *dimmers* não devem se basear apenas na iluminância sobre o plano de trabalho. Além disso, se os sensores de ocupação provocarem o desligamento das luzes dos postos de trabalho não ocupados, o padrão de luminosidade geral da sala pode se tornar insatisfatório.

3ª opção: iluminação adicional das superfícies da sala

A **Figura 12.7** também mostra o efeito das luminárias do tipo "luz de parede", projetadas para aumentar a iluminância das superfícies verticais. Elas são particularmente úteis quando empregadas junto com as luminárias direcionais da 1ª opção e também para superar o problema da perda de luminosidade da sala quando as luzes locais estiverem apagadas.

Sempre que possível, é melhor usar a luz natural como a principal fonte de iluminação geral da sala, pois ela tem uma variação natural interessante para os usuários e reduz o consumo de energia elétrica. As luzes de paredes são úteis à noite e também durante o dia em salas profundas nas quais o coeficiente de luz diurna na parede dos fundos é inferior a 1%.

4ª opção: iluminação local, sobre os postos de trabalho

Em muitos casos, o uso mais efetivo de eletricidade é conseguido quando, em vez de iluminar toda a sala, a luz elétrica é associada aos postos de trabalho individuais.

A luminária mostrada na **Figura 12.5** emite parte da luz para baixo, sobre o plano de trabalho, e parte para cima. Ambos os circuitos são acionados separadamente, assim a luz ascendente pode melhorar a luminosidade da sala quando a luz sobre o plano de trabalho não é necessária, enquanto esse segundo tipo de iluminação pode ser acionado quando a sala está com uma boa iluminação geral.

Vantagens:

- Os controles, sejam manuais, sejam automáticos, podem se basear na iluminância e na ocupação dos postos de trabalho individuais. Isso pode resultar em um consumo de energia eficiente.
- A iluminação pode ser modificada com facilidade quando são feitas mudanças no uso da sala ou na distribuição dos postos de trabalho.

Desvantagens:

- O custo inicial da instalação pode ser mais elevado do que no caso de um conjunto de luminárias instaladas no teto. Em um ambiente comercial, as luminárias para iluminação local tendem a ser tratadas como se fossem parte do mobiliário ou dos acessórios, e o custo tende a ser arcado pela entidade usuária em vez de ficar a cargo do construtor ou do proprietário do móvel. Já as luminárias fixas muitas vezes são consideradas como parte da edificação.
- O espaço de piso ocupado pelas luminárias individuais (**Figura 12.6**) pode ser um fator significativo no planejamento de cada posto de trabalho. As luminárias devem estar em uma posição específica em relação à área da tarefa visual, e essa posição pode variar conforme o posto de trabalho. As luminárias podem ser incorporadas ao mobiliário do posto de trabalho e, como tendem a ser muito pequenas e a ter longa vida, os LEDs permitem a criatividade na iluminação do posto.

12.5

EXEMPLO DE PROJETO PROFISSIONAL I
Sede Mundial da SHI International Corp., Nova Jersey, Estados Unidos

PROJETO DE LUMINOTÉCNICA: Robert Barranger,
Cornerstone Architectural Group,
South Plainfield, NJ, Estados Unidos. 2011

O cliente SHI International trabalha com produtos e serviços de tecnologia, fornecendo soluções de informática para o setor público e clientes acadêmicos. A empresa vem crescendo continuamente desde sua fundação em 1989 e estava buscando um escritório que pudesse reunir seus diversos endereços sob o mesmo teto. O objetivo era que os escritórios incluíssem estações de trabalho do tipo cubículo, com divisórias baixas, a fim de aumentar a interação entre os funcionários e criar um ambiente de trabalho aberto, com longas vistas internas. Buscava-se uma iluminação que agradasse aos funcionários em termos de função visual e promovesse o senso de bem-estar conjunto aliado ao consumo eficiente de energia elétrica.

Os projetistas propuseram uma estratégia de iluminação mista (geral e sobre o plano de trabalho) que pudesse fornecer uma boa iluminação para as tarefas visuais de todo o escritório, incluindo a comunicação entre os funcionários e a circulação com segurança. A aparência da iluminação deveria combinar a luminosidade aparente com o interesse visual (variação de luminância). A instalação deveria permitir aos usuários certo grau de controle sobre a iluminação de seus postos de trabalho e promover a eficiência no consumo de energia por meio de equipamentos eficientes e precisão no projeto, na instalação e nos controles.

A instalação final consiste em um arranjo suspenso no teto de luminárias com lâmpadas fluorescentes únicas do tipo T8 (CRI 80, CCT 3.100 K) que fornecem luz para cima e para baixo, gerando a iluminação geral de fundo e parte da iluminância sobre as mesas. A iluminação dos postos de trabalho é suplementada por luminárias de LED sob prateleiras, com 52,5 cm de comprimento e potência de 6,5 W, que podem ser controladas individualmente. A iluminância média sobre as mesas é de 355 lx (33 lm/ft^2). Luminárias com lâmpadas fluorescentes foram colocadas perto das paredes nas áreas de circulação e salas de reunião a fim de iluminar pinturas e criar leveza visual. A resposta do cliente e usuário tem sido positiva, e, embora o custo de capital inicial tenha sido mais elevado do que o de uma instalação mais convencional, estima-se em 500 mil dólares a economia com o projeto e a seleção de luminárias ao longo dos próximos 10 anos.

12.6
Luminárias pendentes com fluxo luminoso para cima e para baixo. Sede Mundial da SHI International Corp., Nova Jersey, Estados Unidos.
Fotografia: Jack Neith (JDN Photography).

12.7
As luminárias junto às paredes foram utilizadas para aumentar a luminosidade das superfícies verticais e torná-las mais interessantes. Sede Mundial da SHI International Corp., Nova Jersey, Estados Unidos.
Fotografia: Jack Neith (JDN Photography).

13
Prédios para exposição

Este capítulo desenvolve as ideias apresentadas na segunda metade do Capítulo 10.

O propósito deste tipo de iluminação é estabelecer uma composição na qual os níveis variados de luminosidade e cor contem uma história consistente e interessante. A iluminação de destaque (ou localizada) é o realce seletivo dado aos objetos por meio de forte brilho e maior luminância em relação às sombras profundas de outros locais do espaço. O padrão de luminância não pode ser arbitrário: ele deve ser significativo e relevante para o interior. Esse tipo de iluminação pode ser estimulante para os usuários e aumentar a sensação de bem-estar. É interessante, durante o projeto, dividir o trabalho em três etapas, cada uma com seu objetivo:

1. Definir o tipo e o caráter do espaço.
2. Criar uma hierarquia de luminosidades, enfatizando os objetos-chave.
3. Melhorar a visibilidade dos detalhes desses objetos.

A exposição é o principal propósito de edificações como lojas e galerias de arte. Ela também é importante em casa, na escola e no local de trabalho; na verdade, há poucos interiores cuja função não envolva algum tipo de exposição.

1 LOJAS

Pontos-chave

- A iluminação geral do espaço deve determinar a ambiência e é crucial para atrair os clientes.
- Considere o espaço como sendo a área de trabalho dos funcionários. Eles desempenham diversas tarefas visuais – desde manusear dinheiro a controlar a atividade de possíveis ladrões.
- No caso da iluminação da mercadoria, é importante que nem tudo tenha a mesma luminosidade. Decida quais itens são os mais importantes e então estabeleça uma hierarquia de luminosidade, fazendo com que tais produtos sejam mais bem iluminados. Considere tanto os itens armazenados em prateleiras ou *racks* quanto aqueles selecionados para o destaque individual.

Iluminação geral das lojas

Um interior luminoso e interessante atrai os clientes. O nível de luz depende da luminosidade do entorno: uma iluminância vertical média de 200 lx é típica, junto com uma variação de luminância razoavelmente alta, para criar interesse visual. Isso sugere uma razão de luminância de cerca de 3:1, assim a iluminação de destaque deve fornecer iluminâncias verticais em torno de 600 lx. Isso, até certo ponto, será determinado pela refletância das superfícies do prédio e dos produtos. O posto do caixa exige uma iluminância no plano horizontal de cerca de 300 lx, com iluminação vertical suficiente para permitir uma boa comunicação pessoal entre o funcionário e o cliente.

A cor é importante. No caso das mercadorias em geral, o índice de reprodução de cores das fontes geralmente deve ser, no mínimo, 80. Se houver mais de um tipo de fonte de luz, a aparência de suas cores deve ser consistente e não é adequado se basear nos valores dados para a temperatura de cor correlacionada – eles devem ser conferidos visualmente.

Outros fatores que devem ser considerados no projeto são a segurança nas áreas de circulação (especialmente em escadas e escadas rolantes), a visibilidade de sinais e as luzes de emergência. Também são importantes exigências normais de um bom sistema de controle, da eficiência no consumo de energia e da facilidade de manutenção.

As lojas costumam mudar com frequência o leiaute dos expositores e da circulação, assim a iluminação também deve ser adaptável. Quando o leiaute futuro não pode ser determinado com precisão, é necessário prever algum tipo de iluminação geral, que, na maior parte das vezes, é criada com um arranjo de luminárias instaladas no teto e com lâmpadas fluorescentes, que podem ser lineares ou modulares. Essas luminárias têm de fornecer a iluminância exigida para o plano horizontal, mas sua distribuição (em termos de intensidade) deve ser suficientemente ampla para proporcionar uma boa iluminação vertical e, ao mesmo tempo, manter o controle contra o ofuscamento.

13.1
A variação na luminosidade das superfícies verticais cria uma complexidade atraente em um recinto. Aqui a iluminação foi integrada aos mostradores de mercadoria.

Se o pé-direito for suficiente, aumenta-se o reflexo cruzado com o uso de luminárias suspensas que enviem parte da luz para cima. Isso melhora a iluminância vertical e cria uma sensação de leveza. Caso se deseje a aparência de um recinto luminoso, as superfícies do espaço deverão ter alta refletância e cores neutras. A luminosidade pode ser intensificada ainda mais com o uso de luzes de parede (*wall washers*). Isso também ajuda a definir os limites da loja ou de uma de suas áreas.

O método dos lumens pode ser utilizado nas etapas preliminares do projeto para a identificação da quantidade de luz necessária, mas cálculos de iluminância mais detalhados às vezes são necessários durante o desenvolvimento da proposta.

Iluminação de destaque nas lojas

A escala da iluminação de destaque em uma loja varia daquela direcionada a pequenos objetos, que o cliente talvez queira examinar de perto, a grandes vitrines, que são desenhadas a fim de atrair a atenção de alguém que esteja do outro lado da rua. A ousadia do projeto de luminotécnica – os contrastes dentro do mostruário, o uso de cores vivas – tem de aumentar de acordo com a distância de observação, para que o impacto permaneça o mesmo.

Alguns tipos de mercadoria exigem iluminação especial. Os alimentos precisam parecer frescos: frutas, legumes, carnes e peixes exigem a iluminação de destaque com lâmpadas de alto índice de reprodução de cores. O aspecto de fresco pode ser melhorado com o uso de *spots* com feixes de luz estreitos posicionados de modo a criar pequenos reflexos em direção aos olhos do cliente. Itens de vidro, porcelana e joalheria também podem brilhar se estiverem sob *spots* com luzes de alta intensidade (**Figura 13.2**).

As prateleiras e os *racks* sobrepostos são muito utilizados para mercadorias como livros e cartões e, nos supermercados, produtos empacotados. Esses produtos podem ser iluminados por luminárias com feixe de luz voltado para a parede instaladas no teto ou nos próprios mostradores,

13.2
Pequenos objetos brilhantes ficam muito luminosos quando sob pequenas fontes de luz intensa.

13.3
As luminárias instaladas nas próprias estantes iluminam as superfícies verticais. A luz emitida para cima, em direção ao teto, junto com as superfícies de alta refletância, cria um alto nível de luz com reflexão cruzada.

13.4 a e b
Duas vitrines de Florença. A **Figura 13.4a** mostra como a iluminação noturna pode tornar invisível o limite entre interior e exterior. Na **Figura 13.4b**, os manequins estão iluminados por *spots* no teto, que acentuam os plissados das roupas. Os manequins marrom e preto praticamente se reduzem às suas silhuetas por estarem contra um fundo dinâmico de cores complementares.

em vez de se usar um arranjo uniforme de luminárias instaladas no teto. Essa estratégia permite que a luz incida diretamente nos itens expostos e, ao mesmo tempo, aumenta a eficiência e economiza energia, reduzindo os custos correntes.

A iluminação de uma loja pode tirar partido de todas as técnicas de iluminação cênica. Ela não apenas tem de ser extremamente visível como deve transmitir a natureza da loja – não só do tipo de mercadoria comercializada, como, por exemplo, se ela é barata ou exclusiva, tradicional ou vanguardista. Seu objetivo é atrair para dentro da loja aquelas pessoas que não pensavam em fazê-lo. As vitrines são efêmeras e, portanto, suas luminárias e outros itens do sistema devem ser muito adaptáveis; eles devem ser acessíveis e deve haver um espaço que permita aos vitrinistas trabalhar com segurança e conforto.

2 GALERIAS DE ARTE E MUSEUS

As galerias de arte e os museus públicos são os guardiões da cultura de uma nação. Eles têm como fim apresentar o novo, conservar o passado, educar e estimular. Dentro de uma galeria ou museu geralmente há escritórios, oficinas, estúdios de conservação e áreas de depósito – esses espaços podem ter sua iluminação baseada nas recomendações normais para cada uma dessas funções. Muitas vezes há uma loja contígua, cuja iluminação pode se basear nas diretrizes dadas para a iluminação de lojas em geral. Todavia, a iluminação de destaque das galerias principais é diferente. Aqui o intuito não é vender, mas fazer com que o observador consiga ver e apreciar as qualidades que tornam o item exibido essencial à cultura e digno de preservação.

As galerias comerciais também desempenham um importante papel na promoção da cultura, mas elas precisam se manter financeiramente viáveis. Nesse caso, a necessidade de encontrar um equilíbrio entre exposição, conservação e comercialização é um interessante desafio para o projetista.

Pontos-chave

- O programa de necessidades de uma exposição é feito de dentro para fora. Ele começa com os objetos que serão apresentados, considera as características das pessoas que os observarão e então estabelece a forma dos espaços de exibição e de circulação. Por fim, define a forma geral do prédio.
- Os materiais orgânicos são danificados pela exposição à luz e, para sua preservação de longo prazo, essa deve ser limitada.
- Quando são necessários baixos níveis de luz, os visitantes devem ser conduzidos por percursos que permitam uma variação controlada de adaptação ao brilho.

Conservação

A necessidade de conservação impõe um pequeno condicionante às exposições temporárias de itens pouco sensíveis, mas é um problema crucial no caso das coleções nacionais de museus e galerias. Quando uma pintura ou um objeto tem importância e popularidade internacional, as exigências conflitivas de exposição e conservação se tornam um dos maiores problemas.

O ambiente físico determina a taxa de deterioração do objeto exposto. A umidade, o calor ou o frio excessivo, as vibrações e a presença de organismos podem causar grandes danos a uma obra de arte. Também existe uma relação clara entre a exposição à luz e a deterioração, que pode ser dividida em dois tipos principais: térmica e fotoquímica. Ambos os tipos de deterioração devida à luz ocorrem predominantemente em materiais orgânicos. Os danos térmicos são o resultado do aquecimento local provocado pela radiação absorvida. Isso gera uma perda de umidade, que, por sua vez, causa o empenamento e a fissuração de materiais absorventes de água, como a madeira e as peles de animais. Os raios infravermelhos do espectro de uma fonte de luz são os responsáveis pela maior contribuição aos danos térmicos, mas podem ser controlados com o uso de filtros dicroicos e refletores, a dispersão do calor provocado pelos LEDs e outros métodos. Ainda mais preocupantes são os danos fotoquímicos, cujos efeitos visíveis incluem a mudança das cores e a deterioração física. Eles são irreversíveis e não podem ser corrigidos por processos de conservação.

Os danos aos itens expostos que são sensíveis à luz não podem ser totalmente evitados, mas podem ser minimizados se tomarmos medidas de proteção que limitem a energia recebida pela mostra. Há três fatores principais: a composição espectral da fonte de luz; a iluminância sobre o objeto; e o tempo de exposição. A parte do espectro luminoso mais prejudicial é a radiação ultravioleta (UV). Uma vez que ela não desempenha qualquer papel na visualização (exceto dos materiais fluorescentes), deveria ser eliminada das galerias com a instalação de filtros UV dentro do vidro dos expositores e sobre eles e, quando necessário, em algumas luzes elétricas. Exceto no caso das lâmpadas de tungstênio e halogênio, normalmente se considera que as lâmpadas incandescentes não emitem raios UV suficientes para exigir a filtragem. Todavia, algumas fontes de descarga devem ser avaliadas.

A deterioração provocada pela luz é proporcional à exposição à luz, o produto da iluminância (lux) pelo tempo de exposição (horas). Aplica-se a lei da reciprocidade: se a iluminância dobrar, o tempo no qual determinado nível de dano ocorre se reduz pela metade.

Os materiais variam conforme suas sensibilidades à luz, e há recomendações sobre iluminância de consenso internacional a fim de limitar a deterioração, como mostra a Tabela 13.1. Na boa prática de conservação, essas recomendações são implementadas com uma política de redução dos tempos de exposição, como a exclusão da luz quando o museu está fechado e a apresentação dos objetos mais delicados apenas em mostras temporárias. Se a exposição for inferior ao número anual de lux-horas especificado, poderão ser adotadas iluminâncias mais elevadas do que as dadas na tabela. Isso se aplica a casos como as exposições temporárias, a restauração e o reparo de itens, quando a exposição pode ser rigidamente controlada, e também é importante no uso da luz natural em museus.

Tabela 13.1
Valores de iluminância e exposição à luz recomendados

Tipo de exposição	Iluminância máxima (lux)	Exposição máxima à luz por ano[1] (lux-horas)	Outras considerações
Objetos insensíveis à luz, como os de metal, pedra, vidro ou esmaltados	Não há	Não há	Atenção com o calor, a adaptação visual e o ofuscamento
Objetos moderadamente sensíveis à luz, como pinturas a óleo e à têmpera, afrescos, laqueados e de madeira	200	600.000	Controle da radiação ultravioleta
Objetos extremamente sensíveis à luz, como tecidos, aquarelas, tapeçarias, impressos, manuscritos e itens pertencentes à história natural	50	150.000	Controle da radiação ultravioleta

1 Baseada em um tempo de exposição de 3 mil horas por ano.
Isso exige que a galeria fique no escuro nas horas em que está fechada à visitação.

Os curadores das grandes instituições têm conhecimentos técnicos consideráveis sobre as práticas de conservação. Eles podem aconselhar o projetista quanto à escolha das fontes de luz e dos filtros e a respeito de outras proteções necessárias. Mas eles também podem exigir níveis de exposição diferentes daqueles na tabela. Se esse for o caso, será melhor reduzir as horas de exposição em vez da iluminância máxima. Os níveis de iluminância dados na tabela se baseiam em pesquisas que visam ao equilíbrio de um nível de iluminância razoável para uma visibilidade casual com um nível de proteção aceitável.

Expositores

Os expositores envidraçados protegem fisicamente as exibições e controlam o ambiente que as envolve. Sempre que possível, os equipamentos de iluminação devem ser instalados de tal modo que possam receber manutenção sem perturbar os itens expostos. Assim, eles costumam ser acomodados em um compartimento separado, com tubos de luz ou fibras óticas utilizados para transmitir a luz ao ponto necessário. Atualmente os LEDs estão substituindo as lâmpadas de tungstênio e halogênio de baixa voltagem e as lâmpadas fluorescentes lineares que costumavam ser as mais comuns. O tamanho reduzido e a vida longa dos LEDs frequentemente lhes permitem que fiquem embutidos dentro dos expositores, iluminando os objetos diretamente. Deve-se tomar cuidado para que seus índices de reprodução de cores sejam adequados e para que o calor que eles gerem seja dissipado.

O ofuscamento refletido pode ser um problema nos expositores em que as lâmpadas externas são refletidas pelas superfícies externas de vidro ou quando as fontes internas ao expositor são refletidas pelas superfícies internas. Mais uma vez, isso se torna um condicionante a algumas posições de luminárias. Sob condições de baixa luminosidade, pode ser impossível eliminar completamente as reflexões indesejáveis, mas devemos nos esforçar ao máximo para isso.

"Expositores de experiência"

Um contexto histórico pode ser simulado transportando-se o visitante através de uma série de expositores. Também chamados de *dark rides* (passeios no escuro), eles empregam sons e luzes e, embora os objetos à mostra muitas vezes sejam genuínos, são apresentados em um contexto teatral. O uso de cores e padrões de luz projetada é comum. A iluminação pode ser animada a fim de criar o efeito da passagem do tempo (como da aurora ao poente), de um incêndio ou da luz solar refletindo na água em movimento. A abordagem à iluminação é muito similar à do teatro, mas há um condicionante significativo: os equipamentos de iluminação devem ficar ocultos de modo a não destruir a ilusão da experiência real. Além disso, vários aspectos de segurança devem ser levados em consideração, tanto em termos visuais (a iluminação suficiente de locais perigosos) quanto tecnológicos (evitar a proximidade de luminárias com alta temperatura e materiais inflamáveis).

Luz natural

Uma ideia muito comum é que as exposições de artefatos históricos – em particular as pinturas – devem ser realizadas em ambientes visuais o mais próximo possível das condições para as quais foram produzidas. Uma noção similar é a de que os interiores históricos são mais bem revelados pelo tipo de iluminação que foi originariamente utilizada.

A maioria das pinturas antigas foi originalmente feita sob a luz natural e para ser apresentada em espaços com esse tipo de iluminação, e muitos itens de museu originariamente eram objetos que estavam ao ar livre. É em relação à luz natural que as exigências antagônicas de exposição e conservação se tornam mais evidentes: para sua preservação de longo prazo, muitos itens preciosos não podem ser continuamente expostos em um ambiente com iluminação historicamente adequada. Também se deve observar que até pouco tempo os artistas tinham conhecimentos limitados das exigências de conservação das obras de arte.

Todavia, as galerias sem janela são tão desagradáveis quanto qualquer outro tipo de ambiente totalmente fechado. Isto é, a ausência de luz natural é aceitável se houver uma razão clara para isso, mas ainda assim permanecerá a sensação de que falta o contato com o mundo externo. O uso de luz natural deve ser considerado nas etapas preliminares do projeto de um museu ou galeria de arte, pois depende da geometria do prédio. Vejamos algumas diretrizes:

- Observe o primeiro ponto-chave apresentado no início desta seção. Inicie levando em consideração os objetos da exposição: em primeiro lugar, veja quais são suas exigências de conservação; depois, analise como seria a melhor maneira de expô-los.
- Considere os observadores – quem são eles e quais deveriam ser suas experiências na galeria. A sequência de mostras deve antes de tudo criar um percurso significativo para o visitante e, em segundo lugar, progredir gradualmente das áreas luminosas àquelas nas quais a exposição à luz deve ser limitada. Considere o nível de adaptação visual do observador. A sensação de luminosidade em um espaço se relaciona principalmente com o nível de adaptação ao brilho do observador, e não com o nível absoluto de luminância. Ou seja, um recinto com iluminação moderadamente baixa pode parecer luminoso para alguém que passou alguns minutos em um espaço mais escuro. Se houver áreas nas quais se exige luminâncias muito baixas, deve haver espaços de transição que permitam a adaptação entre os níveis de luz externos e a galeria.
- Planeje o percurso do visitante de modo que haja áreas de relaxamento visual nas quais a iluminação tem pouco efeito na iluminação das exibições. Certifique-se de que a variação natural da luz diurna não se perca. Use janelas para criar vistas com baixa luminosidade. A visibilidade de pátios ou jardins é possível sem que isso prejudique a iluminação interna. As janelas são especialmente apropriadas nas áreas de circulação e cafeterias; elas também criam um meio de orientação para o visitante.

A luz diurna também pode ser preferida à elétrica como fonte de iluminação de pinturas. Ela varia constantemente em seu equilíbrio espectral, mudando muito em temperatura de cor e mantendo sempre um bom índice de reprodução de cores. É justamente essa variabilidade de cor que não pode ser igualada pelas fontes elétricas e deve ser o principal argumento para o uso da luz natural nas galerias de arte. No entanto, a luz natural se torna cara quando sua intensidade tem de ser regulada, e um complexo sistema de teto de galeria com brises e quebra-luzes controlados por células fotoelétricas muitas vezes não consegue gerar o aspecto da iluminação natural porque a característica dominante da luz natural – a variabilidade da luminosidade – pode se perder. Um sistema automático moderno pode permitir que a luz natural em um interior varie e ainda assim mantenha os níveis de exposição recomendados, mas quanto mais rigorosos forem os condicionantes, menos natural será a aparência da luz. É um dilema o fato de que as mais belas pinturas, que se revelam especialmente sob a cor e a intensidade variáveis da luz diurna, sejam aquelas que devem ser preservadas com mais cuidado.

A luz natural é inestimável para a iluminação de esculturas de pedra e de outros materiais que não são sensíveis à luz. A iluminação natural não somente é a mais autêntica para os objetos que foram originariamente feitos para o exterior, como os grandes artefatos de exposição precisam de grandes fontes e distâncias significativas em relação à fonte de luz, condições difíceis de alcançar em todas as galerias, exceto as muito grandes.

Observe, nas duas imagens abaixo, os diferentes efeitos da luz difusa do céu, que cria uma sutil modelagem nos corpos esculpidos, e da luz solar junto com o céu, onde há sombras fortes e bem definidas. Observe, também, como o contraste com os fundos escuros confere clareza às silhuetas.

13.5

Exemplo de Cálculo 5: iluminação de uma pintura – cálculo de uma fonte pontual

Uma luminária do tipo *spot* combina uma pequena fonte com um sistema de refletores que focaliza a luz em um feixe de luz estreito. Em certos casos, a fonte e os refletores estão integrados. Há uma grande variedade de *spots* com distintas intensidades e formatos de feixes de luz disponível para o uso interno. Essas fontes incluem LEDs, lâmpadas de tungstênio e halogênio e pequenas lâmpadas de halogeneto metálico. As luminárias para essas lâmpadas geralmente têm um suporte regulável, que pode ser inclinado e girado, direcionando o feixe luminoso. Também há equipamentos especiais para iluminação cênica e holofotes para o uso externo.

Um exemplo dos dados fotométricos disponibilizados pelos fabricantes é dado no Capítulo 18. O principal item é a distribuição polar da intensidade luminosa em candelas. No caso dos *spots* com distribuição quase simétrica, o fluxo luminoso pode ser descrito por meio de dois números: a intensidade pico máxima, geralmente no centro do feixe, e a largura do feixe, que é definida pelo ângulo no qual a intensidade do feixe equivale à metade do valor de pico (veja a **Figura 13.6**). O ângulo é considerado como sendo simétrico no centro do feixe, mas isso não significa que a faixa de luz produzida pelo feixe seja homogênea.

As pinturas geralmente têm uma refletância composta: parte da luz que nelas incide é refletida de modo especular, parte é difundida. Esse fenômeno é descrito no Capítulo 1. Ambos os tipos de reflexo são óbvios quando uma pintura está em uma moldura com vidro, mas o acabamento natural dos outros materiais também tem um forte componente especular – bons exemplos são as pinturas a óleo, as linhas de grafite e o papel empregado em cartazes impressos.

É a reflexão difusa que nos permite ver a pintura. A reflexão especular mostra apenas a fonte de luz ou outra coisa espelhada. O objetivo da iluminação de uma pintura é posicionar as fontes de luz de tal modo que não sejam refletidas pela superfície brilhante da pintura em direção aos olhos do observador.

A estratégia é, então, localizar as luminárias ou janelas acima do reflexo de uma linha que vai dos olhos do observador ao topo da pintura, como mostra a **Figura 13.7**. Há um segundo condicionante: à medida que a fonte de luz se aproxima da parede da pintura, o ângulo de incidência se torna maior e a luz passa a exagerar a textura da superfície. A sombra das pinceladas começa a mascarar a cor das pinturas a óleo, as irregularidades da superfície se tornam visíveis e uma grande sombra é projetada pela moldura. A posição ideal para as fontes de luz é logo acima da linha na qual seus reflexos seriam visíveis. Além disso, as luminárias devem ser posicionadas fora do alcance normal dos observadores e não podem causar o ofuscamento direto. Se a pintura for grande e o pé-direito relativamente baixo, essa posição ideal talvez seja impossível de alcançar. Nesse caso, será necessário fazer alguma concessão. Isso deve ser avaliado com a pintura *in loco*, pois a decisão depende de saber quais áreas da imagem devem ficar totalmente visíveis.

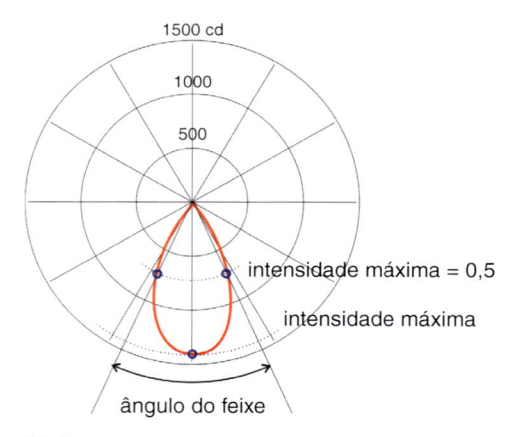

13.6
Definição do ângulo do feixe luminoso de um *spot*.

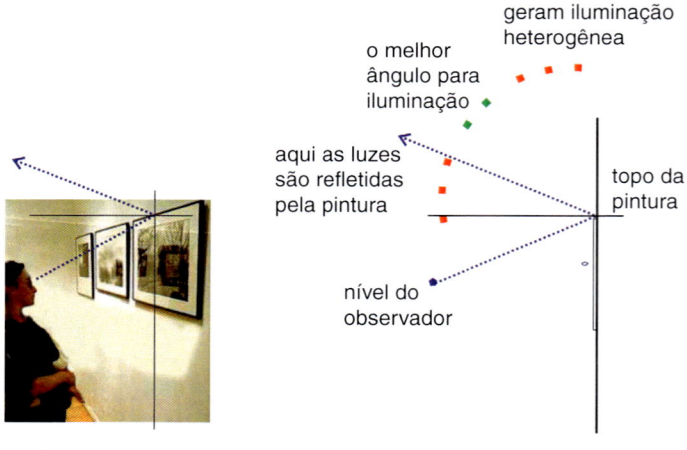

13.7
Como evitar o reflexo brilhante nas pinturas.

Como encontrar a melhor posição para um *spot*

Considere uma pintura com 1 m de altura, pendurada de modo que seu centro fique no nível do observador (isto é, no nível de seus olhos). O objetivo é aumentar a luminosidade da pintura de modo que ela se destaque do fundo, mas não domine o resto da exposição. Com base no Capítulo 10, sabemos que uma razão de iluminância objeto:fundo de 2:1 é necessária para uma diferença de brilho que seja pouco notada, e que uma razão de 5:1 é necessária para uma diferença significativa. Neste exemplo, adotaremos uma razão de 3:1. Suponhamos que a iluminação existente produza uma iluminância geral de 100 lx nas paredes. Assim, a pintura exige 300 lx: a iluminância do recinto mais um adicional de 200 lx.

A **Figura 13.8** mostra as dimensões adotadas, considerando a distância mínima de visualização mais provável como sendo 0,8 m e o topo da pintura como estando 0,5 m acima do nível do observador. Isso determina a posição da fonte de luz.

Com base no explicado no Capítulo 7, a iluminância de uma fonte pontual com intensidade I é

$$E = \frac{I \cos \theta}{d^2}$$

Inverter a equação e colocar os valores nos dá a intensidade luminosa necessária.

$$I = \frac{E\,d^2}{\cos \theta} = \frac{200 \times 1{,}82^2}{\cos 45°} = 937 \text{ (cd)}$$

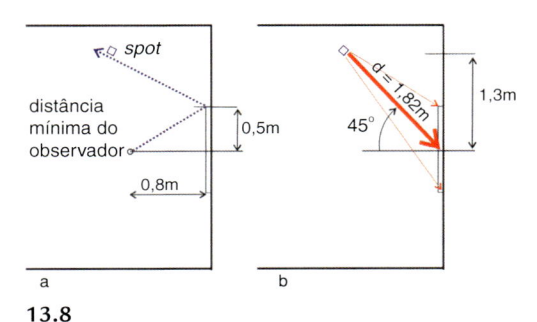

13.8
Exemplo de cálculo:
a) Como encontrar a posição ideal para um *spot*.
b) Para calcular a intensidade, é preciso ter a distância entre a lâmpada e a pintura e o ângulo de incidência da luz.

Um ângulo de feixe de cerca de 20° é necessário para iluminar a pintura. O passo final é buscar nos catálogos dos fabricantes um *spot* com ângulo de feixe adequado e intensidade de pico perto de mil candelas. Alguns valores típicos são listados no Capítulo 18. A menos que a iluminância da pintura tenha de ser rigorosamente limitada por motivos de conservação ou deva ser muito similar à de outras pinturas na mostra, pode-se adotar uma postura flexível na escolha da fonte de luz.

13.9
Spots com feixe amplo iluminam a parede com pinturas. Um *spot* com feixe estreito instalado no teto ilumina a escultura na diagonal.

EXEMPLO DE PROJETO PROFISSIONAL II
O novo Museu da Acrópolis, Atenas

ARQUITETURA: Bernard Tschumi Architects
LUMINOTÉCNICA: Florence Lam, Arup Lighting

O novo Museu da Acrópole foi projetado para acomodar mais de quatro mil artefatos expostos em um importante sítio arqueológico do período arcaico da Grécia Antiga. O principal objetivo era criar um museu no qual a luz natural replicasse as condições externas nas quais muitas das esculturas foram originariamente expostas.

O prédio acabado é extremamente simples, pois foi projetado para que as obras de arte fossem o foco da atenção. Ele apresenta três níveis: na base, há o sítio arqueológico escavado; logo acima, sustentado por mais de 100 esbeltas colunas, está o principal piso da galeria, com pé-direito duplo; no topo, o destaque do museu, está a Galeria do Partenon, com sete metros de altura, onde os mármores desse templo são apreciados sob a luz natural e têm como pano de fundo a Acrópole. O projeto se baseia em um percurso que conduz os visitantes cronologicamente através das exposições, do Período Arcaico à Galeria do Partenon e então descendo até o Período Romano. A Galeria das Cariátides se localiza em um balcão sobre a principal rampa de acesso e pode ser vista de diferentes níveis.

A Galeria Arcaica é um espaço com pé-direito duplo orientado para o norte e com um conjunto de claraboias projetadas para eliminar a insolação direta, mas fornecer iluminação geral difusa. A conservação das obras de arte não era uma preocupação do museu, uma vez que a maior parte da pintura das esculturas desapareceu há muito tempo. Contudo, o sol direto tinha de ser eliminado permanentemente e os níveis de luz natural, regulados.

Na pele de vidro da elevação, foi usado um tratamento com serigrafia (frita) nas chapas de vidro inferiores, enquanto persianas reguláveis sobrepostas foram colocadas nas superiores, para o controle solar ideal. Esse tratamento da fachada contribui para a iluminação natural uniforme e suave da galeria, enquanto a técnica da serigrafia ajuda a mascarar as vistas dos prédios adjacentes. O projeto de iluminação natural foi criado por meio da combinação de cálculos feitos por computador com modelos baseados nos dados solares do terreno, bem como do uso de maquetes de arquitetura, para garantir que se chegasse ao conforto visual e térmico.

A iluminação elétrica foi projetada para complementar a natural durante o dia e criar uma experiência visual totalmente distinta à noite. A iluminação elétrica diurna está vinculada a sensores de luz natural na cobertura e é acionada apenas quando as condições climáticas geram uma luminância natural muito baixa. A iluminação elétrica geral compreende lâmpadas fluorescentes com alto índice de reprodução de cores ($R_a > 90$) e duas temperaturas de cor (3.000 K e 5.400 K), criando uma luz com cor que se mistura à luz natural. As luminárias foram instaladas ao redor do perímetro interno das claraboias. A iluminação de destaque vem de *spots* de tungstênio e halogênio QT12 de feixes estreitos e médios embutidos em sancas nas laterais de cada claraboia. Essas fontes foram cuidadosamente projetadas para gerar uma boa modelagem dos artefatos de arte sem provocar o ofuscamento dos visitantes.

A Galeria do Partenon fica no nível mais elevado do museu. A galeria retangular e fechada por vidro tem um pé-direito de mais de 7 m e área de mais de 2.050 m². Como está orientada para a Acrópole, seu eixo foi girado em 23° em relação ao resto do museu. Os artefatos expostos na Galeria do Partenon aparecem como estavam em seu terreno original. O núcleo de concreto, que cruza o prédio de cima a baixo, se torna a superfície na qual as esculturas de mármore do friso do

PRÉDIOS PARA EXPOSIÇÃO   167

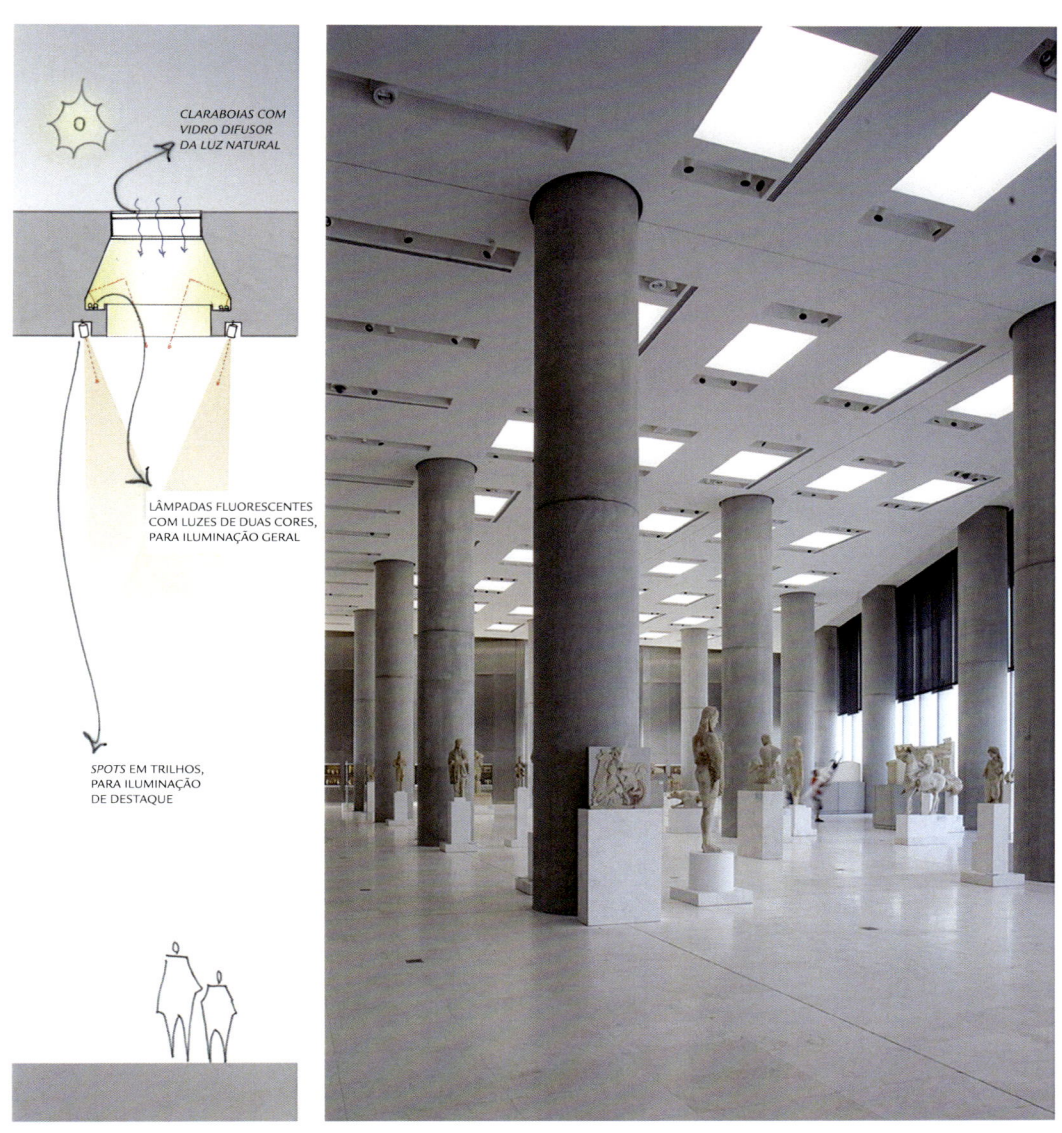

CLARABOIAS COM VIDRO DIFUSOR DA LUZ NATURAL

LÂMPADAS FLUORESCENTES COM LUZES DE DUAS CORES, PARA ILUMINAÇÃO GERAL

SPOTS EM TRILHOS, PARA ILUMINAÇÃO DE DESTAQUE

13.10
O novo Museu da Acrópole, Atenas: a Galeria Arcaica.

Partenon foram instaladas. O núcleo também permite que a luz desça até as cariátides, no pavimento abaixo. A configuração ímpar dessa galeria permite que as esculturas de mármore sejam observadas muito de perto, a ponto de que se consegue ver todos os vestígios de tinta que ainda restam. Tudo isso é visto contra a tela de fundo do prédio original (o Partenon), que é espetacular especialmente à noite.

A caixa de vidro da Galeria do Partenon, com cinco metros de altura, foi projetada de modo a proteger tanto as esculturas quanto os visitantes da luz e do calor excessivos e, ao mesmo tempo, preservar as vistas. As fachadas da galeria são de vidro de segurança duplo (de acordo com a norma de filtragem dos raios ultravioleta do museu) e tratado com uma película de baixa emissividade (valor-e) para a proteção do calor escaldante do clima ateniense. A fim de evitar o ofuscamento e garantir o conforto visual dos visitantes, o vidro é serigrafado com pontos negros bastante próximos entre si no topo e na base das vidraças, mas graduados de modo a permitir a visão clara no centro.

O conceito da Galeria do Partenon é que os artefatos sejam iluminados apenas com luz elétrica à noite. O efeito dos frisos e das métopas elevadas e iluminadas é espetacular, quando vistos à distância. Ele transforma o exterior do museu de vidro em uma gigantesca caixa de joias iluminada por dentro. Mesmo quando o museu está fechado, sente-se sua presença à noite, pois os transeuntes podem vislumbrar as exibições através das vidraças.

13.11
O novo Museu da Acrópole, Atenas: a Galeria Arcaica à noite.

13.12
O novo Museu da Acrópole, Atenas: a Galeria do Partenon.

14

Abrigos institucionais

O foco deste capítulo é o projeto de espaços de circulação de prédios como lares para idosos ou para jovens e adultos com deficiência. Esse é mais um caso no qual o leiaute da edificação, os acabamentos das superfícies e a iluminação natural e elétrica devem ser considerados juntos. O capítulo também contém um exemplo de cálculo da luz natural que incide sobre a elevação de um prédio. É claro que o cálculo não é específico para tal tipo de edificação, mas ele muitas vezes é necessário quando ela assume a forma de vários blocos e quando um novo prédio é inserido em um contexto urbano.

Pontos-chave

- A visibilidade de elementos perigosos deve ser destacada.
- Nos prédios em que os residentes ficam confinados ao interior, são essenciais as vistas e outros indicadores sensoriais do mundo externo.
- Os residentes devem ficar expostos ao ciclo de 24 horas de luz e escuridão.
- Os residentes que são afetados pela redução de um dos sentidos ou têm problemas de mobilidade exigem apoios extras: em primeiro lugar para ajudar compensar tal deficiência sensorial e, em segundo, para que possam se locomover melhor.

Saúde e segurança

Todos os tipos de lar apresentam riscos, assim cuidados especiais são necessários quando projetamos para pessoas que têm qualquer deficiência.

Os acidentes com ferimento mais comuns são devido a mudanças de nível no piso. Degraus isolados sempre são perigosos, porque costumam ser inesperados e difíceis de ver, especialmente quando conduzem a um nível inferior. Em todos os lanços de uma escada, o primeiro e o último degrau devem ser muito aparentes – de preferência com uma mudança de cor ou refletância no focinho do degrau ou entre seu piso e o patamar. Observe na **Figura 14.1** (página seguinte) como a única indicação clara da escada é uma linha de brilho nos focinhos dos degraus. Isso é suficiente em moradias unifamiliares, desde que todos os usuários tenham boa visão. É fundamental que, à noite, a iluminação elétrica diferencie claramente os degraus. Se a iluminância for uniforme, as mudanças de nível se tornarão invisíveis.

14.1
A visibilidade dos degraus depende do aumento do brilho nos focinhos. Este exemplo é de uma moradia unifamiliar privada. Em um abrigo institucional ou em qualquer prédio utilizado por pessoas com problemas de visão ou redução de mobilidade, haveria corrimãos em ambos os lados da escada, e as mudanças de nível seriam marcadas com tiras de cor muito contrastante nos focinhos. Também haveria uma mudança no material do piso no topo e na base da escada.

O projeto para a boa visibilidade não pode estar dissociado dos outros fatores sensoriais. Os usuários com visão limitada se baseiam na audição e no tato para melhorar a percepção. Se um corredor tiver superfícies duras no piso, nas paredes e no teto, o som reverberado tenderá a mascarar os indicadores auditivos; por outro lado, em um recinto acarpetado e com alta proporção de superfícies absorventes, a falta de sons úteis também é prejudicial. A percepção tátil das superfícies também pode ajudar na mobilidade. A consciência que os usuários têm de sua localização pode ser melhorada por meio de mudanças de acabamento no piso e diferentes formatos de corrimão.

As janelas estimulam de diversas maneiras. Sob uma janela, o ar difere em temperatura em relação ao ar do recinto em geral; o movimento do ar que vem das janelas é perceptível; os sons oriundos do exterior são audíveis; e os ruídos do recinto são refletidos e absorvidos pelas cortinas.

Quando uma pessoa fica confinada em um prédio, qualquer contato com o exterior é muito apreciado. Uma vista através da janela literalmente intensifica sua vida. Se você é um idoso cujo espaço de vida se restringe a um quarto, a vista de pessoas, árvores e céu pode representar todo o mundo que está lá fora. A luz natural que incide nas paredes e no piso de um recinto traz informações úteis, mesmo quando não há uma vista: ela indica o horário do dia e como está o tempo. Em alguns tipos de lar, as áreas de circulação do prédio assumem importância especial. Por exemplo, nas casas para pessoas senis, alguns moradores caminham durante longos períodos. Sua qualidade de vida aumenta se as áreas de circulação forem espaços interessantes e bem iluminados. As vistas do exterior podem trazer o benefício adicional de ajudar as pessoas a se localizarem e se orientarem dentro de um prédio.

É interessante que se ofereça boa luminosidade em algumas áreas de circulação durante as manhãs de inverno, especialmente se houver assentos ou um local para encontros sociais. Os ciclos circadianos podem ser prejudicados pela iluminação noturna. Em abrigos institucionais ou outros locais em que é necessário monitorar os residentes à noite, a iluminação deve ser mascarada dos pacientes. As áreas de circulação devem ter aparências distintas entre o dia e a noite.

EXEMPLO DE PROJETO PROFISSIONAL III

Casa Colliers Gardens Extra Care, Fishponds, North Bristol, Reino Unido

ARQUITETURA: Penoyre & Prasad 2006

14.2
Planta de localização da Casa Colliers Gardens.

Esta proposta ilustra como a luz natural pode ser usada de modo construtivo para a criação de um senso de "lugar". Os residentes da Casa Colliers Gardens Extra Care ocupam apartamentos individuais, mas também têm acesso a restaurantes e outros espaços de uso comum. O condomínio é grande – 50 moradias – e é importante que os moradores não somente tenham privacidade quando desejada como também muitas oportunidades de contato social. As áreas de circulação dos blocos são cruciais para isso. O conjunto é atravessado por uma "rua" de dois pavimentos e com iluminação natural, que intercepta todos os blocos. Esse leiaute reduz a escala aparente dos prédios e cria uma variedade de pequenos pátios internos.

A rua interna foi colorida de amarelo na planta baixa e varia em largura. A posição das janelas também é variável, gerando diferentes direções de incidência da luz natural nos cômodos e várias vistas. O resultado é um espaço estimulante mas claro: as vistas externas promovem um senso de orientação e de localização do usuário dentro do prédio.

Entre o segundo e o terceiro bloco (lendo a planta da esquerda para a direita), a rua se alarga, formando uma espécie de saguão informal. A fotografia da **Figura 14.3** mostra-o no segundo pavimento. Além das janelas laterais, há um poço de luz que atravessa os dois pavimentos (**Figura 14.4**) e aumenta a luminosidade do nível térreo. No segundo pavimento, uma divisória de vidro traz alguma luz natural para o espaço mais profundo, mas as janelas permanecem sendo a principal fonte de luz diurna nos dias nublados. No térreo, o piso do poço de luz fica mais iluminado do que as paredes, pois está diretamente voltado para o céu e, no alto, há uma grande claraboia.

O uso da luz solar no projeto é exemplar. Os idosos muitas vezes gostam de se sentar diretamente sob a luz do sol, e isso é benéfico à sua saúde, desde que o calor e o ofuscamento não sejam excessivos. É essencial que as pessoas possam mudar de posição ou se mover para outro assento, e o espaço como um todo não pode superaquecer. O aumento total de temperatura quando faz sol depende do equilíbrio entre a área de vidraças e o tamanho dos espaços. Nesse exemplo da Casa Colliers Gardens, o equilíbrio está próximo do ideal.

14.3
O percurso através dos blocos se alarga, criando áreas de encontro informais. Esses espaços são excelentes para oferecer a luz solar e os altos níveis de luz diurna necessários para a saúde dos residentes que não podem sair do prédio. Casa Colliers Gardens Extra Care, Fishponds, North Bristol, Reino Unido. Fotografia: Judith Torrington.

14.4
Claraboias e espaços com pé-direito duplo criam uma distribuição da luz bastante diferente do padrão de iluminação gerado por janelas. Casa Colliers Gardens Extra Care, Fishponds, North Bristol, Reino Unido. Fotografia: Judith Torrington.

Exemplo de Cálculo 6: percursos aparentes do sol e componente celeste vertical

Este procedimento examina até que ponto uma nova edificação pode bloquear a luz solar ou celeste que incide nas janelas de um prédio preexistente. O assunto já foi abordado no Capítulo 5. O método que apresentaremos implica cálculos manuais. Ele é simples, mas maçante quando a forma construída for complexa. Porém, se torna muito mais rápido se forem tiradas fotografias do local, como vimos no Capítulo 5.

Um antigo prédio está voltado para um bloco com 22,5 m de altura. Atualmente, o bloco tem planta baixa retangular, mas há uma proposta de ampliação que a tornará um L. O acréscimo está demarcado no diagrama pelas letras D e E; ele se conecta com o bloco preexistente nos pontos B e C. Que efeito essa ampliação terá sobre a luz diurna que incide na janela do pavimento térreo do prédio antigo?

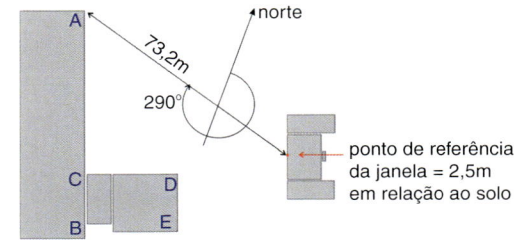

1º passo: registre o prédio em uma carta solar da latitude correta

1. Em uma planta baixa, marque o ponto de referência (o centro da janela sendo estudada). Também registre os pontos dos prédios que obstruem a vista e definirão a linha do horizonte.
2. Trace uma linha do ponto de referência até cada quina. Meça a distância e o ângulo que ela faz em relação ao norte, medindo esse ângulo no sentido horário.
3. Calcule o ângulo de elevação do sol em cada quina, usando a fórmula

$$\gamma = \arctan\left(\frac{h}{d}\right)$$

na qual h é a altura da quina em relação ao ponto de referência e d é a distância. (A tangente inversa, *arctan*, às vezes é marcada como $\tan^{-1}$ nos teclados das calculadoras.)
4. Registre os pontos na carta solar estereográfica e os una para encontrar a linha do horizonte.

O uso de uma planilha eletrônica (como Excel) agiliza o cálculo:

Ponto	Distância do ponto de referência, d (metros)	Azimute (ângulo medido em planta baixa), α (graus)	Altura do ponto em relação ao piso (metros)	Altura do ponto em relação ao ponto de referência, h (metros)	Elevação do ponto em relação ao horizonte, γ = arctan (h/d) (graus)
A	73,2	290	22,5	20	15,3
B	66,6	229	22,5	20	16,7
C	60,7	246	22,5	20	18,2
D	31,3	237	22,5	20	32,6
E	41,7	211	22,5	20	25,6

14.5

O exemplo foi registrado na carta solar para 51°N, a latitude de Londres. Vários *sites* da Internet contêm as cartas solares de outras latitudes. No diagrama, uma aresta horizontal é representada na forma de uma linha curva, assim, com uma longa linha do horizonte, é necessário localizar um ponto intermediário para que se possa traçar o arco com precisão. A projeção estereográfica de uma linha horizontal às vezes é chamada de "curva", e as publicações que apresentam cartas solares frequentemente incluem folhas transparentes de curvas, para que façamos os traçados.

2º passo: confira a luz solar

Na **Figura 14.6**, a linha do horizonte do edifício preexistente é definida como A–B, enquanto a da ampliação proposta é C–D–E. Seguindo a linha da carta solar para dezembro, pode-se ver que a ampliação do prédio bloqueará a luz solar da janela preexistente a partir de logo após as 2h da tarde. Uma perda similar ocorreria até março. Durante os meses de verão, o sol seria visível acima da ampliação, descendo para trás da obstrução original no fim da tarde.

As horas de insolação provável podem ser encontradas com a sobreposição do diagrama do Capítulo 18 (p. 200).

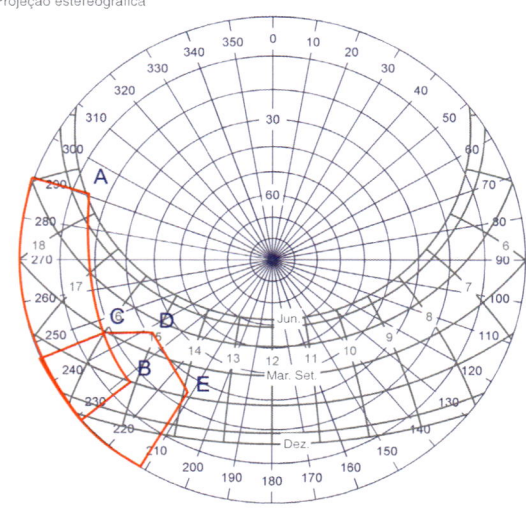

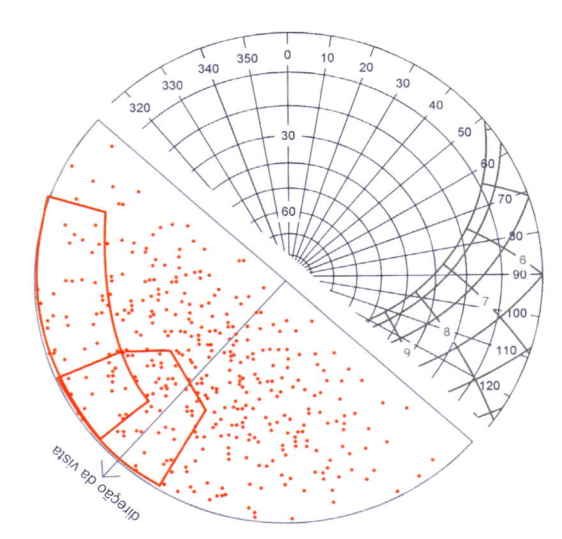

14.6

14.7

3º passo: confira a luz celeste

O componente celeste vertical é a luz diurna direta que incide sobre uma superfície vertical (como a face externa de uma janela) dividida pela iluminância simultânea de um céu encoberto sobre um solo não obstruído. Ele é uma forma de coeficiente de luz diurna e é expresso como um percentual, dando uma ideia de até que ponto uma nova edificação reduzirá a luz natural difusa que incide sobre uma janela preexistente.

Um critério comum para o controle de novas edificações no Reino Unido é que uma obstrução proposta é aceitável se, com a obstrução inserida, duas condições são satisfeitas:

1. O componente celeste vertical na janela preexistente é, no mínimo, 27%.
2. O componente celeste vertical não é inferior a 4/5 de seu valor anterior.

Um componente celeste vertical de 27% ocorre quando há uma linha do horizonte contínua a 25° acima do horizonte.

No exemplo, a linha do horizonte do prédio preexistente fica totalmente abaixo de 25%. Portanto, a ampliação ficaria acima desse valor e deveria ser conferida. O diagrama do Capítulo 18 (p. 201) é utilizado para isso. Ele é sobreposto ao prédio registrado, como na **Figura 14.7**, e girado até assumir a mesma orientação da janela.

Há 396 pontos, cada um representando 0,1% do componente celeste vertical. Contando-se os números que incidem sobre as obstruções:

Zona	Número de pontos, n	Número de pontos em um céu não obstruído $= 396 - n$	Componente celeste vertical na janela $= (396 - n) \times 0{,}1\%$.
Obstrução preexistente	46	350	35,0
Obstrução adicional	42		
Obstrução total	88	308	30,8

De acordo com os critérios apresentados anteriormente, a ampliação proposta do bloco da obstrução é aceitável. O componente celeste vertical permanece acima de 27%, e a redução relativa é $(30{,}8/35{,}0) = 0{,}88$, superior a 4/5 (80%).

Todavia, mesmo uma redução insignificante na luz celeste não significa que os usuários do prédio ficariam indiferentes ao aumento da obstrução. Fatores como a perda da vista ou a sensação de redução da privacidade podem acarretar reações fortes. Isso é especialmente verdade quando o prédio afetado é uma moradia. A luz natural é mais fácil de quantificar do que, por exemplo, a vista ou a privacidade; portanto, muitas vezes é utilizada como o centro de uma discussão contra um novo projeto de construção, embora as principais objeções possam ser subjetivas e dependentes de muitos fatores.

15
Hotéis: recintos de uso público

Os hotéis são um tema complexo para exemplos de projeto de luminotécnica, porque englobam uma grande variedade de requisitos, que vão desde o saguão de acesso aos espaços de uso público como restaurantes e bares até as suítes e os apartamentos privativos. Os saguões de entrada, em particular, têm várias exigências que nem sempre são compatíveis entre si.

Pontos-chave para a iluminação de saguões de hotel

- O saguão é responsável pela primeira impressão que o hóspede tem do hotel. Ele deve transmitir o caráter e o etos do lugar.
- Os hóspedes podem estar cansados após uma longa viagem, não dominar o idioma ou estar com pressa. O percurso deve ser claro, o balcão de recepção precisa estar em uma posição de destaque e deve haver recursos para os usuários com deficiências físicas. É positivo que o hóspede consiga deduzir daquele local o leiaute do hotel como um todo.
- O saguão de um hotel grande é o local de trabalho de muitas pessoas: recepcionistas, manobristas, porteiros e garçons, por exemplo. A comunicação entre os indivíduos é a atividade dominante, então é essencial haver uma boa iluminação dos rostos. Existem outras tarefas que requerem a iluminação sobre o plano de trabalho, como a leitura de documentos, a contagem de dinheiro e o uso de computadores.
- Os saguões são locais de espera. As áreas com assentos devem ajudar as pessoas a relaxar. É preciso que a área de espera permita a visão das pessoas que estão entrando no saguão e vice-versa.

EXEMPLO DE PROJETO PROFISSIONAL IV

Hotéis Mandarin Oriental

PROJETO DE LUMINOTÉCNICA: dpa lighting consultants

Os dois exemplos a seguir foram tirados de uma série de projetos para o grupo de hotéis Mandarin Oriental elaborados pela firma dpa lighting consultants, fundada em 1958 por Derek Philips.

A **Figura 15.1** mostra o saguão de entrada e o restaurante do Mandarin Oriental de Genebra. O hotel é autoria do arquiteto suíço Marc-Joseph Saugey e foi o primeiro hotel a ser construído na cidade após a Segunda Guerra Mundial. O prédio sofreu uma profunda renovação entre 2007 e 2008, quando os consultores em luminotécnica trabalharam intimamente com a firma responsável pelo projeto de interiores, Tihany Design.

O saguão combina uma iluminação atraente com uma funcional. Os recepcionistas são claramente identificados: observe como as faces dos funcionários e do hóspede são claramente modeladas pelas luminárias suspensas em forma de cubo, que difundem a luz. Essas luminárias contêm lâmpadas fluorescentes compactas brancas de cor quente (índice de reprodução de cores 80 e temperatura de cor 2.800 K), mas nelas também há lâmpadas de tungstênio e halogênio de baixa voltagem, que complementam a luminosidade do balcão. A parede atrás dos recepcionistas é de cor marrom escuro levemente brilhante – ela cria um contraste visual com os recepcionistas. A luz azul é refletida pela adega de vinhos da parede oposta. O forro reflexivo sobre o balcão de recepção recebe luz de luminárias difusoras, aumentando ainda mais a iluminação de fundo.

A adega faz parte de um recinto com temperatura controlada que fica entre a recepção e os restaurantes logo além. Minúsculas luzes voltadas para o chão e dotadas de *dimmers* controlados por computador iluminam a adega em ambos os lados por meio de cabos de fibra ótica e lentes nas extremidades. Esse sistema transmite a luz de lâmpadas de halogeneto metálico com tubo de

15.1
Saguão de recepção, Mandarin Oriental, Genebra.
Fotografia: George Apostolides.

tecnologia cerâmica que ficam distantes, uma estratégia que evita comprometer a temperatura do depósito de vinho com o calor das lâmpadas. A adega tem valor decorativo e contrasta com a área da recepção; além disso, é uma maneira de atrair os visitantes para os restaurantes. Suas superfícies polidas e metálicas criam muitos pontos de brilho.

Um desafio particular do projeto foi atender às exigências de consumo de energia muito altas impostas pela prefeitura municipal. Isso se conseguiu com o uso de luminárias de alta eficiência e lâmpadas de alta eficácia conectadas a um sistema de controle da iluminação baseado em um microprocessador que permitiu com que os requisitos de cada área fossem atendidos de acordo com os usos e horários. O sucesso da estratégia é comprovado com a economia de energia estimada em 40%.

Já o Mandarin Oriental de Praga se situa no bairro histórico da cidade. O prédio surgiu como um monastério, por volta do ano 1500. Em função dessa origem histórica, os projetistas de luminotécnica tiveram de trabalhar intimamente com o Instituto do Patrimônio Histórico Nacional para chegar a um projeto que respeitasse a arquitetura, mas respondesse às necessidades do cliente e de seus hóspedes.

O salão de baile, que assume a dupla função de sala de jantar, é mostrado na **Figura 15.2**. A fotografia deixa evidente que as janelas ao lado esquerdo proporcionam parte da iluminação geral durante o dia. O conjunto de lustres de cristal da Boêmia é o elemento central da proposta de iluminação. Esses lustres foram especialmente desenhados e montados para o hotel *in loco* e estabelecem um vínculo com a história da sala. Cada um deles tem três grupos com controle individual

15.2
Salão de baile, Mandarin Oriental, Praga. Fotografia: George Apostolides.

das fontes de luz. Suas lâmpadas voltadas para baixo, que ficam ocultas, direcionam a luz para as mesas; as lâmpadas do topo projetam luz para o teto abobadado; e as lâmpadas centrais ajudam na iluminação geral e geram parte dos inúmeros pontos de brilho dos cristais.

Cada lustre pende do centro de uma abóbada. Na base de cada abóbada, um arranjo de LEDs (3.000 K) embutido em uma sanca lança luz para o alto da cornija. O resto da iluminação geral vem dos elementos decorativos iluminados das paredes.

A iluminação dos espaços públicos do hotel é controlada automaticamente por programas de iluminação cênica. Em cada espaço é possível regular o nível de luminosidade apropriado para o uso, o horário e a presença ou não da luz natural.

16

Iluminação externa: edificações e caminhos de pedestre

Este capítulo introduz a iluminação externa. Ela difere em escala da iluminação interna, e há considerações práticas distintas que devem ser feitas, mas os princípios básicos são os mesmos. Focaremos a iluminação concentrada de fachadas e vias de pedestre. O projeto de iluminação de vias de veículo não será abordado, pois se constitui em uma especialidade e geralmente é orientado pelos fabricantes de luminárias para ruas.

1 ILUMINAÇÃO DE UM PRÉDIO COM HOLOFOTES

Pontos-chave

- Criar uma arquitetura para a noite que seja distinta daquela para o dia. Raramente se consegue simular o efeito da luz diurna. O sol e a abóbada celeste com luz difusa agem como grandes fontes e a luz que incide em um prédio vem principalmente do alto. Já os holofotes são, comparativamente, fontes muito pequenas e costumam ser direcionados para o alto. Essa diferença pode ser vista na **Figura 16.1**.
- Ao projetar, deixe claro quais fontes serão "projetores" (veja o Capítulo 1) – e terão como propósito iluminar as superfícies –, e quais serão "faróis" – elementos com brilho próprio no projeto.
- A iluminância necessária nos objetos sob luz concentrada depende da luminância de seus entornos.
- As luminárias externas ficam sujeitas ao risco de vandalismo, danos acidentais e intemperismo. Portanto, devem ser instaladas em locais seguros, providos de fonte de eletricidade e que possam ser facilmente acessados para limpeza e substituição de lâmpadas.
- Não desperdice luz. Luzes dispersas significam perda de energia e são fontes de "poluição luminosa".

16.1
A aparência diurna e noturna de uma mesma fachada. O sol e a luz difusa da abóbada celeste são grandes fontes que incidem no prédio de cima para baixo. Já as luminárias usadas para iluminação concentrada à noite (holofotes) são fontes comparativamente muito pequenas e lançam luz de baixo para cima.

Considerações gerais

Em uma situação ideal, a iluminação noturna de uma cidade deveria ser considerada holisticamente. Os prédios iluminados por holofotes podem ser vistos há muitos quilômetros de distância, e cada um deles é visto não somente contra seus vizinhos imediatos, mas no contexto de toda uma composição urbana. Essa composição deveria ser coerente: as partes mais brilhantes e mais coloridas deveriam ser selecionadas (e não acidentais); os prédios secundários não poderiam dominar; deveria haver áreas de sombra bem como centros de luminosidade; os grandes elementos tridimensionais (como prédios importantes e acidentes topográficos naturais) não deveriam ser visualmente anulados por uma luz que é uniforme em todos os seus lados. Por fim, a iluminação localizada na fachada de um prédio proeminente poderia ser um elemento de orientação à noite.

Conseguir a coordenação às vezes exige o controle geral de uma autoridade municipal. Cada cidade tem uma diversidade de prédios e atividades, portanto podem surgir conflitos de interesse: um prédio comercial excessivamente iluminado pode oprimir um monumento histórico adjacente; e um anúncio iluminado de um parque de diversões colocado em um bairro suburbano pode se tornar chocante e intrusivo. Hoje se acredita que é necessário certo grau de controle no planejamento da iluminação externa, no mínimo para proteger o ambiente dos piores excessos da má iluminação, incluindo a poluição luminosa em todas as suas formas. A iluminação externa que é excessivamente forte para seu contexto pode ser considerada como uma forma de "invasão luminosa" e provocar a insatisfação ou a irritação do bairro.

A Tabela 16.1 é uma lista de conferência para o projeto de iluminação concentrada em fachadas. A primeira parte a ser avaliada é o contexto do prédio. A seguir, vem a análise da forma da edificação em relação a esse contexto. Em qualquer projeto de luminotécnica, o segredo é ser seletivo – não se deve inundar todas as superfícies com uma luz homogênea, mas estabelecer um padrão gradual do claro ao escuro, enfatizando certos elementos e mascarando outros. No caso da iluminação externa, a forma dos espaços circundantes também importa, especialmente para determinar as partes do prédio que serão tratadas. Em muitas ruas e praças do centro de uma cidade, somente as fachadas dos prédios são iluminadas.

A luz que já existe no prédio é um condicionante; ela pode ser interna, tendo janelas que são iluminadas à noite ou luminárias externas que ajudam a iluminar a rua. Outro condicionante de projeto – que frequentemente se torna o dominante – são as restrições aos locais das luminárias, em particular quando elas têm de ser instaladas no próprio prédio ou estar muito próximas a ele.

Um princípio geral é que quanto mais distante a lâmpada estiver da superfície que ela ilumina, mais uniforme será a iluminância nessa superfície. Além disso, o ângulo de incidência determina até que ponto a textura é destacada – quando a luz incide perpendicularmente a uma superfície, as irregularidades desse plano são mascaradas. Assim, quanto mais próximos os holofotes ficarem da fachada do edifício, maior será a diversidade ao longo de sua superfície. A aparência será mais exuberante, pois os contrastes serão mais ricos e a textura dos materiais será mais enfatizada.

Tabela 16.1
Lista de conferência para o projeto de iluminação concentrada em fachadas

Contexto	O prédio geralmente é visto de perto ou à distância?
	Ele é visto estaticamente ou de veículos em movimento?
	Qual é a natureza da iluminação das edificações adjacentes e dos espaços do entorno imediato?
	Qual é a escala do prédio em seu contexto?
Composição da arquitetura	O prédio é visto à noite de todos os lados ou principalmente de frente?
	Quais são os elementos dominantes de sua arquitetura?
	Há componentes que exigem ênfase, como esculturas ou letreiros?
Uso da edificação e elevações	O prédio é utilizado à noite? As janelas serão iluminadas de dentro do prédio?
	Quais são os materiais da fachada? Eles implicam condicionantes na reprodução ou na aparência das cores?
	O prédio em si apresenta outra forma de iluminação externa, como letreiros luminosos ou postes de iluminação pública?
Localização dos holofotes	Em que posições os holofotes podem ser colocados, considerando a fonte de energia, o acesso e a proteção?
	Quais são as exigências do aspecto diurno? Os holofotes têm como ficar ocultos?

Da mesma maneira, a projeção das sombras é essencial para a modelagem de uma fachada. Se um prédio for iluminado da posição em que é observado, ficará com o aspecto de chapado e desinteressante. Os holofotes devem ser posicionados fora da direção de observação, de modo que os elementos tridimensionais da fachada sejam mostrados em relevo. Para que os elementos verticais, como pilastras, fiquem visíveis, os holofotes têm de ser posicionados de modo a lançar pequenas sombras ao lado deles. O ângulo dependerá da profundidade dos elementos, mas um ângulo de 45° é uma boa referência. Contudo, se o ângulo for pequeno demais, as sombras serão excessivas. Essas luminárias podem ser complementadas por outras colocadas na direção oposta, a fim de atenuar sombras particularmente profundas. No entanto, estas deverão produzir uma iluminância menor para que não anulem as outras sombras. Se o prédio tiver elementos horizontais – como arquitraves ou cornijas –, os holofotes deverão estar voltados para o alto, projetando uma pequena sombra acima do elemento. A largura da sombra será determinada pela distância entre os holofotes e o prédio.

Se toda a edificação (ou um de seus grandes elementos, como uma cúpula) for iluminada e vista de múltiplas direções, sua forma tridimensional se tornará totalmente visível apenas se houver uma variação na iluminação oriunda de diferentes direções. As áreas escuras e sombreadas fazem parte de um bom projeto; elas têm função similar à das pausas na música, delimitando um trecho e pontuando-o. Quando apenas os elementos individuais de um grande prédio são destacados, pode ser necessário garantir que o formato total fique perceptível, seja criando um baixo nível de iluminação em grandes partes dele, seja traçando sua forma com linhas de luz. Áreas de luminosidade isoladas, especialmente aquelas no topo de um prédio, podem ser visualmente estranhas: elas parecem flutuar ou ser parte de outra edificação. Por outro lado, se você não iluminar a cobertura ou outras partes do prédio, sua forma talvez desapareça no céu noturno.

Assim como o padrão de luz e sombra em um prédio iluminado com holofotes costuma ser distinto de sua aparência diurna, tendo um contraste muito maior, a cor noturna pode ser diferente. Os projetistas podem contar com uma palheta de cores muito rica. Os holofotes e materiais translúcidos de placas luminosas podem ter cores muito intensas; seus padrões de luz e cor podem ser dinâmicos; toda a composição pode se alterar com o passar do tempo e responder a seu ambiente. À noite, é possível tornar o interior de um prédio parte do cenário externo, de modo impossível durante o dia.

Luminância, iluminância e cor

Os princípios da iluminação de destaque descritos no Capítulo 10 se aplicam ao projeto de iluminação externa: se um prédio ou um elemento urbano será destacado com o uso de holofotes, o que importa é o contraste de luminosidade entre ele e seu entorno imediato. As diretrizes apresentadas sobre razões de brilho se aplicam à iluminação externa: uma razão de 2:1 resulta em uma diferença sutil entre o objeto e seu fundo; uma razão de 5:1 cria uma diferença significativa; 15:1 cria uma diferença muito forte. Se vários níveis de luminosidade forem planejados para um projeto, as diferenças na luminosidade aparente costumam ficar claras quando há uma gradação constante entre os níveis de luminância, como 1:3:9:27.

16.2
Luminâncias gerais médias e típicas devido à iluminação noturna.

A **Figura 16.2** ilustra como a luminância noturna geral aumenta do campo em direção ao centro das cidades. No campo, a iluminação elétrica às vezes não é visível; à medida que nos aproximamos de uma cidade, a iluminação da estrada começa a criar uma iluminação geral; a proximidade do centro da cidade aumenta cada vez mais o número de fontes de luz: iluminação viária e dos próprios automóveis, vitrines e letreiros e iluminação de destaque dos prédios. A base para o projeto é a luminosidade média da área imediata.

O índice de reprodução de cores exigido para a iluminação externa depende de cada caso. As luzes monocromáticas, como as geradas por lâmpadas de sódio à baixa pressão, podem ser adequadas para áreas como as de estacionamento. Contudo, nas praças e nos shoppings, onde as pessoas, o que elas usam e carregam, e os materiais naturais do solo e dos prédios formam muitos dos focos de visão, uma boa reprodução de cores é um dos indicadores da qualidade de um sistema de iluminação. As lâmpadas de sódio à alta pressão costumam ser utilizadas de modo satisfatório, especialmente aquelas que apresentam desempenho de cor elevado. Os belos materiais de um prédio histórico podem ficar mais bonitos se forem apresentados de modo natural, isto é, com o uso de uma luz branca com bom índice de reprodução de cores. Mas muitos dos materiais de construção podem ser enfatizados pela iluminação (por exemplo, lançando-se uma luz vermelha sobre uma alvenaria de tijolos) e as superfícies neutras, como as de concreto, podem assumir cores muito ricas que as tornam interessantes e muito mais complexas do que durante o dia. Um índice de reprodução de cores muito alto é exigido para as teletransmissões a cores, particularmente de campos de esporte – nesse caso, as lâmpadas de halogeneto metálico costumam ser utilizadas.

Exemplo de Cálculo 7:
apresentação de propostas de iluminação concentrada com o uso de holofotes

Vejamos uma maneira rápida de representar o efeito de uma iluminação externa com holofotes por meio do uso de um *software* de edição de imagens, como o Photoshop. Com ele, é possível esboçar rapidamente os padrões de claro e escuro e, portanto, visualizar os esquemas alternativos. A imagem final poderá então se tornar a base para o projeto; ela pode ser utilizada para avaliar onde as luminárias devem ser instaladas, e simples cálculos de fontes pontuais fornecerão o tamanho do feixe e a energia exigida.

1. Tire uma fotografia do lugar durante o dia. O ideal é fazê-lo quando o céu estiver encoberto: o objetivo é obter um nível homogêneo de luz diurna sobre todas as superfícies.
   Abra a fotografia no programa de edição. Duplique a imagem em uma nova camada, para que você não corra o risco de acidentalmente mudar a original.
   Se for necessário, torne as verticais mais retas, usando o comando *Perspective Transform*.
   Na imagem copiada, selecione o céu e pinte-o de preto.

16.3   **16.4**

2. Crie uma nova camada, e, com a ferramenta *Fill*, torne-o preto. Reduza a opacidade da camada (na palheta *Layers*), de modo que a fotografia sob ela mal fique visível.
   Usando a ferramenta *Eraser*, apague a camada de preto onde os holofotes brilham no prédio.

16.5   **16.6**

3. Continue apagando a camada de preto, até que seja simulada toda a superfície iluminada pelos holofotes.

   Depois aumente a opacidade da camada de preto, de modo que as áreas não iluminadas fiquem bem escuras.

   É necessário alterar a opacidade da ferramenta *Eraser* para que se consiga obter diferentes níveis de luminosidade. Também se pode agregar outras camadas, introduzindo-se diferentes cores. Os erros podem ser corrigidos substituindo-se a máscara preta com a ferramenta Paintbrush. Os contrastes e as cores podem ser regulados na imagem final.

16.7

2 CAMINHOS DE PEDESTRE E ÁREAS NO ENTORNO DE EDIFICAÇÕES

Uma das funções da iluminação noturna é criar um sistema de orientação para os pedestres. Em uma escala grande, os prédios importantes que são iluminados no exterior podem servir a esse propósito, possibilitando aos estranhos que circulam pela cidade se orientarem. Em uma escala intermediária, as rotas em si às vezes precisam ser fáceis de identificar a certa distância – como é o caso de um percurso irregular em um parque ou de uma via de pedestre que precisa ser indicada em uma área compartilhada com o tráfego de veículos. As luminárias podem servir de faróis mesmo que projetem pouca luz sobre o solo. Mas as pessoas se sentem mais seguras quando podem ser vistas, o que exige uma boa iluminância vertical produzida por postes baixos, em geral com 4 m de altura, no máximo. É importante que o limite do campo de visão fique visível, o que pode ser feito com o uso de luzes nas vitrines ou fachadas iluminadas externamente.

O segredo para um bom projeto de iluminação nas áreas de pedestre é imaginar (ou desenhar em perspectiva) a vista de uma sucessão de pontos ao longo de uma rota, conferindo não somente as exigências de segurança física e patrimonial, mas também o modo como a vista distante varia e como determinadas características entram e saem no campo de visão. A variedade é essencial em um percurso interessante e depende tanto da iluminação como dos objetos sendo iluminados. Por exemplo, em um centro comercial aberto, a iluminação geral pode ser fornecida por luminárias altas e complementada por meio da iluminação dos próprios caminhos de pedestre com frades. O destaque visual pode ser feito iluminando-se elementos do paisagismo, como árvores e floreiras, ou da arquitetura, como estátuas. Chafarizes e outros jogos de água sempre são populares, embora exijam alto nível de manutenção. Essa forma de iluminação funciona melhor quando é feita de

Tabela 16.2
Iluminâncias noturnas geralmente recomendadas para exteriores, por questões de segurança física e patrimonial

Localização	Lux	Sobre quais superfícies?
Acessos de automóveis a prédios, caminhos de pedestre secundários	5	Horizontais, com pelo menos 50% desse valor nas verticais
Caminhos de pedestre principais, estacionamentos ao ar livre	10	Horizontais, com pelo menos 50% desse valor nas verticais
Áreas de segurança ao redor das edificações, principais ruas de comércio	20	Verticais, a 1,5 m em relação ao solo
Degraus, passarelas e áreas perigosas similares, acessos a edificações, campos de futebol recreativos	50	Horizontais (os espelhos dos degraus devem ser diferenciados)
Calçadões cobertos, arcadas	75	Verticais, a 1,5 m em relação ao solo
Sinais luminosos em bairros com baixa iluminação	100	Verticais
Paradas de ônibus, áreas de carga e descarga de ônibus intermunicipais, quadras de tênis recreativas	150	Horizontais
Sinais luminosos em bairros com alta iluminação	500	Verticais

baixo para cima, em direção aos jatos e debaixo da superfície da água. Isso exigirá equipamentos adequados para o uso submerso. A iluminação com fibras óticas é uma boa solução, pois mantém as lâmpadas e os componentes elétricos das luminárias afastados da água e, portanto, evita situações perigosas, além de facilitar muito a manutenção. Investir em certo nível de iluminação nas vitrines durante a noite cria outro elemento importante e atraente. Letreiros, placas e decorações de Natal iluminadas são outras possibilidades. As opções são infinitas e somente limitadas pela criatividade do projetista.

Quando a iluminação é instalada a fim de aumentar a segurança ou iluminar áreas perigosas, como escadas, a iluminância exigida pode ser mais elevada do que aquela necessária para fins decorativos de fachadas ou de iluminação geral. A Tabela 16.2 lista alguns exemplos.

Aparência durante o dia, eficiência no consumo de energia e manutenção

Durante o dia, os elementos de iluminação podem ser parte evidente do cenário urbano. Sua aparência e o modo pelo qual são integrados na arquitetura do entorno e aos demais itens da rua devem ser considerados já nas etapas preliminares de projeto. As luminárias para a iluminação localizada muitas vezes podem ser afastadas das direções de visão normais, sendo ocultas pela vegetação, ficando embutidas no piso (em valetas específicas e cobertas com vidro) ou disfarçadas por outros itens do mobiliário urbano. Quando as luminárias são instaladas nos prédios, seu estilo deve ser adequado à arquitetura e sua localização também deve fazer parte do projeto de arquitetura como um todo.

Para o consumo eficiente de energia, é preciso observar as seguintes recomendações:

- As lâmpadas selecionadas devem ser de alta eficácia, o que normalmente sugere o uso de lâmpadas de descarga.
- As luminárias devem emitir grande proporção do fluxo luminoso da lâmpada e ter uma distribuição de intensidade que envie luz apenas aos locais necessários.
- A iluminação deve ser fornecida apenas durante os horários em que é necessária. Os controles com fotocélula podem automaticamente ligar as lâmpadas ao anoitecer e as desligar ao amanhecer; já os temporizadores permitem que elas também sejam acionadas durante determinados horários da noite. Para o acesso às edificações, podem ser utilizados sensores de ocupação para iluminar quando alguém se aproxima. Infelizmente, se for necessária uma resposta instantânea, a maioria das lâmpadas de descarga à alta pressão será inadequada.

Os equipamentos de iluminação externa devem ser projetados para operar sob condições climáticas severas e durante muitos anos. O grau de vedação de uma luminária é chamado de classificação IP (*ingress protection*). As luminárias, para que tenham desempenho satisfatório durante um longo período, devem ser regularmente limpas e ter suas lâmpadas queimadas substituídas. Para que isso seja possível, as seguintes recomendações precisam ser respeitadas:

- O acesso às luminárias deve ser fácil.
- Um plano de manutenção deve ser elaborado com o cliente – sem ele, uma instalação rapidamente se deteriora.
- O vandalismo deve ser controlado ao máximo. O risco de danos causados intencionalmente pelas pessoas é proporcional à acessibilidade da instalação e isso deve ser levado em consideração na especificação dos equipamentos, selecionando-se, por exemplo, materiais robustos e de alta resistência a impacto e instalações à prova de sabotagem.

EXEMPLO DE PROJETO PROFISSIONAL V
Devonshire Square, Londres, Reino Unido

ARQUITETURA: Fletcher Priest
PROJETO DE LUMINOTÉCNICA: Speirs + Major
(Mark Major, Andrew Howis, Jessica Zantto),
Londres e Edimburgo, Reino Unido, 2009.

Devonshire Square consiste em um grupo de grandes prédios do século XVIII perto do centro de Londres e a uma curta distância da estação de trens e metrô Liverpool Street. Os prédios, que são tombados na Categoria II, eram armazéns da Companhia das Índias Orientais. Eles eram utilizados para depositar sedas e especiarias compradas na Índia e em outras partes da Ásia.

No final da década de 1970, foram convertidos em escritórios de alto padrão. Como a área é um centro comercial, ficava muito movimentada durante o horário comercial, mas à noite não passava de um atalho para pedestres. Os prédios fechavam às 19h. Em 2006, os arquitetos elaboraram uma proposta para aumentar a produtividade dos escritórios e promover o uso do local após o horário comercial. O objetivo era manter o ambiente um espaço tranquilo para se trabalhar, jantar e fazer compras e, ao mesmo tempo, tornar a Devonshire Square muito atraente para os pedestres. A relação do local com o passado comercial de Londres deveria ser uma característica especial da área. Os objetivos estratégicos eram: promover o imóvel como uma atração comercial; enfatizar o impacto da área; aumentar a atividade no local após o horário comercial; salvaguardar a arquitetura original; e destacar as características do período. Entendeu-se que uma boa iluminação seria crucial para o sucesso da proposta.

Os prédios existentes são de grande escala, assim um dos objetivos do projeto de luminotécnica seria criar um senso de escala humana no nível dos pedestres. As árvores do Pátio Central ajudaram. Sua folhagem foi iluminada de baixo, usando-se *spots* com lâmpadas de halogeneto metálico com tubo de tecnologia cerâmica. As fileiras de árvores estabeleceram posições naturais para postes de iluminação de quatro metros de altura equipados com o mesmo tipo de lâmpada, como pode-se ver na **Figura 16.8**. Esses elementos criam uma boa iluminação vertical sobre os pedestres e luminosidade suficiente no plano horizontal, facilitando o movimento. A luz perdida que chega até as fachadas define os limites da área, e o movimento da folhagem cria padrões dinâmicos de luz e sombra.

As aberturas em arco (**Figura 16.9**) levam do Pátio Central ao Pátio Oeste. Elas são iluminadas por uma série de luminárias direcionadas para cima embutidas no passeio e dotadas de lâmpadas fluorescentes lineares com filtros coloridos, emitindo uma luz muito dourada.

O Pátio Oeste foi coberto por uma membrana de ETFE (tetrafluororetiletno etileno), mas a intenção era manter as características de um espaço ao ar livre. Assim, a suave luz azul lançada sobre a vegetação e o piso do pátio sugere o luar, efeito realçado pela iluminação de destaque também lançada na estrutura da cobertura por um conjunto de projetores instalados na platibanda do prédio e dotados de lâmpadas de halogeneto metálico de cor azul. LEDs de cor azul também foram muito utilizados. Projetores dotados de *gobos* (máscaras decorativas) foram instalados sobre as áreas de vegetação e produzem uma luz salpicada que imita o efeito daquela que passa através da copa de árvores. Para criar um contraste, foi introduzida uma luz dourada em um nível baixo, sob os assentos e as floreiras, usando lâmpadas fluorescentes lineares com filtros coloridos do mesmo tipo das entradas arqueadas.

ILUMINAÇÃO EXTERNA 191

16.8
Devonshire Square: o Pátio Central.
Fotografia: James Newton.

16.9
As aberturas arqueadas que levam ao Pátio Central.
Fotografia: James Newton.

A luz dourada quente também foi empregada no terraço do restaurante (**Figura 16.10**), cujas luminárias pendentes desenhadas por especialistas em luminotécnica o transformaram no foco do pátio. Essas luminárias também oferecem um bom nível de luminosidade para os clientes. As lanternas pendentes, cilíndricas e com 3 m de altura, são dotadas de lâmpadas de tungstênio e halogênio de feixe estreito equipadas com refletor. Os cilindros são formados por uma camada externa de malha de aço (uma referência ao passado industrial do sítio) e um núcleo de malha de bronze, porém mais fina (sugerindo luxo). Os cilindros são iluminados de baixo para cima com lâmpadas de tungstênio e halogênio dimerizáveis, produzindo um efeito de velas. A aparência diurna dessas luminárias foi considerada tão importante quanto a noturna.

O uso da Devonshire Square mudou radicalmente após sua renovação, e o local se tornou mais uma atração do que uma área de passagem. Ele abriga uma variedade de funções, residências, locais de lazer e diversos restaurantes e hoje fecha à 1h da manhã.

16.10
Devonshire Square: o Pátio Oeste, mostrando as luminárias feitas sob encomenda para o projeto.
Fotografia: James Newton.

Conclusões

A definição de arquitetura de Le Corbusier em termos de espaço e luz (veja o início do Capítulo 9) foi um grito de guerra em um livro polêmico. Ela já foi citada tantas vezes que perdeu seu impacto original, mas deveria estar na mente de qualquer projetista. Para o arquiteto, ela diz: a menos que você trate a luz com a mesma importância dedicada às formas e aos espaços de um prédio, seu projeto ficará incompleto. Para o especialista em luminotécnica, é um lembrete de que se ele não for além do cumprimento das normas ou se apenas considerar os critérios numéricos, dificilmente poderá ser chamado de "especialista".

Os cinco projetos de luminotécnica que apresentamos ilustram sistemas de iluminação funcionais, atraentes e cuidadosamente integrados à arquitetura. Algumas conclusões úteis podem ser tiradas desses exemplos, mas eles também ilustram temas que foram desenvolvidos ao longo de todo este livro. Podemos resumir os principais pontos desta obra da seguinte maneira:

- A iluminação pode ter um efeito enorme na maneira pela qual as pessoas percebem uma edificação – não apenas com base nos julgamentos estéticos que elas fazem, mas também na facilidade que elas têm de nelas trabalhar, no modo como se sentem nelas e em quais expectativas eles podem ter do local.
- A boa iluminação sempre domina a aparência de um lugar: em certos casos isso é verdadeiro, em outros a iluminação passa praticamente despercebida pelos usuários. Entender até que ponto um sistema de iluminação ou uma obra de arquitetura completa deve chamar atenção dos usuários faz parte do próprio programa de necessidades. Caso isso não ocorra – seja por excesso de discrição ou de exuberância – seus usuários não estarão sendo bem atendidos.
- Para que haja uma boa eficiência em termos de consumo de energia e de sustentabilidade dos recursos finitos no longo prazo: (a) o prédio e seus equipamentos devem ser eficientes e adequados ao clima e à sua função arquitetônica; e (b) deve haver um etos de sustentabilidade entre os usuários do sistema. Se faltar alguma dessas premissas o desempenho da edificação provavelmente será ruim.
- Um sistema de iluminação novo pode ser um bom investimento. Em geral, vale a pena renovar um sistema de iluminação que esteja envelhecendo, não apenas devido aos benefícios diretos – como o aumento do faturamento de um negócio ou a maior satisfação dos clientes –, mas também por que lâmpadas e equipamentos mais eficientes são constantemente desenvolvidos e lançados no mercado. Alguns dos esquemas ilustrados usam tecnologias de ponta ou são de luxo. Isso não os torna irrelevantes como exemplos para um projetista que tenha orçamento muito limitado, pois eles ilustram soluções gerais que podem ser aplicadas de muitas maneiras.

Enfim:
Iluminar é transformar o mundo visível. É um tema importante, divertido, amplo e fascinante de estudar e, como projetista, você tem a oportunidade de melhorar o desempenho, o bem-estar, o conforto e o prazer de muitas pessoas. Os autores lhe desejam todo o sucesso e esperam que você aprecie a iluminação tanto quanto eles.

17
Dados para o projeto de luminotécnica

1 Carta solar para 51° norte

A trajetória aparente do sol foi registrada com base no horário solar da latitude de Londres. Levando-se em consideração os padrões normais de precisão no registro de obstruções, o diagrama pode ser utilizado em terrenos entre 48° e 54° de latitude.

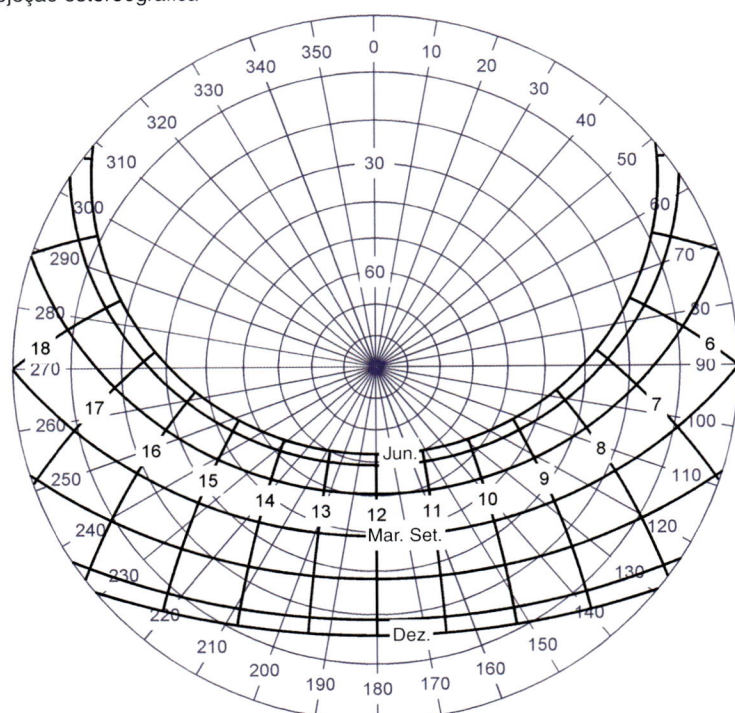

Carta solar
Latitude 51° N
Projeção estereográfica

2 Carta de horas de insolação provável para Londres

Cada ponto representa 0,2 hora de luz diurna, mas o diagrama pode ser aplicado para fins de projeto de edifícios em terrenos da Inglaterra e do País de Gales em geral.

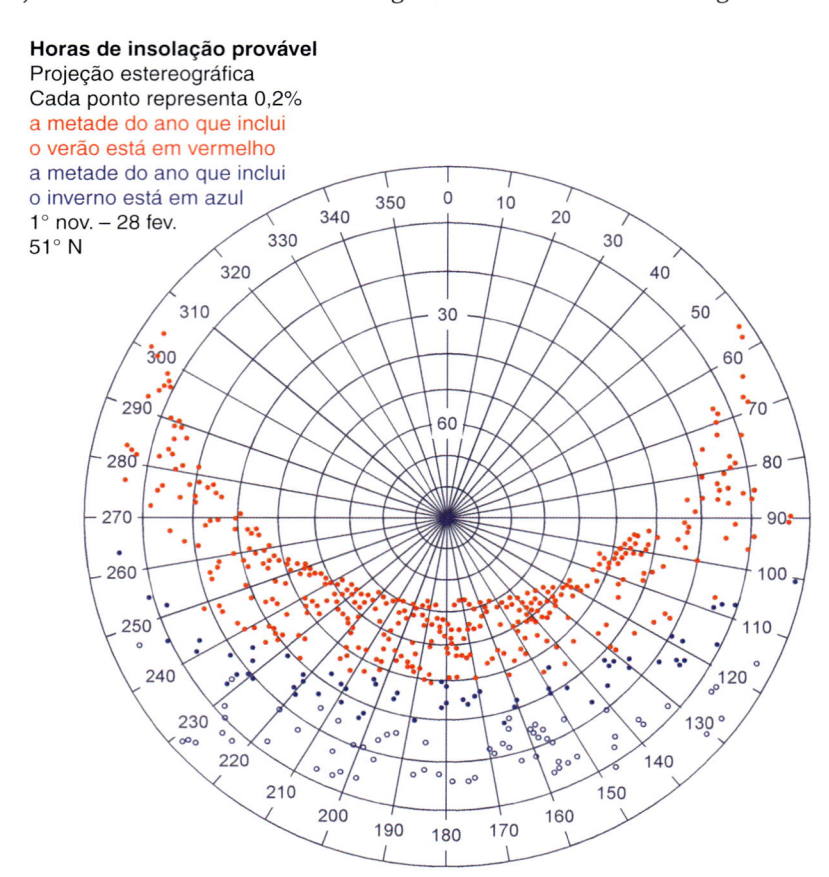

Horas de insolação provável
Projeção estereográfica
Cada ponto representa 0,2%
a metade do ano que inclui
o verão está em vermelho
a metade do ano que inclui
o inverno está em azul
1° nov. – 28 fev.
51° N

DADOS PARA O PROJETO DE LUMINOTÉCNICA   197

3   Carta do componente celeste vertical

Este gráfico para sobreposição deve ser girado de modo que a seta corresponda à direção da superfície vertical.

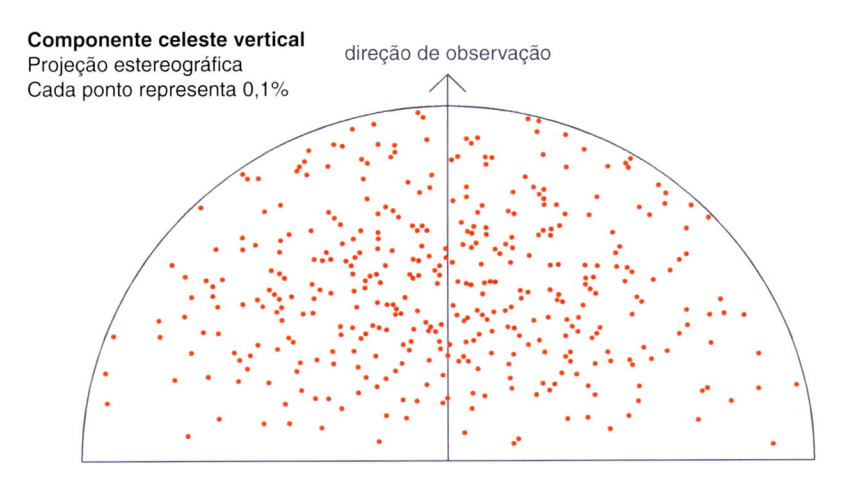

Componente celeste vertical
Projeção estereográfica
Cada ponto representa 0,1%

direção de observação

4   Coeficiente de orientação para Londres em um dia útil das 9h às 17h

O gráfico fornece a razão entre a iluminância do céu para janelas voltadas para determinada direção e a iluminância que seria recebida em um dia de Céu Encoberto do CIE. O coeficiente de luz diurna é multiplicado pelo coeficiente de orientação. Para a maioria dos propósitos de estimativa da luz diurna, este gráfico pode ser aplicado com as demais horas úteis diurnas e para outras partes da Grã-Bretanha.

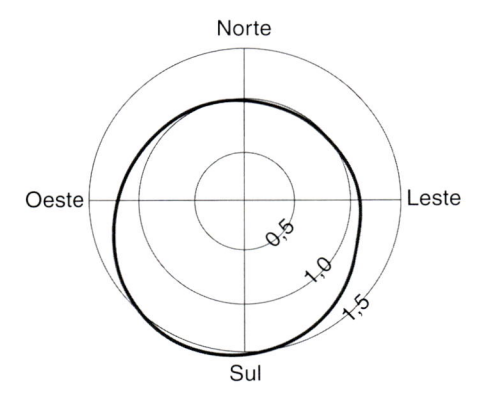

5 Disponibilidade de luz diurna: distribuição cumulativa para Londres

O gráfico mostra o percentual médio de horas por ano em que um valor particular de iluminância difusa é ultrapassado. Para fins de estimativa da luz diurna normal, este gráfico pode ser aplicado na maioria dos terrenos do sul da Inglaterra.

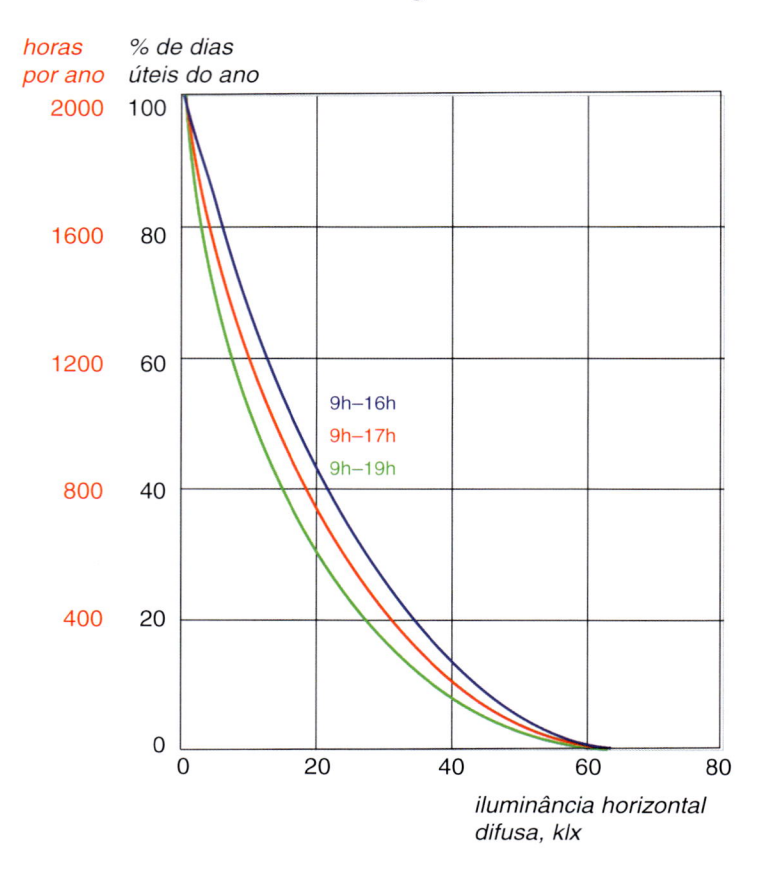

horas por ano / *% de dias úteis do ano*

9h–16h
9h–17h
9h–19h

iluminância horizontal difusa, klx

6 Coeficientes de manutenção de luminárias típicos para uso interno

Tipo de ambiente	Tipo de luminária	Frequência de limpeza	
		Ao menos uma vez por ano	Ao menos a cada três anos
Limpo, como hospitais, centros de informática, locais de montagem de eletrônicos	Lâmpada no soquete (sem luminária)	0,93	0,85
	Luminária fechada	0,88	0,74
	Luminária à prova de água ou pó	0,94	0,90
	Luminária com o feixe de luz direcionado para cima (uplighter)	0,86	0,70
Normal, como escritórios, lojas, salas de aula	Lâmpada no soquete (sem luminária)	0,89	0,79
	Luminária fechada	0,82	0,73
	Luminária à prova de água ou pó	0,90	0,84
	Luminária com o feixe de luz direcionado para cima (uplighter)	0,89	0,55
Sujo, como indústrias pesadas	Lâmpada no soquete (sem luminária)	0,89	0,73
	Luminária fechada	0,77	0,65
	Luminária à prova de água ou pó	0,86	0,79
	Luminária com o feixe de luz direcionado para cima (uplighter)	0,74	0,45

7 Transmitância do vidro à luz

Material	Transmitância da luz difusa	Transmitância do feixe de luz com incidência normal
Vidro incolor de 6 mm	0,80	0,87
Vidro corado de 6 mm (cor bronze)	0,46	0,50
Vidro duplo: duas chapas de vidro incolor e câmara vedada	0,69	0,76
Vidro duplo: uma chapa de vidro incolor, câmara vedada e chapa de vidro de baixa emissividade	0,66	0,73
Vidro duplo: uma chapa de vidro incolor, câmara vedada e chapa de vidro reflexivo prateado	0,27	0,30
Persianas de tecido translúcido	0,1-0,4	
Venezianas: palhetas totalmente abertas na direção do feixe de luz incidente		0,6
Venezianas: palhetas totalmente fechadas		Menos de 0,1
Venezianas: palhetas horizontais, luz difusa	0,3	Varia conforme o material, o ângulo das palhetas e a direção da luz incidente

8 Coeficientes de manutenção para os cálculos da iluminação diurna

Função do recinto	Exposição	Posição das vidraças					
		Vertical		Inclinada		Horizontal	
		Meio rural/ suburbano	Meio urbano	Meio rural/ suburbano	Meio urbano	Meio rural/ suburbano	Meio urbano
Residencial Recintos privativos e áreas de uso comum, poucos ocupantes, boa manutenção, fumo proibido	Chuva forte	0,98	0,95	0,94	0,88	0,88	0,76
	Normal	0,96	0,92	0,92	0,84	0,88	0,76
	Neve pesada	0,96	0,92	0,88	0,76	0,84	0,68
	Protegida por beirais	0,88	0,76	–	–	–	–
Comercial, educacional Cômodos utilizados por grupos de pessoas, áreas com equipamentos de escritório ou nos quais se fuma moderadamente	Chuva forte	0,98	0,95	0,94	0,85	0,88	0,70
	Normal	0,96	0,90	0,92	0,80	0,88	0,70
	Neve pesada	0,96	0,90	0,88	0,70	0,84	0,60
	Protegida por beirais	0,88	0,70	–	–	–	–
Interiores poluídos ou com uso muito intenso Piscinas, ginásios, áreas com máquinas industriais ou com fumo muito intenso	Chuva forte	0,92	0,90	0,76	0,70	0,52	0,40
	Normal	0,84	0,80	0,68	0,60	0,52	0,40
	Neve pesada	0,84	0,80	0,53	0,40	0,36	0,20
	Protegida por beirais	0,52	0,40	–	–	–	–

As células em branco indicam que não há dados genéricos disponíveis.

9 Refletância típica dos materiais sob a luz diurna difusa

Exterior		Interior		Tinta (n° de referência do sistema de Munsell)	
Neve (recente)	0,8	Papel branco	0,8	Branco N9.5	0,85
Areia	0,3	Aço inoxidável	0,4	Bege claro 5Y9/2	0,81
Calçamento	0,2	Argamassa de cimento	0,4	Cinza claro N8.5	0,68
Terra (seca)	0,2	Carpete (cor creme)	0,4	Amarelo profundo 6.25Y8.5/13	0,64
Terra (úmida)	0,1	Madeira de cor clara	0,4	Cinza médio N7	0,45
Vegetação verde	0,1	Madeira de cor média	0,2	Verde profundo 5G5/10	0,22
Azulejo e piso vitrificado brancos	0,7	Madeira de cor escura	0,1	Vermelho profundo 7.5R4.5/16	0,18
Pedra calcária (Portland)	0,6	Lajota de pedra	0,1	Azul profundo 10B4/10	0,15
Calcário de cor média	0,4	Vidraça de janela	0,1	Cinza escuro 5Y4/0.5	0,14
Concreto	0,4	Carpete (cor escura)	0,1	Marrom escuro 10Y3/6	0,10
Tijolo de cor clara	0,3			Roxo avermelhado profundo 7.5RP3/6	0,10
Tijolo vermelho	0,2			Preto N=1.5	0,05
Granito	0,2				
Vidraça de janela	0,1				
Copa de árvore	0,1				

10 Coeficientes de uso típicos e outros dados fotométricos

Esses dados correspondem aos de uma luminária com duas lâmpadas fluorescentes de 36 W e 1,2 m e quebra-luzes espelhados.

Intensidade no nadir	302 cd/1.000 lm	ULOR (razão do fluxo luminoso ascendente)	0,00
Código de fluxo do CIE	68 99 100 100 64	DLOR (razão do fluxo luminoso descendente)	0,64
SHRmax (leiaute quadrado)	1,36	LOR (razão do fluxo luminoso)	0,64
SHRmax tr (fileiras contínuas)	1,75	Categoria CIBSE LG3	3

Coeficientes de correção	36 W	58 W	32 W	50 W
Coeficiente de comprimento	1,00	1,00	1,00	1,00
Coeficiente HF			1,01	1,01

Refletância do recinto			Coeficientes de utilização UF_F para SHR_{nom} de 1,25								
			Índice do recinto (K)								
C	W	F	0,75	1,00	1,25	1,50	2,00	2,50	3,00	4,00	5,00
70	50	20	0,45	0,51	0,56	0,58	0,62	0,64	0,66	0,68	0,69
	30		0,41	0,48	0,52	0,55	0,59	0,62	0,64	0,66	0,68
	10		0,38	0,45	0,49	0,53	0,57	0,60	0,62	0,65	0,66
50	50	20	0,44	0,50	0,54	0,57	0,60	0,62	0,64	0,65	0,67
	30		0,40	0,47	0,51	0,54	0,58	0,60	0,62	0,64	0,65
	10		0,38	0,44	0,49	0,52	0,56	0,58	0,60	0,63	0,64
30	50	20	0,43	0,49	0,53	0,55	0,58	0,60	0,62	0,63	0,64
	30		0,40	0,46	0,50	0,53	0,56	0,59	0,60	0,62	0,63
	10		0,37	0,44	0,48	0,51	0,55	0,57	0,59	0,61	0,62
0	0	0	0,36	0,43	0,47	0,49	0,53	0,55	0,56	0,58	0,59

11 Dados de intensidade luminosa típicos para uma luminária embutida no teto

Estes valores são para uma luminária circular com 0,3 m de diâmetro dotada de três lâmpadas fluorescentes compactas de 26 W e com fluxo luminoso total de 5.400 lumens.

Ângulo de intensidade em relação à vertical, $\phi°$	Intensidade luminosa, cd/1.000 lm.	Intensidade luminosa, cd
0	290	1.566
5	295	1.593
10	300	1.620
15	295	1.593
20	285	1.539
25	250	1.350
30	210	1.134
35	180	972
40	150	810
45	80	432
50	50	270
55	0	0

12 Intensidades de pico típicas e ângulos dos feixes de luz de *spots* com refletor e lâmpada de tungstênio e halogênio de baixa voltagem

Tipo de feixe luminoso do *spot*	Potência (W)	Intensidade do fluxo luminoso (cd)	Ângulo do feixe de luz (graus)
Estreito	20	5.000	10
Amplo	20	700	38
Muito amplo	20	350	60
Estreito	50	11.500	10
Médio	50	5.000	24
Amplo	50	2.000	38

Índice

adaptação
   considerações de projeto 162
   escala de tempo 38
   luminosidade (brilho) 37, 73, 112
   outros tipos 38
altura solar *veja sol, declinação solar*
analema solar 57
ângulo do feixe de luz 164–165
ângulo sólido, estereorradianos 21
aparência da cor (CCT – temperatura de cor correlata) 33
apresentação de propostas de iluminação externa de edificações com holofotes (iluminação localizada ou de destaque) 186

British Standard
   BS 5252 *Framework for Colour Co-ordination for Building Purposes* 31

cálculos
   apresentação dos resultados 73
   coeficiente de luz diurna médio 69–70, 140–141
   componente celeste vertical 174
   consumo de energia com a iluminação 145
   durante o projeto de uma edificação 133
   fontes pontuais 71
   método dos lumens 68, 110, 144–145
   penetração da luz solar 142
   precisão 72–73
   pressupostos comuns em 73
camuflagem 11
candela *veja intensidade luminosa*
caráter de um cômodo 87–89
cartas solares
   descrição 58
   diagrama estereográfico para Londres 58, 195
   exemplo de cálculo 174
céu
   difuso 56, 94–95
   dispersão dos raios solares 6, 61
   iluminância 61, 124
   ofuscamento 63
claraboias 14, 95
códigos de prática 109, 125

coeficiente de luz diurna 65
   cálculo da iluminância 146
   componente celeste vertical 175, 197
   definição 64
   diretrizes 94
   média 64, 69–70, 140–141
   ponto 64, 143
coeficiente de manutenção, iluminância mantida 68, 109, 128, 199, 201
coeficiente de orientação 197
coeficiente de orientação da luz diurna (Londres) 197
coeficiente de utilização
   no método dos lumens 68
   valores típicos 203
Comitê Internacional de Iluminação (CIE)
   céus padrão 62
   Classificação de Ofuscamento Unificado (UGR) 113
   diagrama de cromaticidade 32
   índice de reprodução de cores 33
cômodo "normal" 89
componente celeste vertical 175
computadores
   e iluminação no local de trabalho 111
   interpretação de resultados calculados 73
conservação *veja iluminância*
constância visual 39
consumo de energia com a iluminação 124–126
contraste
   sensibilidade visual ao 41
   tipos de contraste 116–117
   veja também iluminação localizada, tarefas visuais, ofuscamento
controle da iluminação 130–131
cor
   atlas 28
   contraste 115–116
   em tarefas visuais 98–99
   estratégia do projeto 98–101
   iluminação externa 185
   índice de reprodução de cores 33, 111
   percepção 40
   temperatura de cor correlata 33
   veja também lâmpadas

curva polar 52, 80
curva V_λ 24, 37, 76, 81
custo da iluminação 108, 130–131

densidade de potência instalada, potência dos circuitos instalados 125, 145
disponibilidade de luz natural (Londres) 198

efeitos não visuais da luz 36
eficácia luminosa
    definição 25
    e consumo de energia 125
    valores típicos 25
    veja também lâmpadas
envelhecimento e visão 41, 102, 109
equação do tempo 57
escadas 170
escritórios *veja tipos de edificação*
estereorradianos 21
estrutura do projeto de luminotécnica 84, 132–133
exitância 22
expectativas dos usuários 10–12, 88, 131–132
expositores (armários) 161
"expositores de experiência" 161

faróis e projetores 8, 101, 181
fluxo luminoso
    definição 21
    unidades (lúmen) 20
fluxo luminoso 52
fontes de luz
    tamanho e luminância 7
    veja também lâmpadas, fontes pontuais, sol e iluminação diurna
fontes pontuais 7, 20, 71
fotografias HDR 74
fotometria
    câmeras digitais 74, 77
    das luminárias 80
    fotômetros portáteis 76
    medições precisas 72, 77

galerias de arte *veja tipos de edificação*
geometria estabelecida entre observador, tarefa visual e fonte luminosa 119

heliodon 60

iluminação de emergência 129–130
iluminação de emergência 129–130

iluminação diurna *veja iluminação natural*
iluminação externa
    apresentação 186
    caminhos de pedestre 188–189
    de edificações com holofotes (iluminação localizada ou de destaque) 181–184
iluminação localizada
    contraste entre objeto e fundo 114–115
    em lojas 156–159
    galerias e museus 88, 106, 159–164
    iluminação externa 184
    ressaltando a forma tridimensional 11, 116
    técnicas 117–118
iluminação localizada ou de destaque, luzes-chave 116, 156
iluminação natural
    conservação de materiais 160
    definição de luz celeste e luz solar 20
    distribuição em um cômodo 14
    em museus e galerias de arte 162–163
    junto com a iluminação elétrica 131–132, 143–147, 160
    ofuscamento 14
    variabilidade 55, 102
iluminação solar *veja iluminação natural*
iluminância
    cilíndrica/esférica 21, 77
    dados: disponibilidade de luz natural 196
    de uma fonte pontual 7, 163–165
    definição 21
    do sol e do céu 61
    e conservação 159–164
    iluminação externa 188
    iluminância da luz diurna útil (UDI) 65
    inicial e mantida 109, 128
    medição 78
    necessária para tarefas visuais 108, 109
    unidades (lux, lúmen por pé quadrado) 21
    uniformidade 110
inclinação solar *veja sol, declinação solar*
índice de reprodução de cores (CRI) 33
intensidade luminosa
    curva polar 52, 80
    definição 21
    unidade (candela) 21

janelas
    distribuição da luz natural 14–15, 63–64
    efeito da sujeira 127, 200–201
    preferências para 90
    redução do ofuscamento 119

tamanho necessário para atingir o coeficiente de luz diurna
 média 70
vitrines 158
veja também vista

lâmpadas
 coeficiente de perda de luz *veja coeficiente de manutenção*
 comparação das propriedades 49
 de descarga à alta pressão 45, 185
 de halogeneto metálico 46
 de indução 46
 de tungstênio e halogênio 44, 160, 166
 desempenho ao longo da vida útil 129
 fluorescentes 45, 152, 166
 fluorescentes compactas 45
 história 43
 incandescentes 44
 LEDs (diodos emissores de luz) 33, 47, 106 161
lei do cosseno (Lei de Lambert) 71, 76
lei do quadrado inverso 7, 70
linha de obstrução do horizonte 63
listas de conferência
 iluminação de destaque de uma fachada (holofotes) 183
 iluminação sobre o plano de trabalho e iluminação localizada
  (de destaque) 121
 iluminância sobre o plano de trabalho 109
 manutenção e substituição 127
 seleção de luminárias 53
 vista 90
lúmen *veja fluxo luminoso*
luminância
 de um difusor perfeito 71
 definição 22
 e tamanho da fonte 7
 luminância de encobrimento 111
 medição 76
 spots 157, 165
 unidades (candela/m^2 ou candela/ft^2) 22
 valores e luminância noturna geral 185
 valores preferíveis 95
luminárias
 exigências e desenho 51
 fotometria 80
 lustres 179
 luzes de parede (*wall washers*) 152
 seleção 148–153
luminosidade (brilho)
 aparência de um cômodo 15, 94–97
 brilho aparente 20

contraste entre o plano de trabalho e o fundo 112
 e claridade 40
 preferências 89, 95
 veja também luminância
lux *veja iluminância*

manutenção 51, 127–129, 189
medidores de luz *veja fotômetros*
metamerismo 28
método da radiosidade 72
método dos lumens *veja cálculos*
modelagem
 iluminação para ressaltar a forma 12, 184
museus *veja tipos de edificação*

ofuscamento
 Classificação de Ofuscamento Unificado 113
 contraste de luminância 113, 119
 desconforto 113, 147
 efeitos do envelhecimento 41
 em salas de aula 147
 formas de ofuscamento 114
 incapacitante 112
 provocado pelas janelas 14, 119
 reflexos 112, 161
olho humano
 adaptação visual 38–41
 efeitos do envelhecimento 41, 109
 estrutura 37
 retina 37–38
 visão central e periférica 38
 visão fotópica, mesópica e escotópica 81

percepção
 do caráter de um cômodo 87–92
 fatores que afetam o desempenho visual 108
pés-vela *veja iluminância*
plano de trabalho 68, 144
prateleiras de luz 93
precisão visual 112
projeção estereográfica 59, 173
projeto de luminotécnica dentro do projeto de uma edificação
 132–133
projeto multidisciplinar 132
proteção solar *veja sombreamento*

radiação eletromagnética 24
radiação ultravioleta 24, 160
refletância
  definição 23, 52

medição 79
valores típicos 23, 202
reflexão
composta 9, 164
difusa e especular 9, 52, 116
reflexão cruzada 68, 157
refração 52
resposta espectral humana (V_λ) 24
resposta visual: mesópica, fotópica e escotópica 25, 81
retina *veja olho humano*

salas de aula *veja tipos de edificação: escolas*
saúde
exigências de iluminação para a saúde 36
ritmos circadianos 36, 170
síndrome da edificação doente 126
Transtorno Afetivo Sazonal (SAD) 36, 92
silhueta 13
sistemas de classificação das cores
BS 5250 31
cromaticidade do CIE 32
Munsell 28, 98
NCS 30
sol
critérios para luz solar 91–92
declinação solar 56
elevação solar 58
horário solar 57
horas de luz solar prováveis 59, 174, 196
iluminância 61
luz solar refletida 15, 91–93
sombras 12
sombreamento 93–94
spots veja luminárias, fontes pontuais

tarefas visuais
contraste entre o plano de trabalho e o fundo 114
definição 106–107
iluminância necessária 108–109
temperatura de cor correlata (CCT) 33
textura das superfícies 10, 116
tipos de edificação
abrigos institucionais 36, 41
edifícios residenciais 26, 171
escolas 14, 139–141
escritórios 91, 126, 148–153
espaços de circulação internos 156, 169
galerias de arte e museus 88, 106, 159–164
hospitais e instituições de saúde 33
hotéis 177–180
lojas 103, 155–158
prisões 36
restaurantes 190
traçado dos raios luminosos (técnica de Monte Carlo) 72
transmissão difusa e regular 23
transmitância
definição 23, 52
valores típicos 23
turbidez de iluminância 61

unidades fotométricas 20–22

vista
e tamanho das janelas 91
necessidade 36
preferências 90

zona de discriminação 37
zona ofensiva 111